职业教育 CAD/CAM 技术互联网+数纸融合系列案例教程

UG NX 三维建模实例教程

主　编　马　蕾　丁　宾
副主编　侯明鹏　张冉佳
参　编　李　真　李淑娟　郭　畅

机 械 工 业 出 版 社

本书是职业教育“特高”建设规划教材。本书由浅入深、循序渐进地介绍了 UG NX 12.0 软件的基本界面及操作、曲线与草图的绘制、零件实体建模设计、自由曲面建模设计、虚拟装配设计和工程图设计等内容。本书基于任务驱动式教学法，在 6 个项目下分设若干任务与实例，任务作为主线将相关知识点（软件常用命令）串联起来，实例针对知识点进行具体补充讲解，在完成任务的同时学习知识点，通过专家点拨环节解决难点并提炼技巧，帮助读者牢固掌握 UG NX 12.0 软件常用功能。

本书以任务为主线，从实用的角度出发，结构严谨、内容丰富、条理清晰、实例典型、易学易用，注重实用性和技巧性，书中操作步骤明确，插图详尽，可操作性强，特别适合职业院校机械设计制造类及相关专业作为教材使用，也可作为从事机械设计的工程技术人员的培训和参考用书。

为方便教学，本书配有电子教案、电子课件、视频、源文件等资源，使用本书作为教材的教师可登录机械工业出版社教育服务网（http://www.cmpedu.com）注册并免费下载。

图书在版编目（CIP）数据

UG NX 三维建模实例教程/马蔷，丁宾主编. —北京：机械工业出版社，2022.7（2026.1 重印）
职业教育 CAD/CAM 技术互联网+数纸融合系列案例教程
ISBN 978-7-111-70903-9

Ⅰ.①U… Ⅱ.①马… ②丁… Ⅲ.①计算机辅助设计-应用软件-职业教育-教材 Ⅳ.①TP391.72

中国版本图书馆 CIP 数据核字（2022）第 094977 号

机械工业出版社（北京市百万庄大街 22 号 邮政编码 100037）
策划编辑：王莉娜 责任编辑：王莉娜
责任校对：潘 蕊 贾立萍 封面设计：马若濛
责任印制：郜 敏
河北虎彩印刷有限公司印刷
2026 年 1 月第 1 版第 4 次印刷
210mm×285mm · 15 印张 · 312 千字
标准书号：ISBN 978-7-111-70903-9
定价：49.00 元

电话服务 网络服务
客服电话：010-88361066 机 工 官 网：www.cmpbook.com
010-88379833 机 工 官 博：weibo.com/cmp1952
010-68326294 金 书 网：www.golden-book.com
封底无防伪标均为盗版 机工教育服务网：www.cmpedu.com

前 言

UG NX是西门子公司推出的集产品设计、工程与制造于一体的综合性软件，可进行计算机辅助设计、分析和制造，广泛应用于航空航天、汽车、造船、通用机械和电子等领域。目前国内外机械制造业众多企业均在应用UG NX软件，故需要职业院校相关专业毕业生在工作中能够熟练使用此软件。

本书以任务为主线，从实用的角度出发，由浅入深、循序渐进地介绍了UG NX 12.0软件的基本界面与操作、曲线与草图的绘制、零件实体建模设计、自由曲面建模设计、虚拟装配设计和工程图设计等内容。全书共6个项目，每个项目由若干任务组成，每个任务都是一个具体的实例，以实例为线索将相关命令有机地串联起来，在实际操作过程中贯穿知识点的讲解，同时提炼出各种操作技巧，穿插在学习过程中，用以提高阅读和使用的实效性。

本书中每个项目都设置了项目导读和项目学习目标，并将项目学习目标分解为知识目标、能力目标、素养目标，从三个维度明确了本项目中学生要达到的目标和要求。项目中的每个任务均按照“任务描述→任务分析→任务实施→知识链接→任务评价”的任务驱动基本流程开展学习和实践。同时，在每个项目后通过拓展阅读环节帮助学生了解国家航空事业发展、大国重器的案例、大国工匠的事迹等，帮助学生提升职业素养和职业精神。项目的巩固提高环节一方面检验学生对本项目中知识的掌握情况，另一方面提供拓展的图样，帮助学生进行延伸实践训练，进一步强化技能。

本书结构严谨、内容丰富、条理清晰、实例典型、易学易用，注重实用性和技巧性，书中操作步骤明确，插图详尽，可操作性强。本书配套了116个微课视频，可通过扫描二维码观看，对知识点、任务实例操作等进行了详细的讲解，能够帮助读者在牢固掌握软件常用功能的同时，了解将这些功能运用到实际工作中的有效方法，强调实际技能的培养和实用方法的掌握。

本书由北京金隅科技学校马蔷、丁宾任主编，侯明鹏、张冉佳任副主编。本书编写分工如下：项目三由马蔷编写；项目一由丁宾编写；项目二由李真编写；项目四由李淑娟编写；项目五由郭畅编写；项目六由张冉佳编写。全书由马蔷统稿，北京机科国创轻量化科学研究院有限公司侯明鹏博士为本书提供了部分案例及技术支持。

在本书编写过程中，得到了编者所在学校和企业的各级领导及同事们的支持与帮助，在此表示衷心的感谢。

由于编者水平有限，书中错误和不妥之处在所难免，恳请读者批评指正。

编　者

二维码索引

（续）

序号	名称	图形	页码	序号	名称	图形	页码
15	圆弧/圆		30	26	参数		38
16	椭圆		32	27	修剪		39
17	抛物线		32	28	分割		40
18	双曲线		32	29	长度		40
19	螺旋线		33	30	草图综合实例		43
20	偏置曲线		33	31	进入草图和退出草图		46
21	桥接		34	32	草图平面		46
22	缠绕/展开曲线		34	33	草图的重新附着		47
23	投影		35	34	直线的绘制		47
24	镜像		37	35	圆的绘制		47
25	相交		37	36	圆弧的绘制		48

（续）

（续）

序号	名称	图形	页码	序号	名称	图形	页码
59	镜像特征与镜像几何体		78	70	边倒圆		96
60	阶梯轴建模		81	71	面倒圆		97
61	旋转		84	72	舱体建模		99
62	倒斜角		85	73	拔模		104
63	创建槽		86	74	抽壳		106
64	创建键槽		87	75	弯管零件建模		110
65	圆方弹筒建模		90	76	修剪体		115
66	阵列特征		95	77	伞帽的曲面设计		122
67	阵列几何特征—线性阵列		96	78	简单曲面创建命令		124
68	阵列几何特征—圆形阵列		96	79	烛像的曲面设计		129
69	阵列几何特征—其他阵列布局		96	80	通过曲线组和通过曲线网格		132

（续）

序号	名称	图形	页码	序号	名称	图形	页码
81	风轮的曲面设计		136	92	“平行、垂直、角度”约束		165
82	曲面的编辑		140	93	“对齐、锁定、适合窗口、胶合”约束		165
83	铣刀头装配 1		150	94	装配的一般过程（小车轮的装配）		166
84	铣刀头装配 2		155	95	小车轮的装配爆炸		168
85	铣刀头装配 3		156	96	装配干涉检查		168
86	铣刀头装配 4		158	97	创建阶梯轴工程图—创建视图		175
87	铣刀头装配 5		159	98	创建阶梯轴工程图—创建局部放大图		177
88	铣刀头装配 6		161	99	创建阶梯轴工程图—标注尺寸		177
89	“接触对齐”约束		164	100	创建阶梯轴工程图—标注基准、表面粗糙度、几何公差、技术要求		180
90	“中心”约束		165	101	新建图纸页		182
91	“同心、距离、固定”约束		165	102	创建轴承座的基本视图		186

（续）

序号	名称	图形	页码	序号	名称	图形	页码
103	创建轴承座的剖视图		191	110	创建铣刀头基本视图及编辑主视图		204
104	创建阶梯剖视图		193	111	创建铣刀头装配图主视图中的轴承		206
105	创建旋转剖视图		194	112	编辑铣刀头装配图左视图		210
106	创建局部剖视图		194	113	编辑铣刀头装配图俯视图		212
107	创建正等测的剖视图		194	114	标注铣刀头装配图尺寸		212
108	标注尺寸和技术要求		194	115	创建铣刀头装配图明细栏		213
109	创建工程图模板文件		200	116	标注铣刀头装配图零件序号和技术要求		215

目录

项目一　认识UG NX 12.0软件的基本界面及操作

项目导读

UG NX 软件是新一代数字化产品开发软件。它包括众多的设计应用模块，在航空航天、汽车、机械等行业应用十分广泛。本项目通过两个学习任务展示 UG NX 12.0 软件的基本界面及基本操作，具体介绍 UG NX 12.0 软件的基本工作界面、按照用户习惯定制独特风格的功能区、用户文件的管理操作，以及系统的基本参数设置、对象操作、坐标系操作、视图与布局及图层操作等。通过本项目的学习，读者可掌握 UG NX 12.0 软件的基本操作方法，便于后续项目的学习。

学习目标

知识目标

1）认识 UG NX 12.0 软件的基本工作界面。

2）掌握用户文件管理的基本方法。

3）掌握 UG NX 12.0 软件系统基本参数设置方法。

能力目标

1）能够按照需求完成功能区的界面定制。

2）掌握进行用户文件管理的方法，能够完成新建、打开、关闭、保存、导入/导出用户文件等基本操作。

3）掌握 UG NX 12.0 软件的对象操作、坐标系操作、视图操作、图层操作方法。

素养目标

1）了解软件的操作规范，在实践中经历、体验知识与技能的形成过程。

2）能够将需求和美感相结合，个性化定制自己进行建模设计所需的软件界面。

3）逐步内化学习方法，会学习、爱学习。

4）能灵活运用所学知识，逐步养成创新精神。

任务一　认识 UG NX 12.0 软件的工作界面

一、任务描述

学习并掌握 UG NX 12.0 软件的基本操作界面，能够按照需求定制功能区界面，创建一个新的用户文件并保存。

二、任务分析

新建一个模型工作文件，掌握打开、关闭、保存文件等操作方法。了解软件的工作界面及其组成部分，通过标题栏、菜单、选择条、功能区、坐标系、快速访问工具条、资源板、状态栏等部分的使用，按照不同的需求定制功能区界面。

三、任务实施

1. 新建文件

启动 UG NX 12.0 软件，在功能区单击“文件”，在下拉菜单中选择“新建”命令，打开“新建”对话框，在“模板”栏中选择“模型”模板，在下方的“新文件名”栏中可修改文件名称和新建文件的保存路径，单击“确定”后完成一个新模型文件的创建。

2. 定制功能区

功能区内包含有多种功能类别的选项卡，每个选项卡下包含不同的命令集合。定制功能区即是将功能区的命令图标进行重新排列组合，使其展示的面板适用于用户的个人风格。对功能区进行定制时，需要在功能区空白处单击鼠标右键，在下拉菜单中选择“定制”命令，然后在弹出的“定制”对话框中分别对“命令”“选项卡/条”“快捷方式”“图标/工具提示”四个部分类别中的命令进行筛选。筛选用于不同风格的命令，并将其拖至所需的位置，即完成功能区的定制。

软件基本界面介绍

四、知识链接

1. UG NX 12.0 工作界面

为了解 UG NX 12.0 工作界面，首先启动 UG NX 12.0 软件。可以通过双击桌面上的 UG NX 12. 0 快捷方式图标或在桌面左下角的“开始”菜单栏中选择“程序”→UG NX 12. 0 启动软件，也可以直接在安装目录的 UGⅡ子目录下双击 ugraf. exe 图标启动软件。启动软件后，打开图 1-1 所示的欢迎界面。

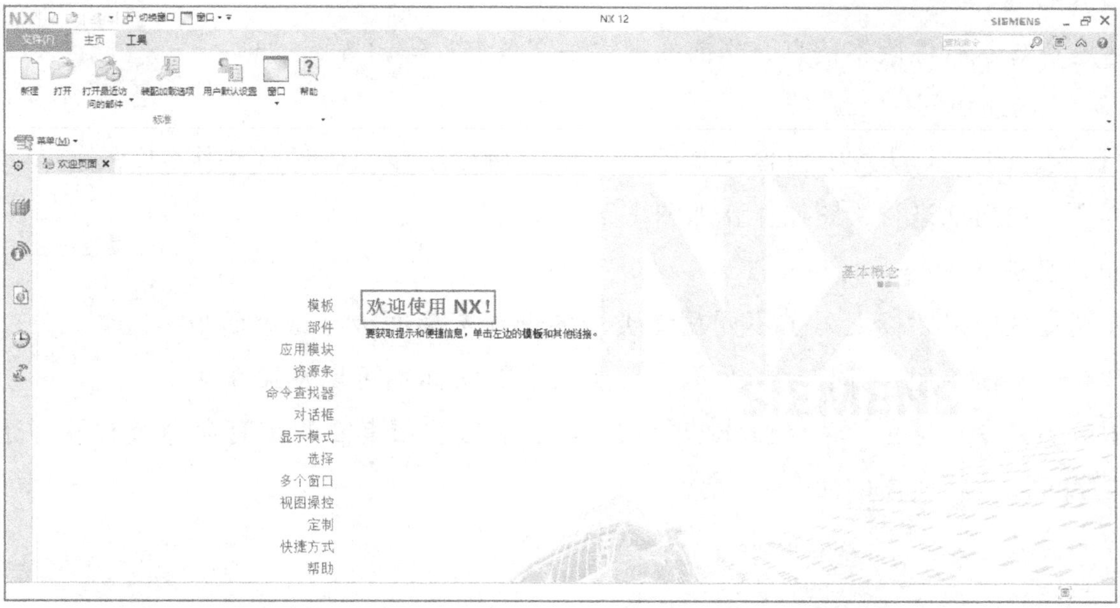

图 1-1　UG NX 12. 0 欢迎界面

单击新建图标或选择“文件”→“新建”命令，进入如图 1-2 所示的工作界面。工作界

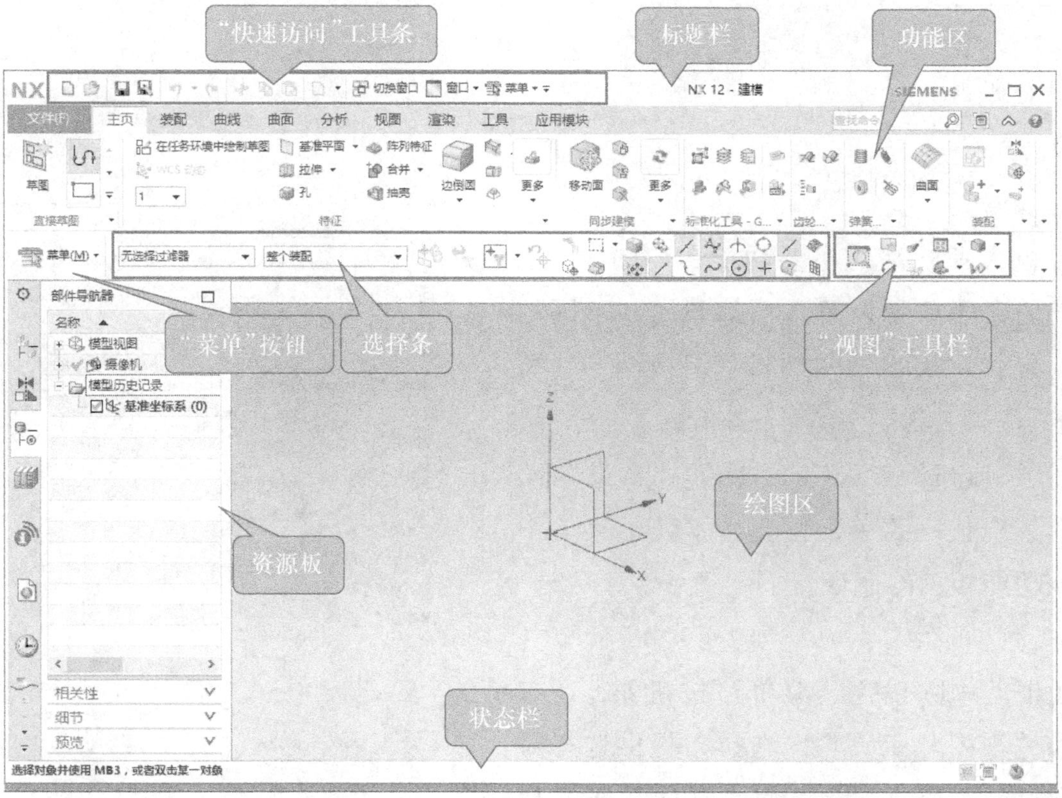

图 1-2　工作界面

面主要包括标题栏、“快速访问”工具条、功能区、上边框条（包含“菜单”按钮、选择条和“视图”工具栏）、资源板、绘图区、状态栏等部分。

（1）标题栏

标题栏显示软件版本信息、当前的模块和文件名称等内容。

（2）“快速访问”工具条

“快速访问”工具条中包含一些较为常用的命令按钮，通过这些按钮可方便、快捷地进行绘图操作，如图 1-3 所示。

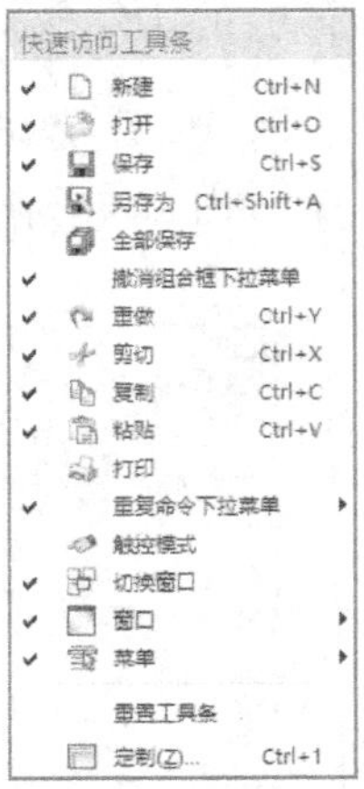

图 1-3 “快速访问”工具条

（3）功能区

在功能区中以图标展示了不同功能类别的选项卡及面板。每个面板下包含有许多命令组，如图 1-4 所示。功能区中的图标均可以在菜单中找到相应的命令，避免了菜单操作的繁琐。在功能区选项卡右侧配有命令查找器，通过输入关键字可以查找所需的命令。

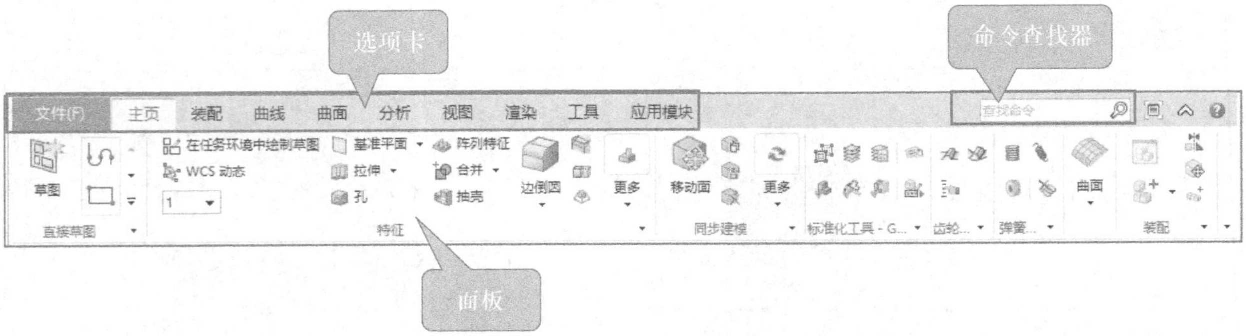

图 1-4 功能区

（4）菜单

菜单包含了软件的主要功能，如图 1-5 所示。系统的命令或者设置选项都归属到不同的菜单下，包含“文件”“编辑”“视图”“插入”“格式”“工具”“装配”“信息”“分析”“首选项”“窗口”“GC 工具箱”“帮助”菜单。选择其中任一菜单，将会显示其子菜单中所有与该功能相关的命令。

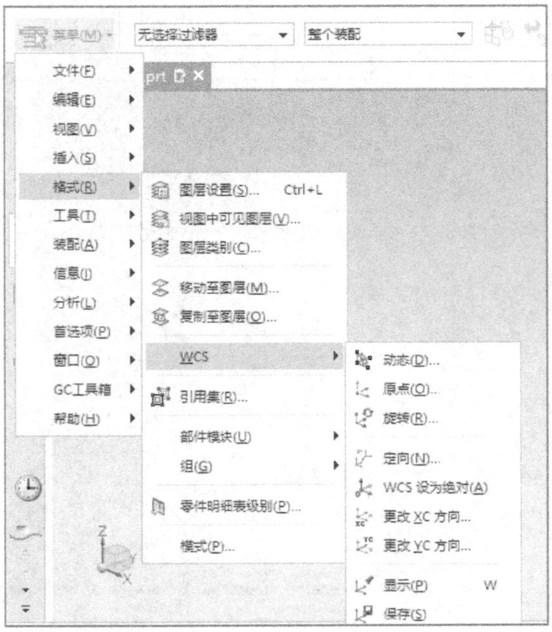

图 1-5 菜单

（5）上边框条

上边框条中除包含“菜单”按钮外，还有选择条和“视图”工具栏。选择条提供选择对象和捕捉点的选择过滤器，而“视图”工具栏提供各种用于观察视图的工具，如图 1-6 所示。

（6）资源板

资源板包括一个竖向的资源条和显示列表框，竖向资源条上包括有“装配导航器”、“约束导航器”、“部件导航器”、“重用库”、“HD3D 工具”、“Web 浏览器”、“历史记录”、“Process Studio”、“加工向导”和“角色”等命令工具按钮。通过单击按钮可打开资源条选项，勾选“销住”可将导航器固定在左侧不消失，如图 1-7 所示。

在资源条上单击相应的导航器按钮，即可将相应的导航资源信息显示在资源板的列表框中。例如，单击“重用库”按钮可在资源板中显示重用库导航列表，如图 1-8 所示。此外，在资源板的“历史记录”中可以快速找到近期打开过的文件模型。

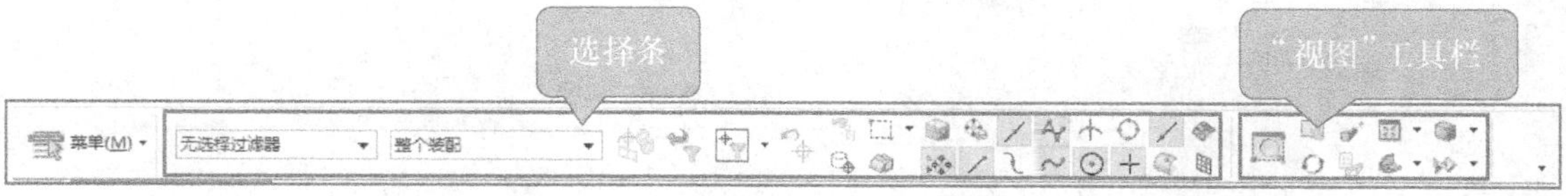

图 1-6　上边框条

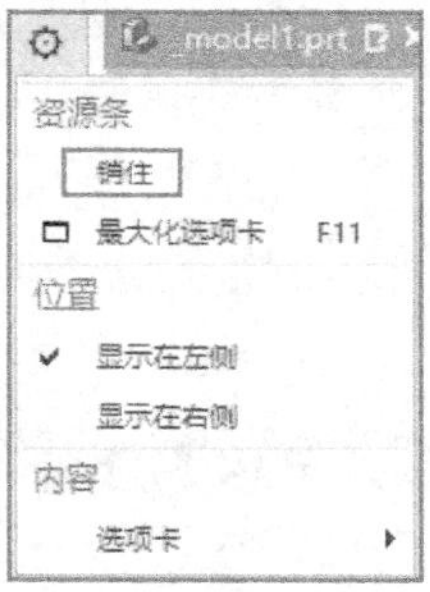

图 1-7　资源条选项

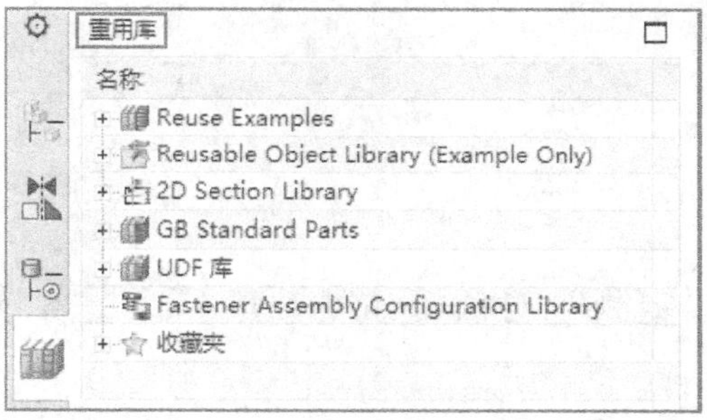

图 1-8　重用库导航列表

（7）绘图区

绘图区是进行绘图、建模、装配等操作的主要区域，如图 1-2 所示，绘图区中心有基准坐标系，左下方有观察坐标系。

（8）状态栏

状态栏包括提示行和状态行，如图 1-9 所示。提示行用来提示操作的具体步骤，引导用户进行选择操作。状态行主要用于显示操作的执行情况，可全屏模式查看会话。

图 1-9　状态栏

2. 功能区定制

功能区中以图标展示了不同功能类别的选项卡及面板。每个面板下包含有许多命令组，为用户的绘图工作提供了方便。用户可以根据自己的绘图习惯定制个人风格的功能区。

“定制”命令的打开方式如图 1-10 所示。

1）依次单击“菜单”→“工具”→“定制”。

2）在功能区空白处单击鼠标右键→“定制”。

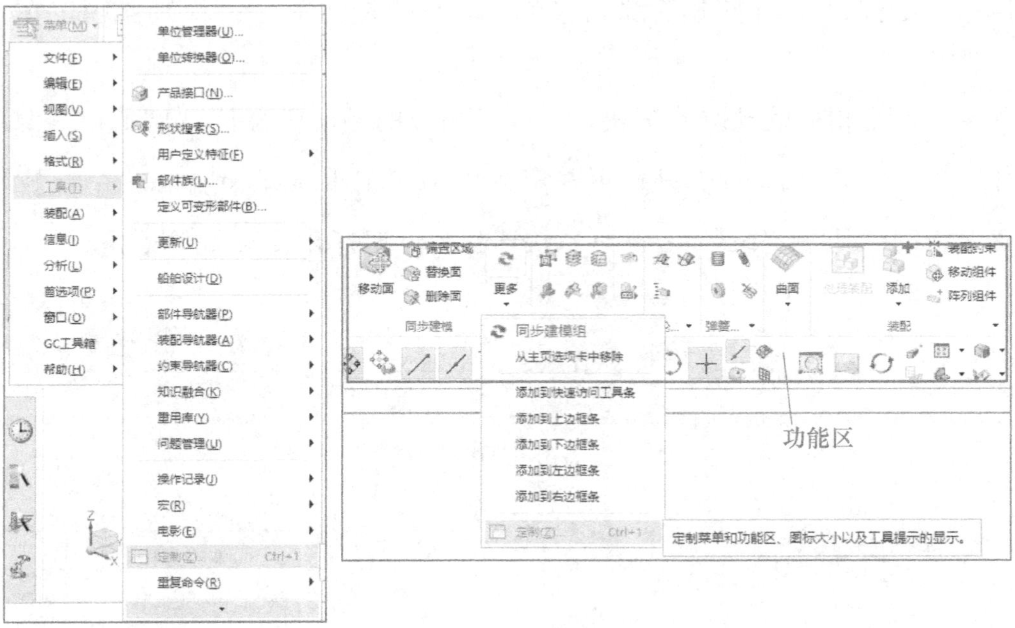

图 1-10 “定制”命令的打开方式

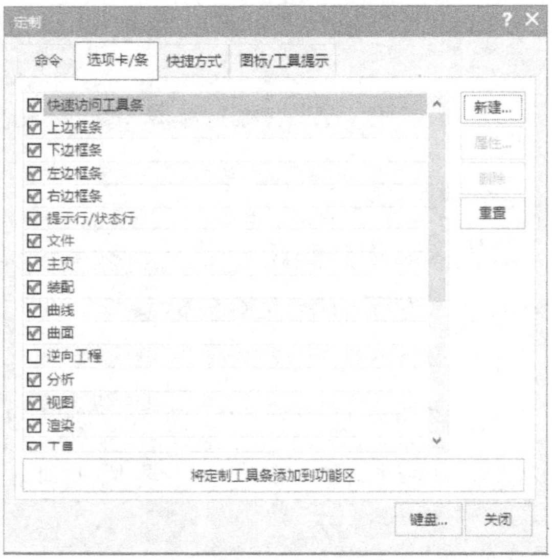

图 1-11 “定制”对话框

“定制”对话框如图 1-11 所示，各选项卡功能如下。

（1）“命令”选项卡

“命令”选项卡用于显示或隐藏功能区中的某些命令图标。其具体的操作方法是：在图 1-12 所示的对话框左侧选择一个“类别”，在右侧的“项”栏中找到需要添加的命令，通过拖放的方式将命令的图标拖至功能区中相应的选项卡、边框条/QAT（快速访问工具条）中。对于不需要放在功能区中的命令图标，直接按住鼠标左键，将其拖出功能区即可。

（2）“选项卡/条”选项卡

此选项卡用于显示或隐藏选项卡、工具条中的某些命令图标，如图 1-11 所示。“重置”按钮可以恢复软件默认的选项卡/工具条设置。

（3）“快捷方式”选项卡

“快捷方式”选项卡用于设置快捷工具条或圆盘菜单中的命令及布局，如图 1-13 所示。

（4）“图标/工具提示”选项卡

此选项卡用于设置是否在功能区和菜单上以及对话框选项上显示工具提示，并可设置功能区、菜单及对话框中图标的大小，如图 1-14 所示。

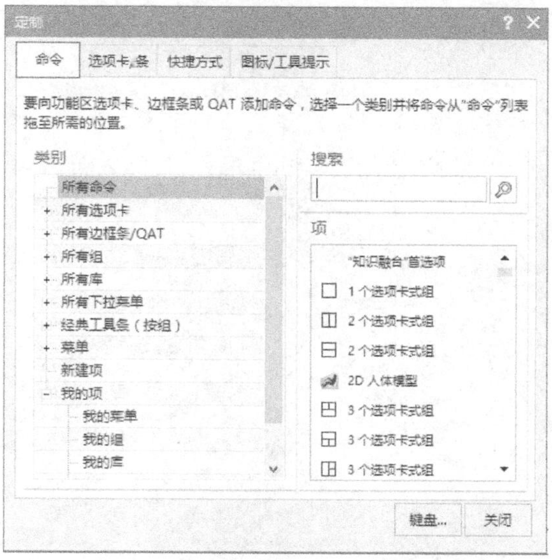

图 1-12 “命令”选项卡

3. 用户文件管理

用户文件管理操作包括新建文件、打开文件、保存文件、关闭文件、导入文件和导出文件。所有文件管理操作的命令均位于功能区的“文件”选项卡中，另一种打开这些命令的方式是从菜单中调用“文件”子菜单，当然也可从“快速访问”工具条中快捷调用这些命令。

（1）新建文件

新建文件的方式有以下几种。

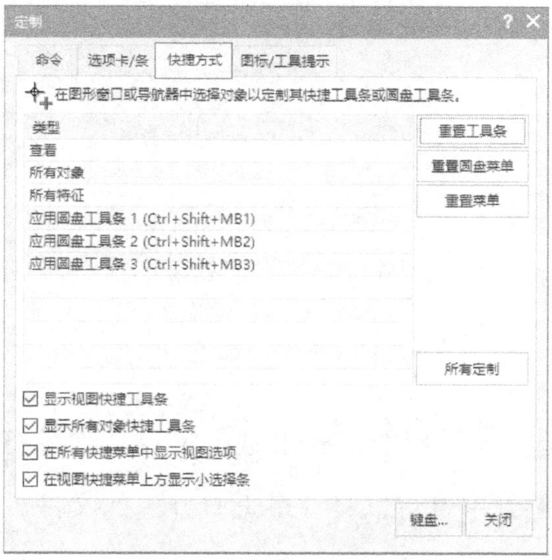

图 1-13 “快捷方式”选项卡

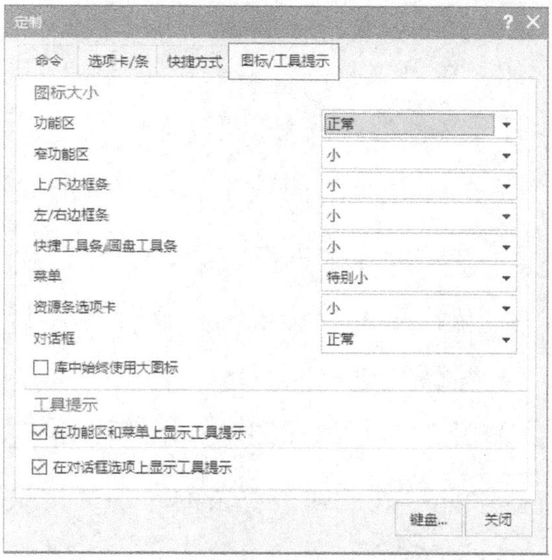

图 1-14 “图标/工具提示”选项卡

1）在“快速访问”工具条中单击“新建”。

2）在功能区中单击“文件”→“新建”。

3）依次单击“菜单”→“文件”→“新建”。

4）按快捷键<Ctrl+N>。

打开后的“新建”对话框如图 1-15 所示，上方有“模型”“船舶结构”“生产线设计”“机电概念设计”等多个选项卡，此处选用“模型”选项卡，输入文件名称并指定文件存放目录即可创建一个模型部件文件，UG NX 12. 0 支持中文路径和文件名。

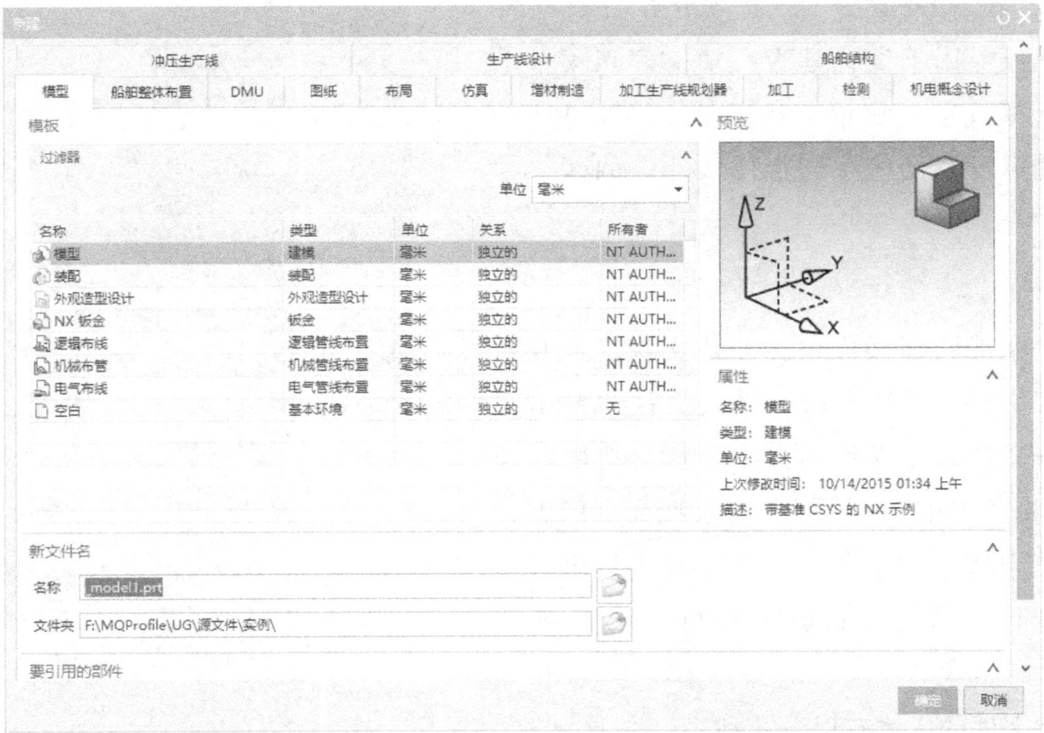

图 1-15 “新建”对话框

（2）打开文件

打开文件的方式有以下几种。

1）在“快速访问”工具条中单击“打开” 。

2）在功能区中单击“文件”→“打开” 。

3）依次单击“菜单”→“文件”→“打开” 。

4）按快捷键<Ctrl+O>。

“打开”对话框如图 1-16 所示，指定文件类型，在对应的路径上选择文件，即可打开文件。除此以外，在资源条的“历史记录”导航器 中也可以打开最近打开过的文件。

（3）关闭文件

关闭文件的方式有以下两种。

1）在功能区中单击“文件”→“关闭” 。

2）依次单击“菜单”→“文件”→“关闭” 。

在菜单的“文件”→“关闭”级联菜单中提供了用于不同方式关闭文件的命令，在实际操作中用户可根据设计情况从该级联菜单中选用其中一种关闭命令。

（4）保存/另存文件

保存文件的方式有以下几种。

1）在“快速访问”工具条中单击“保存” /“另存为” 。

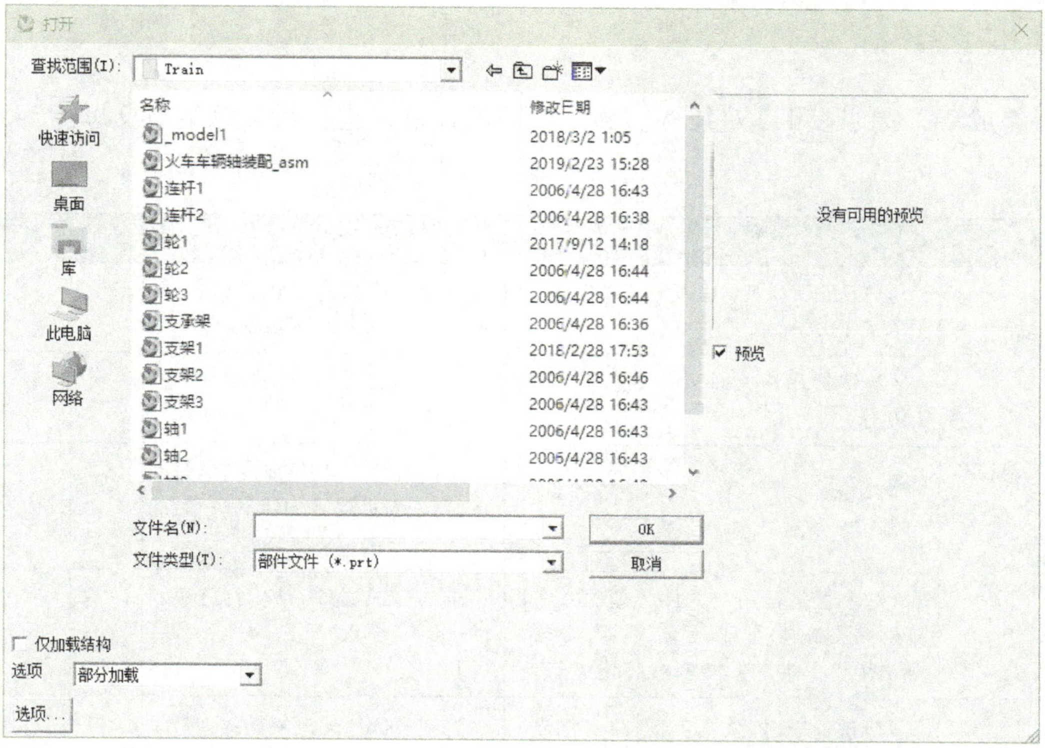

图 1-16 “打开”对话框

2）在功能区中单击“文件”→“保存”/“另存为”。

3）依次单击“菜单”→“文件”→“保存”/“另存为”。

4）按快捷键<Ctrl+S>/<Ctrl+Shift+A>。

在保存文件时，有多种用于保存操作的命令，表 1-1 解释了这些命令的功能含义。

表 1-1 用于保存操作的命令及其功能

序号	命令	功能
1	保存	保存工作部件和任何已经修改的组件
2	仅保存工作部件	仅将工作部件保存起来
3	另存为	使用其他名称来保存当前工作部件
4	全部保存	保存所有已修改的部件和所有的顶级装配部件
5	保存书签	在书签文件中保存装配关系，包括组件可见性、加载选项和组件组

（5）导入/导出文件

导入/导出文件的方式有以下几种。

1）在功能区中单击“文件”→“导入”/“导出”。

2）依次单击“菜单”→“文件”→“导入”/“导出”。

利用 UG NX 12.0 提供的导入与导出功能可以轻松地进行多种类型的数据交换，从而实现与其他 CAD 软件系统共享模型数据。

五、任务评价

任务完成后，按照表 1-2 对任务实施过程开展评价，进行任务总结与反思。

表 1-2　任务一考核评价表

考核项目与权重	考核内容	评价标准	自评	互评	教师评价
专业知识（20%）	(1)认识 UG NX 12.0 软件的基本工作界面(10 分)	未能正确区分工作界面各区域,误判误读每个区域扣 1 分			
	(2)掌握用户文件管理的基本方法(10 分)	未掌握文件新建、保存、管理方法等每种扣 1 分			
专业能力（30%）	(1)能够按照需求完成功能区的界面定制(15 分)	按照特定需求分别定制功能区,对未满足需求的定制酌情扣 1~5 分			
	(2)掌握进行用户文件管理的方法,能够完成新建、打开、关闭、保存、导入/导出用户文件等基本操作(15 分)	未能完成文件新建、打开、关闭、保存、导入/导出等操作,每种扣 1 分			
职业素养（20%）	(1)敬业守时、认真负责、踏实严谨、谦虚好学(5 分)	迟到、早退、无故缺勤等,每次扣 1 分			
	(2)具有良好的团队合作精神,能热心帮助其他同学完成任务(5 分)	不参加小组讨论,每次扣 1 分			
	(3)能准确、快速地表达个人思想和见解,能灵活运用所学知识,有创造性(10 分)	根据创意设计情况酌情扣分			
任务总结（30%）	(1)安全、有效地按照任务实施步骤完成任务(20 分)	根据任务的完成情况酌情扣分			
	(2)能进行归纳总结,得出规律和指导性经验,技术文件完整、规范、条理清晰,在任务结束后,反思自己的任务完成情况和质量(10 分)	根据总结和反思情况酌情扣分			
合计	(自评占比 40%,互评占比 20%,教师评价占比 40%)				

任务二　认识 UG NX 12.0 软件的基本操作

一、任务描述

学习并掌握 UG NX 12.0 软件的基本操作，主要包括对象操作、坐标系操作、视图操作、图层操作等，掌握这些基本操作有助于后续制图和建模。

二、任务分析

UG NX 12.0 软件建模环境应用中有一些基本操作和经常使用的工具，要整体了解 UG NX 12.0 软件提供的建模环境，需要熟练掌握这些基本操作，包括对象操作、坐标系操作等。本任务中，需要打开一个模型文件，对文件中的模型分别运用对象操作、坐标系操作、视图操作、图层操作。

三、任务实施

1. 对象操作

在 UG NX 12.0 建模过程中的点、线、面、图层、实体等，均可称为对象，对打开的模型文件中的三维模型进行观察和选择，分别进行“改变对象的显示方式”“隐藏对象”“变换对象”操作。

2. 坐标系操作

学习绝对坐标系、工作坐标系和机械坐标系的功能和区别，在打开的模型文件中调用坐标系命令，分别利用子命令进行“坐标系变换”。

3. 视图操作

在 UG NX 12.0 的建模环境中，从不同方向观察模型，会得到模型的不同平行投影平面图，这些就是视图。在打开的模型文件中调用视图命令，通过不同的视图观察模型。

4. 图层操作

图层最主要的功能是在复杂建模的过程中可以控制对象的显示、状态并对对象进行编辑操作。在打开的模型文件中调用图层命令，进行“图层的设置”“图层分类”“图层的复制和移动”操作。

四、知识链接

对象操作

1. 对象操作

（1）对象选择操作

对象选择是 UG NX 12.0 软件中最基本的操作技能。在建模过程中，可以通过多种方式来选择对象。

1）在绘图区单击选择对象。选择一个对象时，可将光标移动至该对象上，单击进行选择；选择多个对象时，可使用上边框条中的选择条，如图 1-17 所示，选择条提供选择对象和捕捉点的选择过滤器。若要取消选择的对象，则可以按住<Shift>键并单击要取消选择的对象，再按<Esc>键，即取消所有已选择的对象。

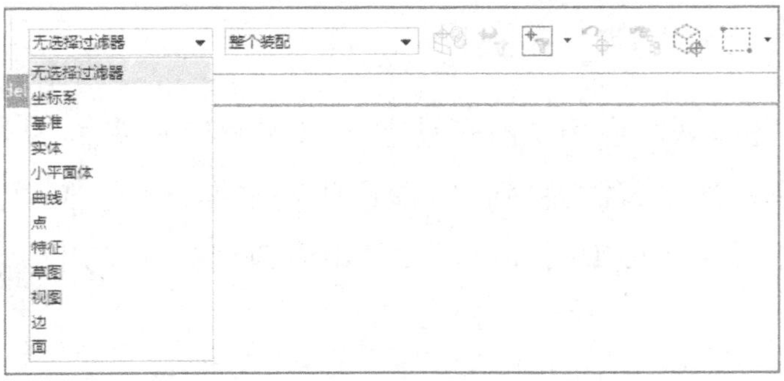

图 1-17　选择条

当在选择的对象中多个对象相距很近时，可以通过“快速选取”对话框来选择所需的对象。方法是将光标放在要选择的对象上停留不动，当光标十字指针旁出现 3 个点时，单击打开“快速选取”对话框，如图 1-18 所示，可进行对象的选择。

2）在部件导航器中选择对象。部件导航器位于资源条中，如图 1-19 所示，打开后导航器列表展示在资源板上，可单击部件导航器中的“模型历史记录”，在下拉列表中选择对象。

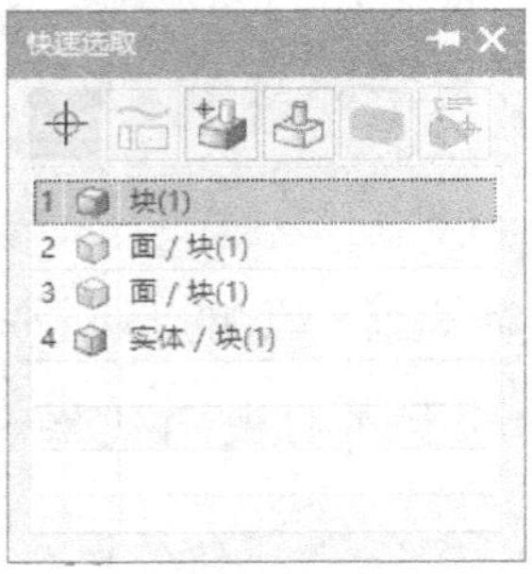

图 1-18　“快速选取”对话框

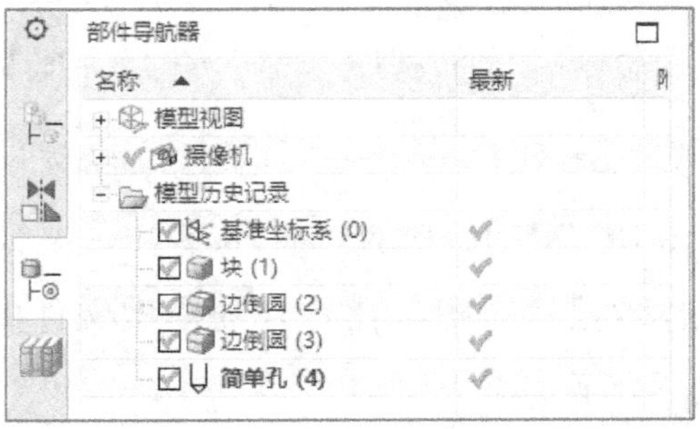

图 1-19　部件导航器

（2）编辑对象显示操作

“编辑对象显示”操作可以修改对象的图层、颜色、线型、宽度、着色显示等状态，可通过以下几种方法调用此命令。

1）在功能区中单击“视图”→“可视化”→“编辑对象显示”。

2）依次单击“菜单”→“编辑”→“编辑对象显示”。

3）按快捷键<Ctrl+J>。

执行命令后，打开如图 1-20 所示的“类选择”对话框。该对话框中包含有选择对象的过滤器，其类型及功能见表 1-3。通过“类选择”对话框可继续选择要编辑显示的对象，选定后弹出如图 1-21 所示的“编辑对象显示”对话框，其选项及功能见表 1-4。

（3）隐藏对象操作

当工作区已有较多图形，不便于选择操作时，可将暂时不必要的对象隐藏，其命令如图 1-22 所示，调用方式如下。

表 1-3　过滤器类型及功能

序号	过滤器类型	功　　能
1	类型过滤器	筛选指定类型的对象,包括坐标系、基准、实体、小平面体、曲线、点、草图、面等类型
2	图层过滤器	筛选指定图层内的对象
3	颜色过滤器	筛选指定颜色的对象
4	属性过滤器	筛选有共同属性的对象,包括线型、线宽及其他自定义属性
5	重置过滤器	可以恢复成默认的过滤方式

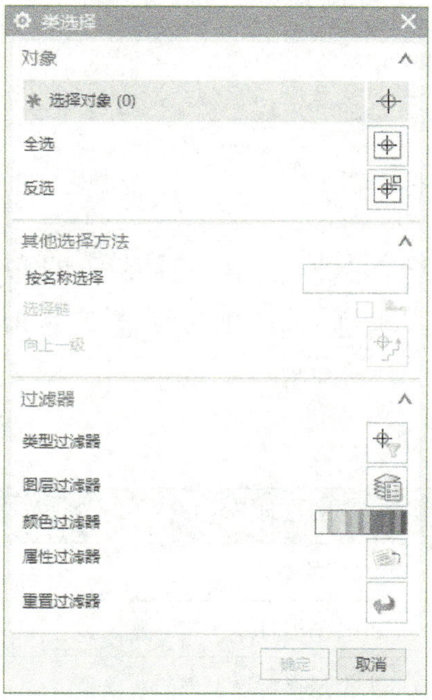

图 1-20　“类选择”对话框

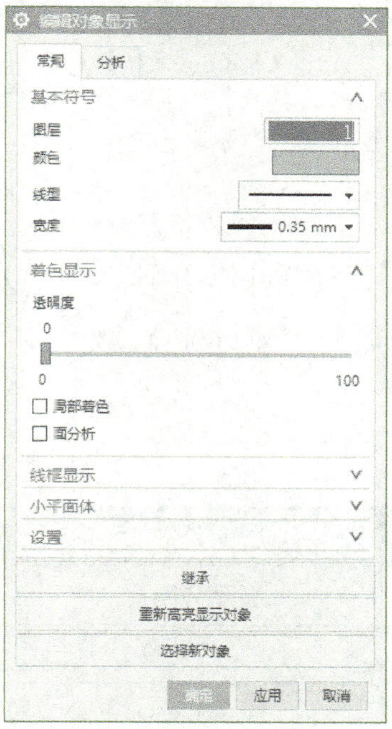

图 1-21　“编辑对象显示”对话框

表 1-4　“编辑对象显示”选项及功能

序号	选项	功　　能
1	图层	用于修改所选对象的图层
2	颜色	用于修改所选对象的颜色
3	线型	用于修改所选对象的线型
4	宽度	用于修改所选对象的线宽
5	继承	用于将设置从选定的对象上继承到后续所选的对象上
6	重新高亮显示对象	用于重新高亮显示所选的对象
7	选择新对象	用于选择新对象

1）在功能区中单击“视图”→“可见性”→“显示和隐藏”。

2）依次单击“菜单”→“编辑”→“显示和隐藏”。

3）按快捷键<Ctrl+W>。

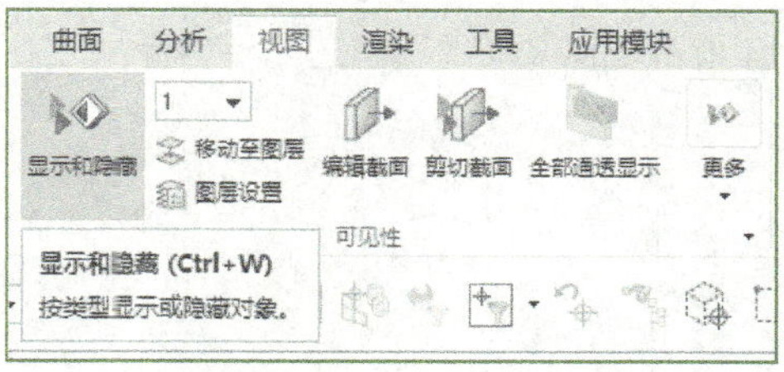

图 1-22　“显示和隐藏”命令

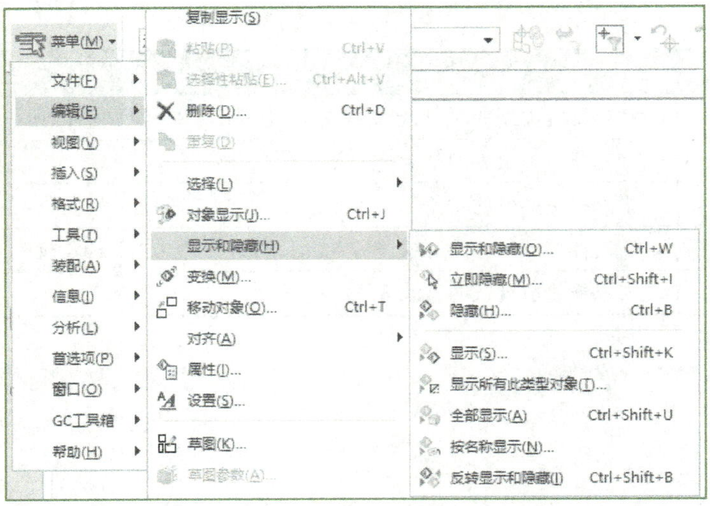

图 1-23 “显示和隐藏”命令菜单

在图 1-23 中可以看到，“显示和隐藏”命令有多个下拉菜单，各选项的功能见表 1-5。打开后的“显示和隐藏”对话框如图 1-24 所示，可通过类型选择需要显示或隐藏的对象。

表 1-5 “显示和隐藏”选项及功能

序号	选项	功能介绍
1	显示和隐藏	通过类型选择需要显示或者隐藏的对象
2	立即隐藏	打开“立即选择”对话框，单击对象即将其快速隐藏
3	隐藏	打开“类选择”对话框，通过类型选择需要隐藏的对象
4	显示	打开“类选择”对话框，选择已被隐藏需要重新显示出来对象
5	显示所有此类型对象	打开如图 1-25 所示的“选择方法”对话框，通过“类型”“图层”“其他”“重置”“颜色”过滤器筛选需要被重新显示的对象
6	全部显示	用于重新显示所有被隐藏的对象，快捷键为<Shift+Ctrl+U>

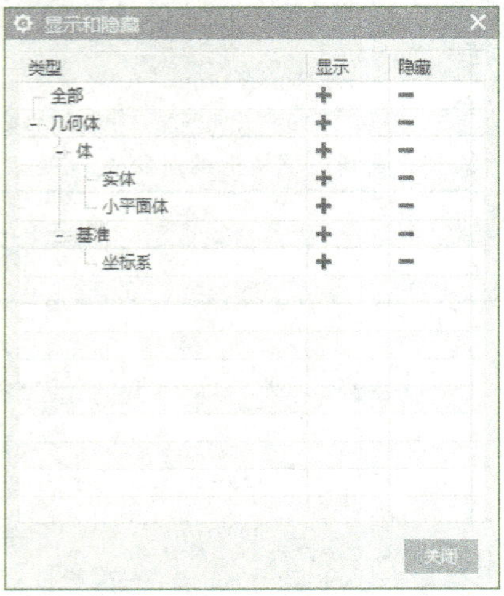

图 1-24 “显示和隐藏”对话框

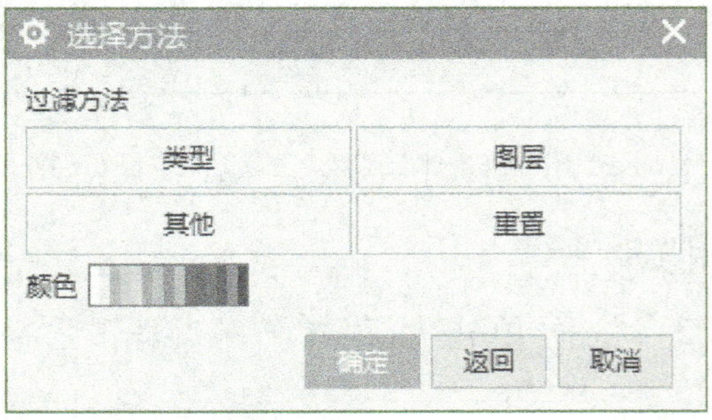

图 1-25 “选择方法”对话框

2. 坐标系操作

坐标系操作

UG NX 12.0 中的坐标系包含三种类型，分别是绝对坐标系（Absolute Coordinate System，ACS）、工作坐标系（Work Coordinate System，WCS）、机械坐标系（Mechanical Coordinate System，MCS）。其中绝对坐标系（ACS）是系统默认的坐标系，是不可见的，其原点位置和方向是永远不变的，它的坐标轴用 X、Y、Z 表示。工作坐标系（WCS）是 UG 系统提供给用户的坐标系，可以根据需要进行变换，一般在建模、加工模块中使用，它的坐标轴用 XC、YC、ZC 表示。机械坐标系（MCS）用于加工、模具设计等模块，它的坐标轴用 XM、YM、ZM 表示。本书中重点介绍工作坐标系（WCS）的操作，其命令可以从菜单中调用，方式为：

依次单击“菜单”→“格式”→“WCS”，如图 1-26 所示，其各选项及功能见表 1-6。“坐标系”对话框的选项及功能在表 1-7 中解释。

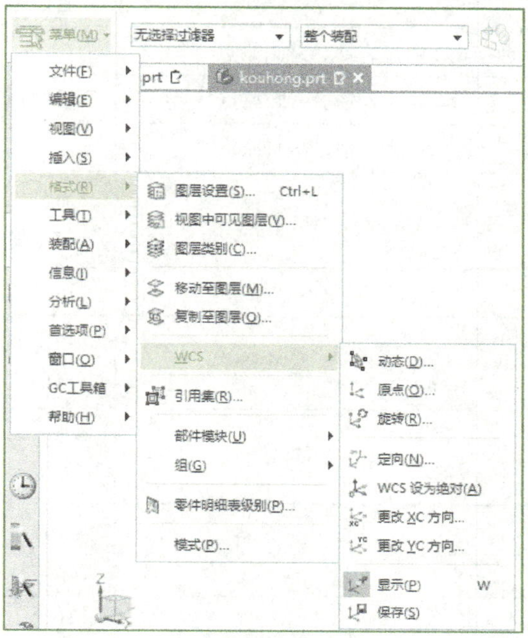

图 1-26　“WCS”命令子菜单

表 1-6　“WCS”坐标系变换选项及功能

序号	选项	功　能
1	动态	可以直接通过拖动来动态移动和重定向 WCS，也可以通过输入角度和对齐数值来移动和转动 WCS
2	原点	通过指定点作为 WCS 移动后的原点，坐标系的各个坐标轴方向保持不变
3	旋转	通过使当前 WCS 绕某一旋转轴旋转一定角度来定义新的 WCS
4	定向	打开“坐标系”对话框，按照不同类型创建新的坐标系
5	WCS 设为绝对	可以使 WCS 移动到绝对坐标系的位置和方向
6	更改 XC 方向	通过指定点，以此点与原 WCS 原点的连线作为新的 XC 的方向，而原坐标系的 ZC 保持不变
7	更改 YC 方向	通过指定点，以此点与原 WCS 原点的连线作为新的 YC 的方向，而原坐标系的 ZC 保持不变
8	显示	用于显示或隐藏 WCS
9	保存	用于保存当前所设置的工作坐标系，以便后续绘图工作中调用

表 1-7 “坐标系”对话框中各选项及功能

序号	选项	功能
1	动态	同表 1-6
2	自动判断	通过选择对象来定义一个新的坐标系
3	原点、X 点、Y 点	通过指定三个点来定义一个新的坐标系
4	X 轴、Y 轴	通过指定两个矢量来定义一个新的坐标系
5	X 轴、Y 轴、原点	通过指定两个矢量和原点来定义一个新的坐标系
6	Z 轴、X 轴、原点	
7	Z 轴、Y 轴、原点	
8	Z 轴、X 点	通过指定一个矢量作为 Z 轴，再指定一个点，其中 X 轴正向为沿此点和矢量的垂线指向定义点的方向，Y 轴则由 Z、X 依据右手法则导出
9	对象的坐标系	通过选择的对象的坐标系来定义一个新的坐标系
10	点、垂直于曲线	指定点和曲线，曲线的切线方向是 Z 轴，X 轴正向是沿点到切线的垂线指向点的方向，Y 轴则由 Z、X 依据右手法则导出
11	平面和矢量	选择一个平面和一个矢量，平面的法向矢量即是 X 轴，Y 轴是指定矢量在平面上的投影
12	平面、X 轴、点	选择一个平面，其法向矢量是 Z 轴，X 轴平行于指定矢量，指定的点为原点
13	平面、Y 轴、点	选择一个平面，其法向矢量是 Z 轴，Y 轴平行于指定矢量，指定的点为原点
14	三平面	指定三个平面，交点为原点，X 向平面的法向为 X 轴，Y、Z 轴依次类推
15	绝对坐标系	在绝对坐标系的(0,0,0)处创建一个新的坐标系
16	当前视图的坐标系	用当前视图定义一个新的坐标系，当前视图所在平面为 XOY 平面
17	偏置坐标系	通过输入 X、Y、Z 坐标轴方向相对于所选坐标系的偏距来定义一个新的坐标系

视图操作

3. 视图操作

（1）视图显示样式

在观察视图时，往往需要改变视图的显示方式，即视图显示样式。UG NX 12.0 提供了 8 种不同的视图显示样式，如图 1-27 所示。可通过在绘图区空白处单击鼠标右键打开下拉菜单调用“视图样式”子菜单，其中各选项及功能见表 1-8。该命令的调用方式如下：

1）在功能区单击“视图”→“样式”。

2）在绘图区单击鼠标右键，在下拉菜单中单击“渲染样式”。

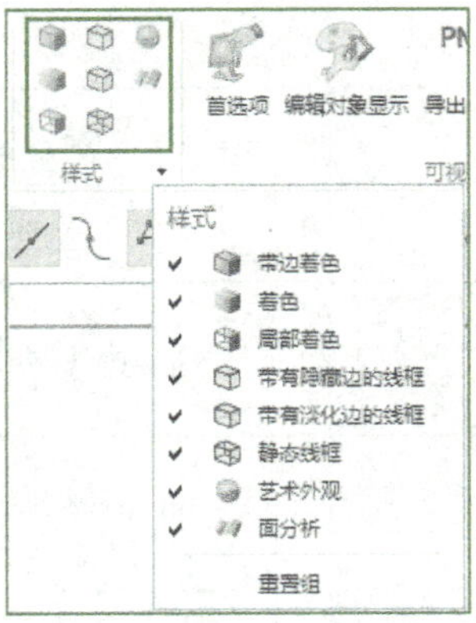

图 1-27 “视图样式”子菜单

表 1-8 “视图样式”选项及功能

序号	选项	功　能
1	带边着色	渲染模型，并显示棱边
2	着色	渲染模型，不显示棱边
3	局部着色	只对模型选定的部分进行渲染着色
4	带有隐藏边的线框	只显示可见边的线框，不显示隐藏边
5	带有淡化边的线框	将隐藏边显示为淡化的颜色，视图旋转时自动更新
6	静态线框	只显示实体的线框图，可见边、隐藏边都显示
7	艺术外观	根据指定的材料、纹理等逼真地渲染模型
8	面分析	渲染指定的对象，显示曲面分析数据

（2）定向视图

在对模型进行观察和操作时，常常需要从不同的方位或角度进行观察。UG NX 12.0 中提供了 8 个视图方向，如图 1-28 所示，其表示的视图观察方向见表 1-9。该命令的调用方式如下。

1）在功能区单击“视图”→“操作”→“定向视图组”。

2）在绘图区单击鼠标右键，在下拉菜单中单击“定向视图”。

图 1-28　定向视图

表 1-9 “定向视图”各选项含义

序号	图标	含义及快捷键	序号	图标	含义及快捷键
1		正三轴测图，<Home>	5		前视图，< Ctrl+Alt+F>
2		俯视图，<Ctrl+Alt+T>	6		右视图，< Ctrl+Alt+R>
3		正等轴测图，<End>	7		后视图
4		左视图，< Ctrl+Alt+L>	8		仰视图

（3）视图基本操作

对视图的其他操作可以通过以下方式调用命令，其中部分选项及功能见表 1-10。

表 1-10 “视图操作”部分选项及功能

序号	选项	功　能
1	适合窗口	通过调整工作视图的中心和比例来显示所有对象，快捷键为<Ctrl+F>
2	缩放	放大或缩小工作视图，快捷键为<Ctrl+Shift+Z>，其他快捷方式：同时按住 MB1+MB2 并拖动
3	平移	平移视图，快捷方式：同时按住 MB2+MB3 并拖动
4	旋转	旋转视图，快捷方式：按住 MB2 同时拖动
5	定向	将工作视图定向到指定的坐标系
6	设置视图为 WCS	将工作视图定向到 WCS 的 XOY 平面

（续）

序号	选项	功　　能
7	透视	将工作视图从平行投影更改为透视投影
8	镜像显示	通过用某个平面对对称模型的一半进行镜像操作来创建镜像图像
9	恢复	将工作视图恢复为上次视图操作之前的方位和比例
10	小屏幕设置	调整用于生成小平面以显示在图形窗口中的公差
11	重新生成工作视图	重新生成工作视图来移除临时显示的对象并更新任何已修改的显示

1）依次单击“菜单”→“视图”→“操作”。

2）在功能区单击“视图”→“操作”。

3）在绘图区单击鼠标右键，在下拉菜单中单击“操作”。

图层操作

4. 图层操作

图层是个独立的三维空间，可在这个空间中放置无数三维元素，包括点、线、片体、实体等。UG 中共有 256 个这样的三维空间，即 256 个图层。在设计工作中，一个复杂的产品会有成百上千种元素，有了这些三维空间，就可以将这些元素有序地存放，使用时调用相应的图层就可以快捷、准确地找到需要的元素。

（1）图层设置

可通过“图层设置”来对所有图层或任意一个图层的工作层、可选性、可见性等进行设置，也可以查看图层的信息及编辑图层所属类别，其命令调用方式如下。

1）依次单击“菜单”→“格式”→“图层设置”，如图 1-29 所示。

2）在功能区单击“视图”→“可见性”→“图层设置”。

打开后的“图层设置”对话框如图 1-30 所示。在 UG NX 软件中，系统仅允许一个图

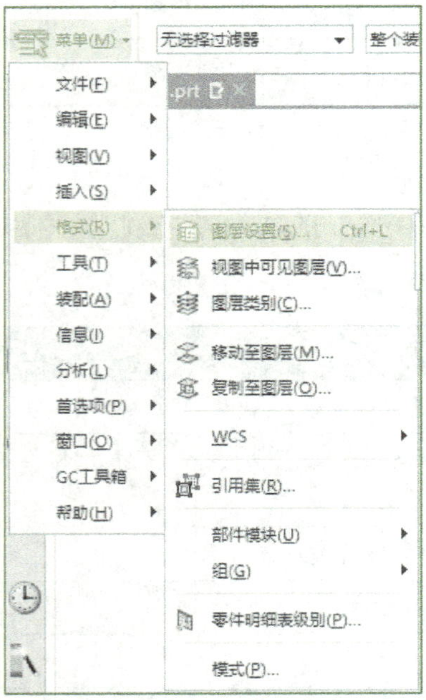

图 1-29 “图层设置”子菜单

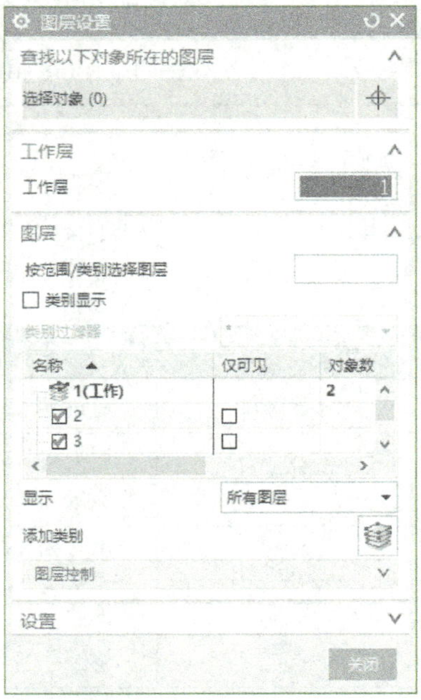

图 1-30 “图层设置”对话框

层作为当前的工作图层，所有绘图操作均在工作图层上进行。可通过在视图选项卡“可见性”面板上的工作图层输入框内输入图层号来快速设定工作图层，也可以通过“图层设置”对话框来设定工作图层。“图层设置”对话框中的部分选项及功能见表 1-11。

表 1-11　“图层设置”对话框部分选项及功能

序号	选项	功　能
1	工作层	当前的工作图层，默认是第一层，在工作层选项栏中输入其他图层编号可将其设置成工作图层
2	按范围/类别选择图层	用于输入范围或图层类别的名称进行筛选图层操作
3	类别过滤器	默认输入 * 代表接受所有的图层类别
4	名称	列表框中显示了部件文件中所有的图层信息，并且可以查看元素所在的图层，若取消勾选某图层，所在图层的元素将被隐藏
5	仅可见	勾选后，所在图层的元素仅可见，但不能被编辑
6	显示	控制列表框中图层的显示情况，包括“所有图层”“含有对象的图层”“所有可选图层”和“所有可见图层”
7	显示前全部适合	更新显示前适合所有的视图和元素

(2) 图层类别

“图层类别”用于创建分类命名的图层组。该命令的打开方式如下。

1）依次单击“菜单”→“格式”→“图层类别”，如图 1-31 所示。

2）在功能区单击“视图”→“可见性”→“图层类别”。

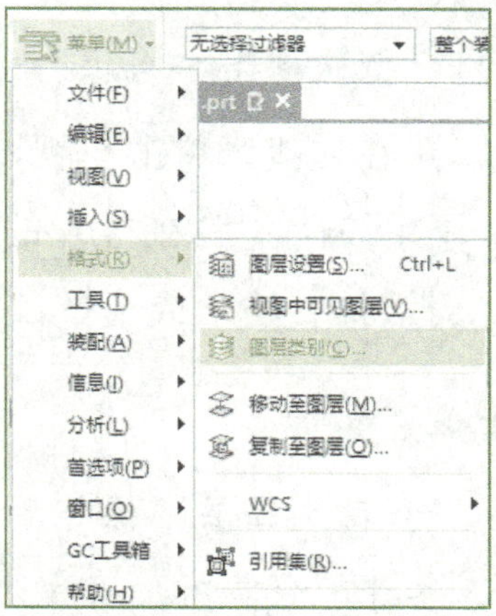

图 1-31　“图层类别”子菜单

调用该命令后，打开“图层类别”对话框，如图 1-32 所示。在对话框的“类别”栏中输入类别的名称并单击“创建/编辑”按钮，弹出“创建图层类别”对话框，输入或者选择所建图层类别的编号范围，单击“确定”即完成一个图层类别的创建。

(3) 移动至图层

“移动至图层”命令的含义是将一个元素从所在图层移动到另一个图层，其命令调用方式如下。

1）依次单击“菜单”→“格式”→“移动至图层”。

2）在功能区单击“视图”→“可见性”→“移动至图层”。

调用该命令后在打开的“类选择”对话框中选择需要移动的对象后，弹出图 1-33 所示的“图层移动”对话框，输入或选择目标图层或类别，即完成操作。

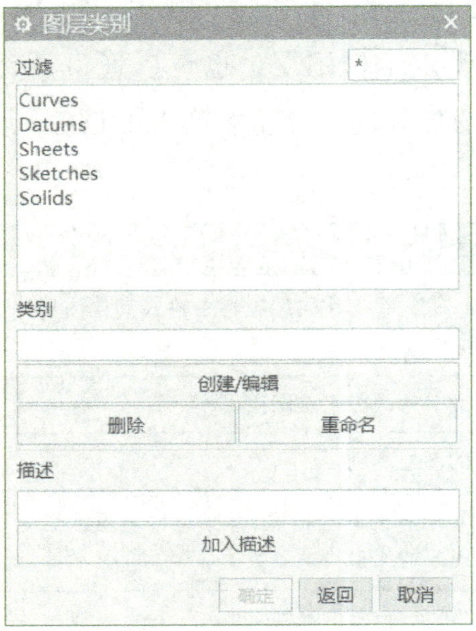

图 1-32 “图层类别”对话框

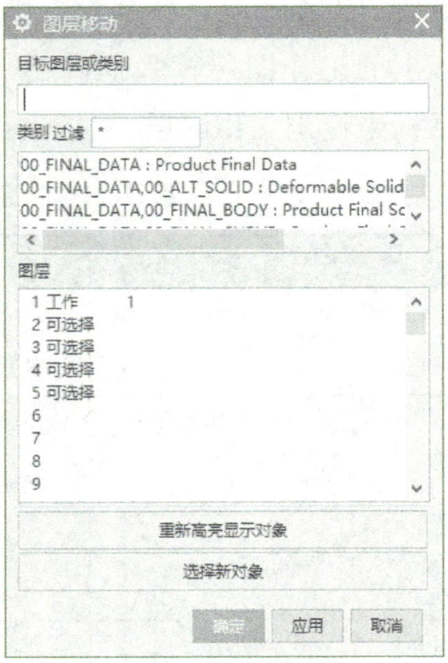

图 1-33 “图层移动”对话框

（4）复制至图层

“复制至图层”命令的含义是将一个元素复制到另一个图层，其命令调用方式如下。

1）依次单击“菜单”→“格式”→“复制至图层”。

2）在功能区单击“视图”→“可见性”→“复制至图层”。

调用该命令后在打开的“类选择”对话框中选择需要移动的对象后，弹出“图层复制”对话框，输入或选择目标图层或类别，即完成操作。

【专家点拨】

“移动至图层”操作后的对象是可以进行编辑的，而“复制至图层”操作只是复制体，参数不能复制，原对象在原图层可编辑，复制的对象不能被编辑。

五、任务评价

任务完成后，按照表 1-12 对任务实施过程开展评价，进行任务总结与反思。

表 1-12 任务二考核评价表

考核项目与权重	考核内容	评价标准	自评	互评	教师评价
专业知识（20%）	（1）掌握对象操作、坐标系操作的方法步骤（10 分）	未掌握对象操作、坐标系操作中的每个分类操作方法，各扣 1 分			
	（2）掌握视图操作、图层操作的方法步骤（10 分）	未掌握视图操作、图层操作中的每个分类操作方法，各扣 1 分			

（续）

考核项目与权重	考核内容	评价标准	自评	互评	教师评价
专业能力（40%）	（1）能够完成模型文件中的对象操作（10分）	按照特定要求分别进行模型文件中的对象操作，视完成情况酌情扣1~5分			
	（2）能够完成模型文件中的坐标系操作（10分）	按照特定要求分别进行模型文件中的坐标系操作，视完成情况酌情扣1~5分			
	（3）能够完成模型文件中的视图操作（10分）	按照特定要求分别进行模型文件中的视图操作，视完成情况酌情扣1~5分			
	（4）能够完成模型文件中的图层操作（10分）	按照特定要求分别进行模型文件中的图层操作，视完成情况酌情扣1~5分			
职业素养（20%）	（1）敬业守时、认真负责、踏实严谨、谦虚好学（5分）	迟到、早退、无故缺勤等，每次扣1分			
	（2）具有良好的团队合作精神，能热心帮助其他同学完成任务（5分）	不参加小组讨论，每次扣1分			
	（3）能准确、快速地表达个人思想和见解，能灵活运用所学知识，有创造性（10分）	根据创意设计情况酌情扣分			
任务总结（20%）	（1）安全、有效地按照任务实施步骤完成任务（10分）	根据任务的完成情况酌情扣分			
	（2）能进行归纳总结，得出规律和指导性经验，技术文件完整、规范、条理清晰，在任务结束后，反思自己的任务完成情况和质量（10分）	根据总结和反思情况酌情扣分			
合计	（自评占比40%，互评占比20%，教师评价占比40%）				

拓展阅读

先进的数字化技术，助力航空工业设计

数字化建模技术的应用正迅速改变着传统制造业的工作模式。数字化建模技术的发展经历了从手工绘图（图1-34）到二维CAD的应用，再到二维+三维设计模式，一直到现在的全三维建模技术（MBD）3个发展历程，实现了从平面投影技术到全三维实体模型数字样机以及完整数字化产品定义的转变。产品数字化建模意味着在整个产品生命周期中，产品不同阶段的信息可以数字化展示、处理和交换。数字化建模技术在产品的设计制造中占

有极其重要的地位，是产品开发的重要手段。随着三维 CAD 设计软件的普遍使用，数字化建模技术已逐渐成熟，产品数字化建模技术的内涵也在不断地丰富和扩展。

航空工业设计从最初的手工图样绘制到如今的全三维建模技术应用，实现了无图纸化设计研制运-20 飞机（图 1-35）。这一革命性的设计手段将支撑我国航空人在设计与制造领域做出伟大的突破。

图 1-34 传统手工绘制图样

图 1-35 飞机设计数字化建模

巩固提高

1. 将模型的特征以节点的方式显示，可以通过（　　）完成许多特征编辑操作。

A. 特征导航器　　B. 实体导航器　　C. 部件导航器　　D. 装配导航器

2. 当前显示的工具条上有一个很少用到的图标没有显示，要显示它最好的操作方式是（　　）。

A. 在工具条区域单击鼠标右键打开“选择客户化/自定义”对话框

B. 将其拖出工具条，双击放在需要的位置

C. 沿着工具条滑动光标，然后单击

D. 右键单击该图标，弹出快捷菜单，打开对话框

3. 在 UG NX 12.0 软件中，通过图层设置可以（　　）。

A. 移动至图层　　B. 删除图层　　C. 复制至图层　　D. 使任意图层只可见

4. 以下选项中（　　）不是图层显示的类别。

A. 所有图层　　B. 含有对象的图层　　C. 所有可见图层　　D. 没有对象的图层

5. 希望创建的模型看起来真实感很强，应该用（　　）方式显示。

A. 着色　　B. 显示隐藏边　　C. 带灰度的隐藏边　　D. 虚线显示隐藏边

6. 对隐藏操作，若需要将当前界面上显示的图素隐藏，并将已隐藏的图素释放在工作界面上，可进行（　　）操作。

A. 隐藏　　B. 显示　　C. 颠倒显示与隐藏　　D. 显示所有

7. 在 UG NX 12.0 的用户界面中，（　　）区域用于提示下一步该做什么。

A. 信息窗口　　B. 提示栏　　C. 状态栏　　D. 部件导航器

8. 视图方位命令不能以（　　）为参考。

A. 工作坐标系　　B. 绝对坐标系　　C. 基准坐标系　　D. 加工坐标系

9. 图层的工作状态不包括（　　）。

A. 可选择　　B. 工作的　　C. 不可见　　D. 可见

10. UG NX 系统默认已创建的图层有（　　）层。

A. 255　　B. 256　　C. 257　　D. 258

项目二　曲线与草图的绘制

项目导读

本项目主要介绍空间曲线与草图的相关知识。

空间曲线部分主要介绍基本曲线、派生曲线以及曲线的编辑。空间曲线是后续自由曲面建模设计的基础，是曲面建模不可或缺的对象，是学习曲面建模必备的基本技能。草图在UG建模中占据着重要的地位，是UG建模的一个重要工具。通过对草图中的曲线进行编辑、约束，然后进行拉伸、旋转等操作，可生成三维模型。掌握空间曲线与草图绘制的相关内容，可为后续学习奠定坚实的基础。

学习目标

知识目标

1）掌握常用空间曲线的创建与编辑方法。

2）掌握草图的绘制与编辑方法。

3）掌握草图约束的基本方法。

能力目标

1）能够使用曲线工具绘制较为复杂的空间曲线。

2）能够绘制基本的二维草图。

3）能够完成二维草图的约束与编辑。

素养目标

1）培养学生遇事寻找解决方法，沉着冷静，举一反三的能力。

2）灵活运用所学知识，逐步养成创新精神。

任务一　绘制空间曲线

一、任务描述

本任务是综合利用空间曲线中的各项功能，完成如图 2-1 所示空间曲线的绘制，加强对空间曲线的基本功能、操作技巧以及曲线的设计等的理解，同时也为后续草图的学习奠定坚实的基础。

二、任务分析

本任务要求绘制图 2-1 所示的空间三维曲线，主要包括直线、圆、键槽等结构。本任务以 XOY 平面为定向平面，主要涉及矩形、圆、倒圆、修剪曲线等命令。

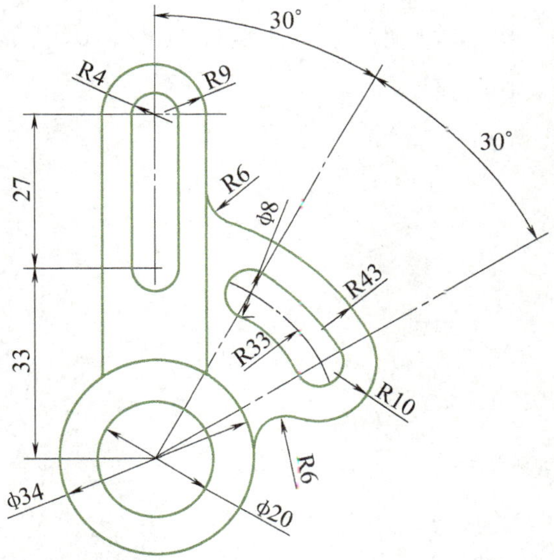

图 2-1　空间曲线

三、任务实施

打开源文件素材包 \ NX 12.0 \ 项目二 \ 任务一 \ 任务实施 \ ，进行空间曲线的绘制，步骤如下。

1）创建一个新的模型文件，在绘图区单击鼠标右键，在右键菜单中选择“定向视图”中的“俯视图”，选择俯视图，即 XOY 平面为工作的视图平面，如图 2-2 所示。

2）在“菜单”选项卡中单击“插入”按钮，找到“曲线”中的“基本曲线”，系统弹出“基本曲线”对话框，选择“圆”，“点方法”选择“点构造器”，如图 2-3 所示，系统弹出“点”对话框，如图 2-4 所示，输入点坐标（0，0，0），确定圆心，再输入（10，0，0），确定圆上一点的坐标值，创建圆心为（0，0，0）、半径为 10mm 的圆，如图 2-5 所示。

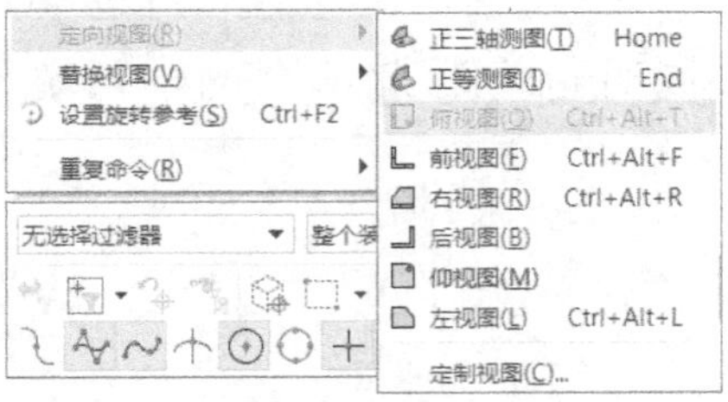

图 2-2　定向视图

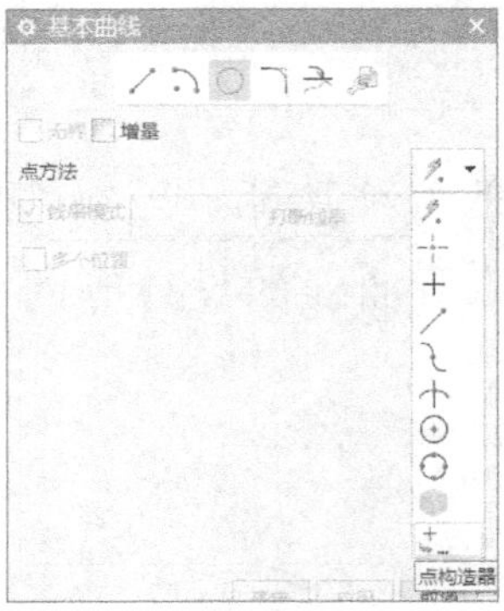

图 2-3　“基本曲线”对话框

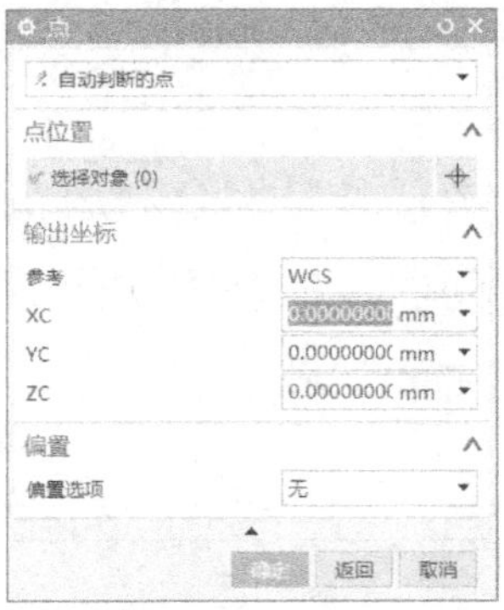

图 2-4　“点”对话框

3）在“菜单”选项卡中选择“插入”按钮，找到“曲线”中的“基本曲线”，选择“圆”，输入圆心坐标（0，0，0），圆上一点坐标（17，0，0），创建圆心为（0，0，0）、半径为 17mm 的圆，如图 2-6 所示。

直线、圆的绘制1

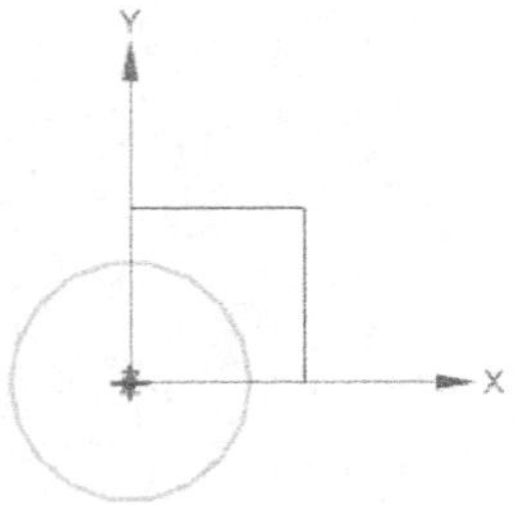

图 2-5　创建圆 1

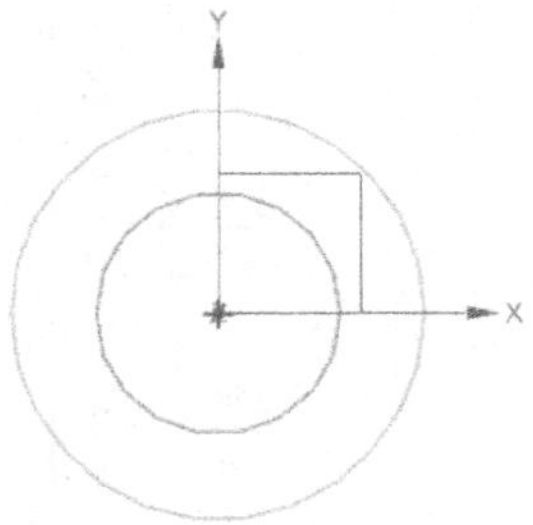

图 2-6　创建圆 2

4）在“菜单”选项卡中选择“插入”按钮，找到“曲线”中的“矩形”，系统弹出“点”对话框，如图 2-7 所示，输入坐标（-9，0，0），按“确定”按钮，再输入坐标（9，69，0），创建长 18mm、宽 69mm 的长方形，绘制完成后如图 2-8 所示。

5）在“菜单”选项卡中选择“插入”按钮，找到“曲线”中的“矩形”，输入坐标（-4，29，0）、（4，64，0），创建长 8mm、宽 35mm 的长方形，绘制完成后如图 2-9 所示。

6）在“菜单”选项卡中选择“插入”按钮，找到“曲线”中的“基本曲线”，选择“圆”，输入圆心坐标（0，60，0），圆上一点坐标（0，69，0），创建圆心为（0，60，0）、半径为 9mm 的圆；再输入圆心坐标（0，60，0），圆上一点坐标（0，64，0），创建圆心为（0，60，0）、半径为 4mm 的圆；再输入圆心坐标（0，33，0），圆上一点坐标（0，37，0），创建圆心为（0，33，0）、半径为 4mm 的圆，如图 2-10 所示。

图 2-7　“点”对话框

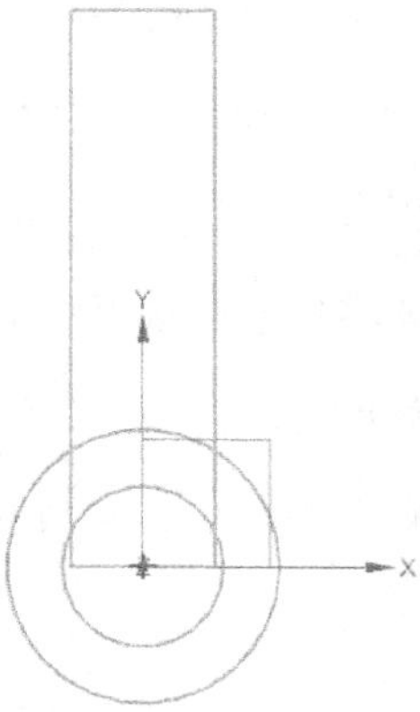

图 2-8　创建矩形 1

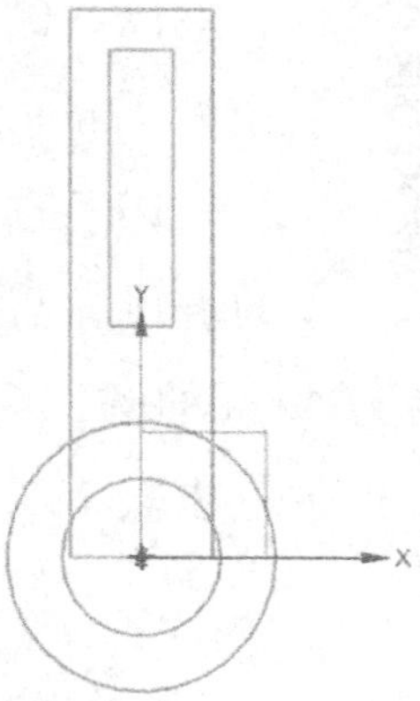

图 2-9　创建矩形 2

7）在“菜单”选项卡中选择“插入”按钮，找到“曲线”中的“基本曲线”，选择“曲线修剪”，系统弹出“修剪曲线”对话框，如图 2-11 所示，依次选择要修剪的曲线、边界曲线，彩色部分为要保留的部分，如图 2-12 所示，单击“确定”按钮，结果如图 2-13 所示。

修剪曲线1

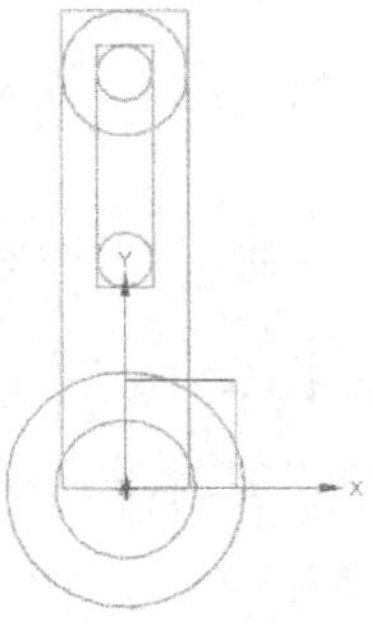

图 2-10　创建圆 3

图 2-11　“修剪曲线”对话框

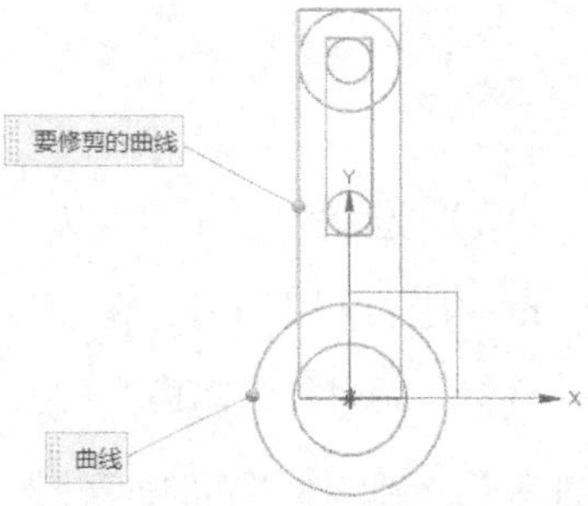

图 2-12　曲线修剪 1

8）重复步骤 7）操作，对剩余需要修剪的部分进行修剪，结果如图 2-14 所示。

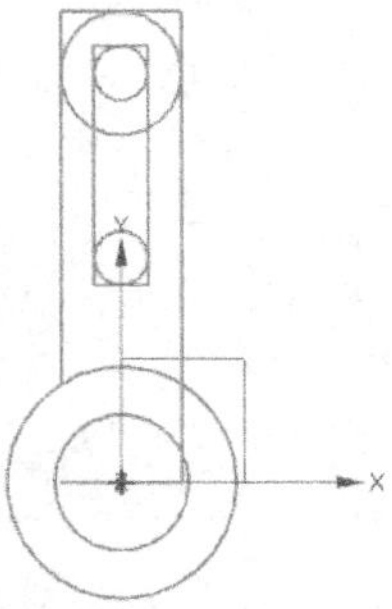

图 2-13　曲线修剪 2

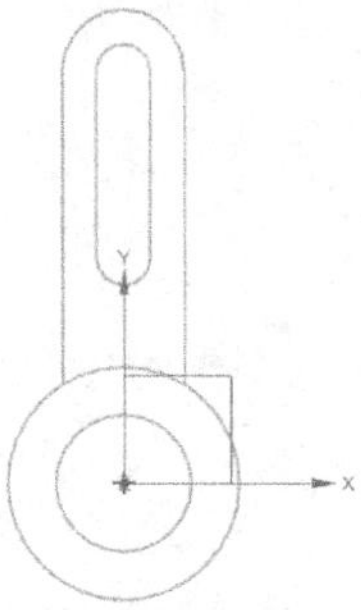

图 2-14　完成曲线修剪

9）在“菜单”选项卡中选择“插入”按钮，找到“曲线”中的“基本曲线”，选择“圆”，输入圆心坐标（0，0，0），圆上一点坐标（0，29，0），创建圆心为（0，0，0）、半径为 29mm 的圆；再输入圆心坐标（0，0，0），圆上一点坐标（0，33，0），创建圆心为（0，0，0）、半径为 33mm 的圆；再输入圆

直线、圆的绘制2

修剪曲线2

心坐标（0，0，0），圆上一点坐标（0，37，0），创建圆心为（0，0，0）、半径为 37mm 的圆，如图 2-15 所示。

10）选择“直线”，以（0，0，0）为起点，分别绘制与 Y 轴成 30°、60°角的直线，与半径为 33mm 的圆交于两点，然后选择“圆”，以两交点为圆心，绘制半径为 4mm 的圆，完成后如图 2-16 所示。

11）重复步骤 7）操作，对需要修剪的部分进行修剪，结果如图 2-17 所示。

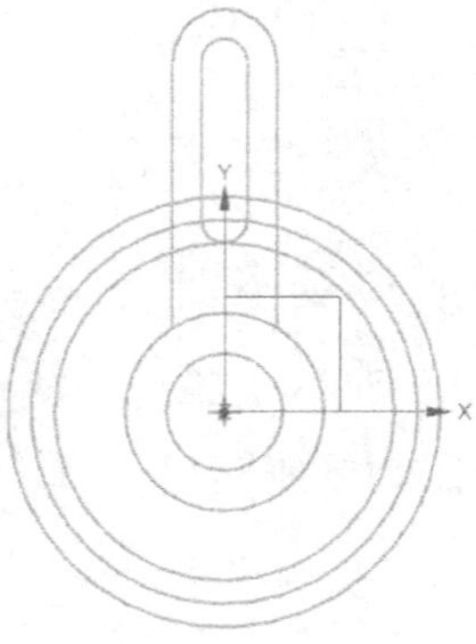

图 2-15　创建圆 4

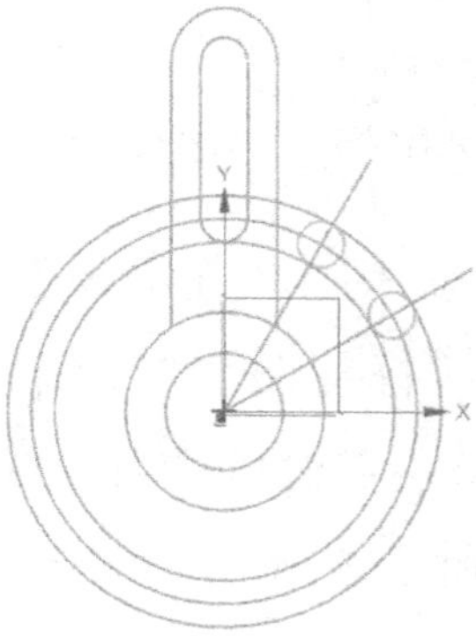

图 2-16　创建圆 5

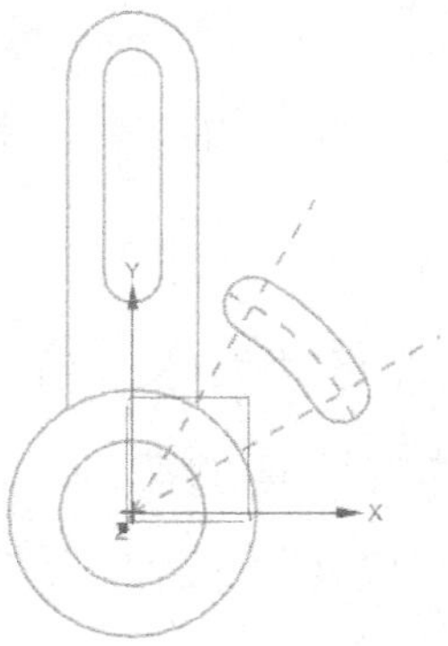

图 2-17　曲线修剪 3

12）选择“圆”，以与 Y 轴成 60°角的直线与半径 33mm 圆的交点为圆心，绘制半径为 10mm 的圆，以（0，0，0）为圆心，绘制半径为 43mm 的圆，完成后如图 2-18 所示。

13）单击“菜单”选项卡中的“插入”按钮，找到“曲线”中的“基本曲线”，选择“圆角”，弹出“曲线倒圆”对话框，在“方法”区域内选择“2 曲线圆角”，在“半径”中输入 6，如图 2-19 所示。

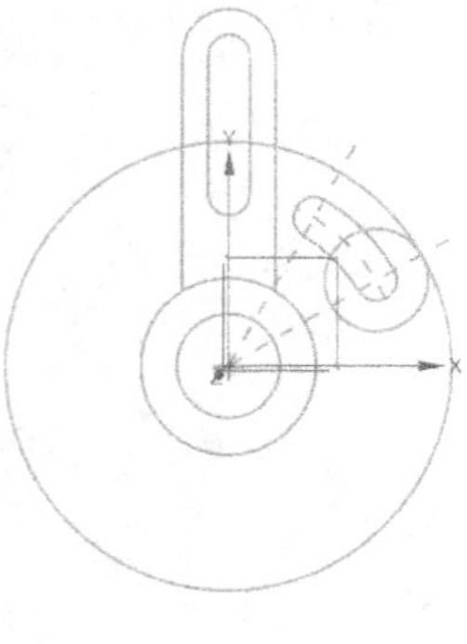

图 2-18　创建圆 6

图 2-19　“曲线倒圆”对话框

14）依次选择第一个对象与第二个对象，如图 2-20 所示，再根据提示选择大概的圆角中心位置，完成第一个倒圆角操作，结果图 2-21 所示。

15）重复步骤 14）操作，完成其余倒圆操作，结果如图 2-22 所示。

16）重复步骤 7），对多余曲线进行修剪，最后结果如图 2-23 所示。

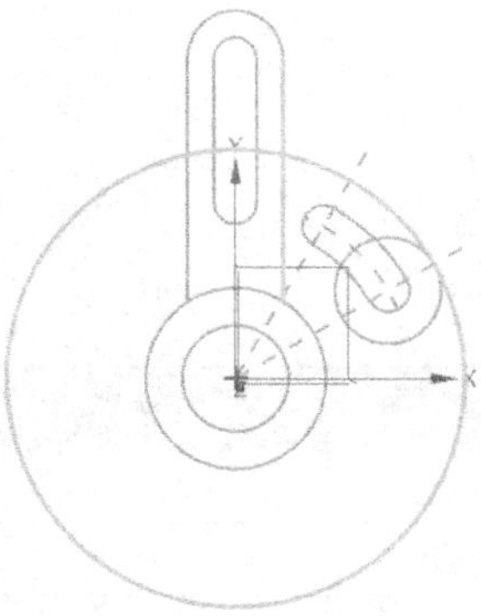

图 2-20　曲线倒圆 1

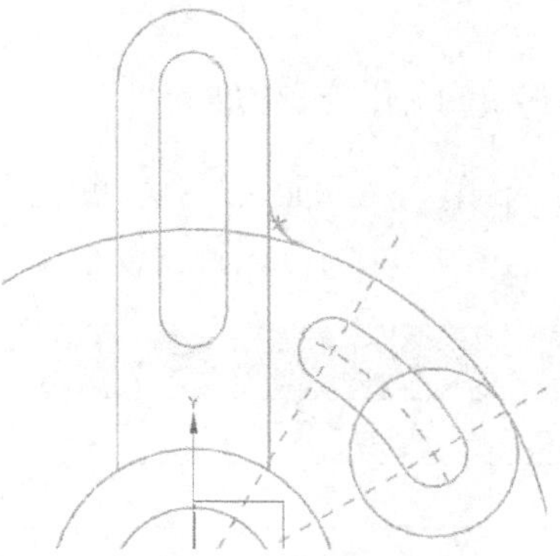

图 2-21　曲线倒圆 2

倒圆角

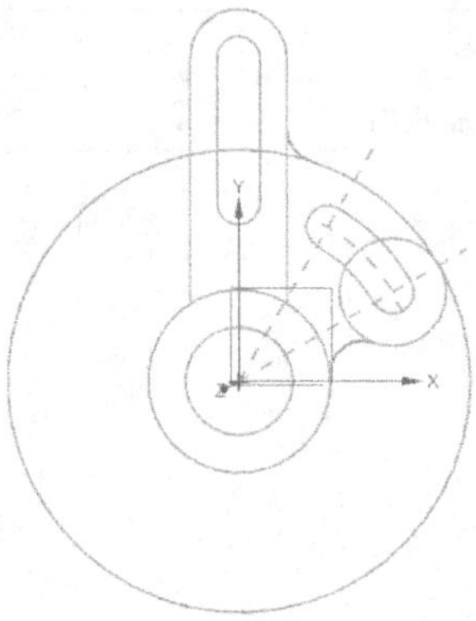

图 2-22　完成曲线倒圆

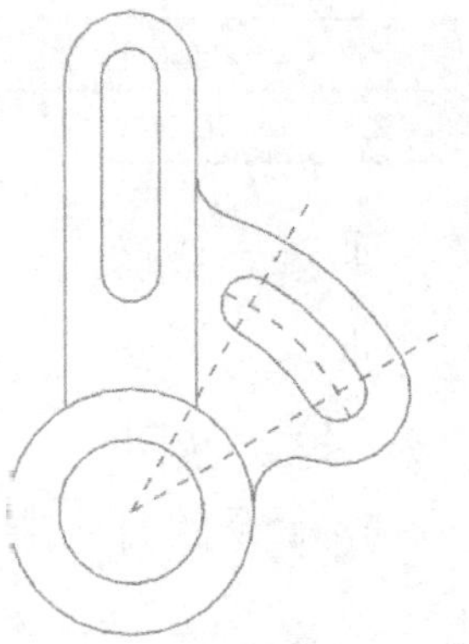

图 2-23　完成空间曲线绘制

修剪曲线3

四、知识链接

1. 基本曲线

直线

(1) 直线

直线是指通过指定两个点绘制而成的轮廓线。在 UG NX 12.0 中，通过“直线”命令可以创建直线。

“直线”命令的打开方式如下：

1) 在功能区单击“曲线”→“直线”。

2) 依次单击“菜单”→“插入”→“曲线”→“直线”。

通过上述操作，系统打开如图 2-24 所示的“直线”对话框，其各选项功能见表 2-1。

(2) 矩形

矩形是指有一个角是直角的平行四边形。在 UG NX 12.0 中，通过“矩形”命令可以

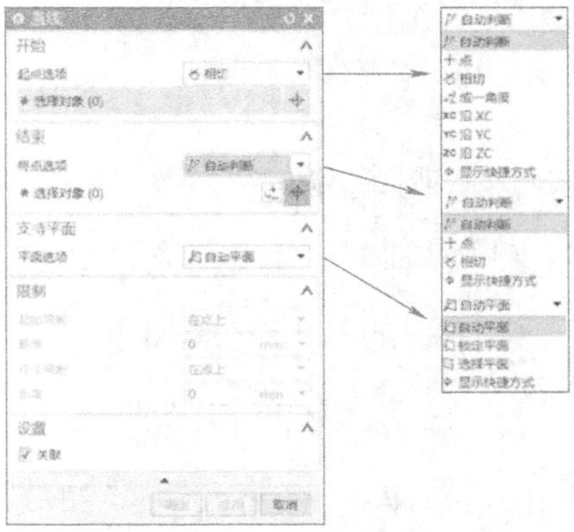

图 2-24　“直线”对话框

矩形

创建矩形。

“矩形” 命令的打开方式如下：

依次单击 “菜单”→“插入”→“曲线”→“矩形” 。

表 2-1 “直线” 对话框中各选项及功能

选项		功 能
“起点选项”与“终点选项”	自动判断	自动判断直线的起点与终点
	点	通过参考点确定直线的起点
	相切	通过选择圆、圆弧或者曲线确定直线与其相切的起始位置
	成一角度	通过角度确定直线
	xc 沿 XC、yc 沿 YC、zc 沿 ZC	通过 XC(YC、ZC)方向与长度的数值确定直线
“支持平面”选项	自动平面	自动判断平面作为创建直线的平面
	锁定平面	通过锁定某一个平面作为创建直线的平面

多边形

通过上述操作，系统打开如图 2-25 所示对话框，可通过选择两个对角来创建矩形。

(3) 多边形

该命令的打开方式如下：

依次单击 “菜单”→“插入”→“曲线”→“多边形” 。

通过上述操作，系统打开如图 2-26 所示对话框，输入 “边数”，单击 “确定” 按钮，弹出如图 2-27 所示多边形的创建方式对话框，其详细功能见表 2-2。

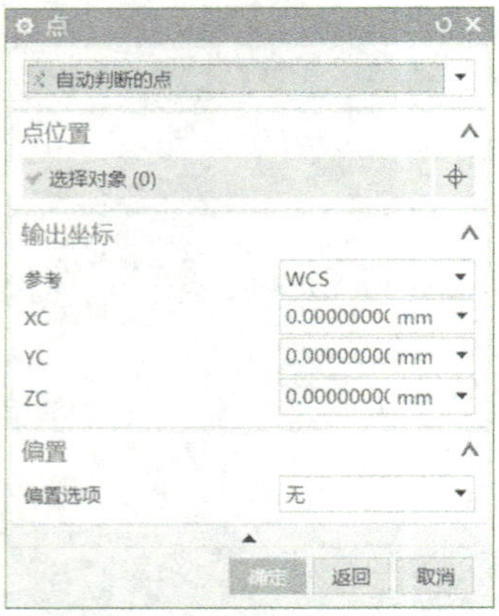

图 2-25 矩形的创建对话框

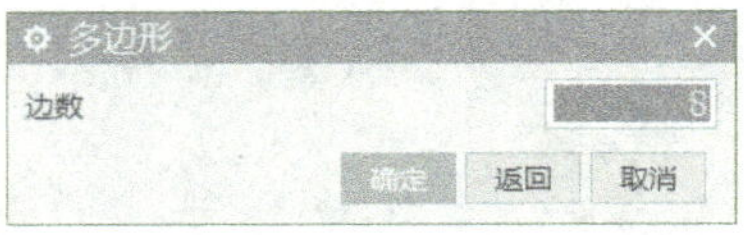

图 2-26 “多边形” 创建对话框

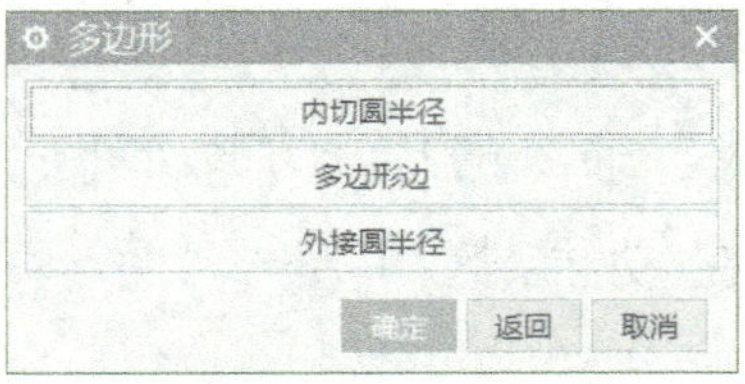

图 2-27 多边形的创建方式

圆弧/圆

(4) 圆弧/圆

圆弧与圆是构成复杂曲线的基本元素之一。

该命令的打开方式如下：

1) 在功能区单击 “曲线”→“圆弧/圆” 。

2) 依次单击 “菜单”→“插入”→“曲线”→“圆弧/圆” 。

【例 2-1】 绘制如图 2-28 所示的平面图形，圆半径为 30mm，两圆心之间距离为 60mm。

表 2-2　多边形的创建方式及功能

方式	功　　能
内切圆半径	 通过输入“内切圆半径”与“方位角”创建多边形。内切圆半径为原点至多边形中点的距离，方位角为多边形从 XC 轴开始逆时针方向旋转的角度
多边形边	 通过输入边长与方位角创建多边形。“侧”为多边形的边长
外接圆半径	 通过输入外接圆的半径与方位角创建多边形。外接圆半径为原点到多边形顶点的距离

操作步骤如下：

1）选择“直线”指令，绘制两条平行且长度为 60mm 的直线，这两条直线间的距离为 30mm，如图 2-29 所示。

2）依次单击“菜单”→“插入”→“曲线”→“圆弧/圆”命令，系统显示如图 2-30 所示的对话框，绘制平面图形的圆弧部分。

3）单击“确定”按钮，完成平面图形的绘制，如图 2-28 所示。

图 2-28　完成平面图形的绘制

图 2-29　绘制直线

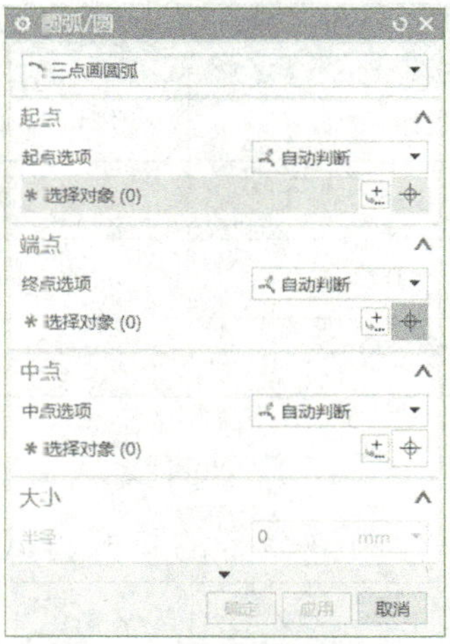

图 2-30　“圆弧/圆”对话框

椭圆

(5) 椭圆

该命令的打开方式如下：

依次单击“菜单”→“插入”→“曲线”→“椭圆”。

通过上述操作，系统打开如图 2-31 所示对话框，各选项功能见表 2-3。

抛物线

(6) 抛物线

该命令的打开方式如下：

依次单击“菜单”→“插入”→“曲线”→“抛物线”。

通过上述操作，系统打开如图 2-32 所示对话框，各选项功能见表 2-4。

表 2-3 “椭圆”对话框中各选项及功能

选项	功　　能
长半轴	椭圆长轴的一半
短半轴	椭圆短轴的一半
起始角	确定椭圆的起始位置，指椭圆绕 ZC 轴正向逆时针方向旋转生成
终止角	确定椭圆的终止位置，指椭圆绕 ZC 轴正向逆时针方向旋转生成
旋转角度	主轴相对于 XC 轴逆时针方向旋转的角度

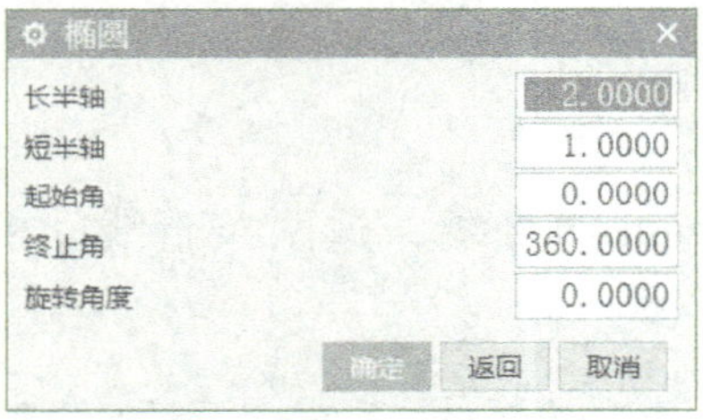

图 2-31 “椭圆”对话框

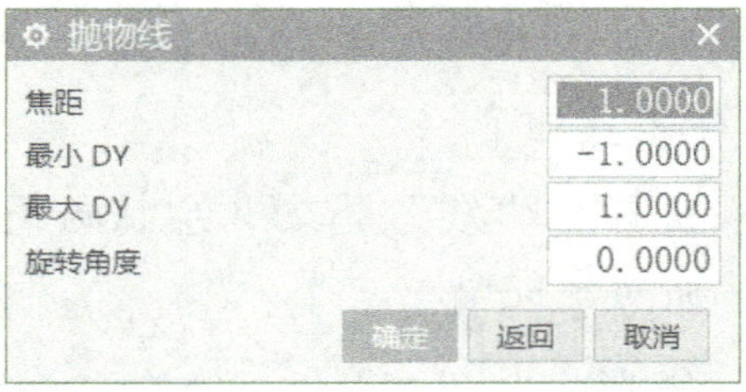

图 2-32 “抛物线”对话框

表 2-4 “抛物线”对话框中各选项及功能

选项	功　　能
焦距	焦点到准线的距离
最小 DY	Y 轴方向最小增量
最大 DY	Y 轴方向最大增量
旋转角度	主轴相对于 XC 轴逆时针方向旋转的角度

双曲线

(7) 双曲线

该命令的打开方式如下：

依次单击“菜单”→“插入”→“曲线”→“双曲线”。

通过上述操作，系统打开如图 2-33 所示对话框，各选项功能见表 2-5。

表 2-5 “双曲线”对话框中各选项及功能

选项	功　能
实半轴	两顶点之间的距离为双曲线的实轴，实轴长的一半称为实半轴
虚半轴	虚轴长度的一半称为虚半轴
最小 DY	Y 轴方向最小增量
最大 DY	Y 轴方向最大增量
旋转角度	主轴相对于 XC 轴逆时针方向旋转的角度

（8）螺旋线

该命令的打开方式如下：

1）在功能区单击“曲线”→“螺旋线”。

2）依次单击“菜单”→“插入”→“曲线”→“螺旋线”。

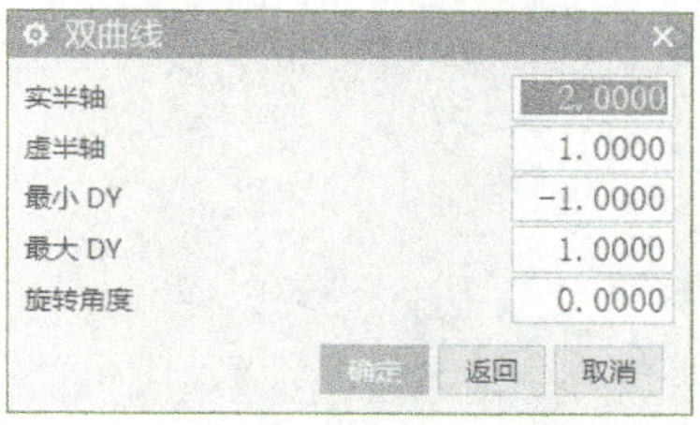

图 2-33 “双曲线”对话框

螺旋线

通过上述操作，系统打开如图 2-34 所示对话框，各选项功能见表 2-6。

表 2-6 “螺旋”对话框中各选项及功能

选项	功　能
方位	利用坐标系定义螺旋线的方向
大小	螺距的定义方式
规律类型	利用规律函数控制螺旋线的直径或半径
螺距	沿螺旋轴方向，相邻圈之间的距离
圈数	大于零
旋转方向	控制螺旋线的旋转方向

2. 派生曲线

（1）偏置

曲线的“偏置”的命令可以对直线、圆弧、椭圆、规律曲线等进行偏置。

偏置曲线

该命令的打开方式如下：

依次单击“菜单”→“插入”→“派生曲线”→“偏置”。

通过上述操作，系统打开如图 2-35 所示对话框。偏置曲线的类型包括四种，其功能见表 2-7。

表 2-7 偏置曲线的类型及功能

类型	功　能
距离	在选定曲线的平面上进行曲线的偏置
拔模	在与选定曲线平面平行的平面上进行一定角度的曲线偏置
规律控制	在选定曲线平面上以规律定义的距离进行由线的偏置
3D 轴向	在三维空间进行曲线的偏置，需要指定方向与距离

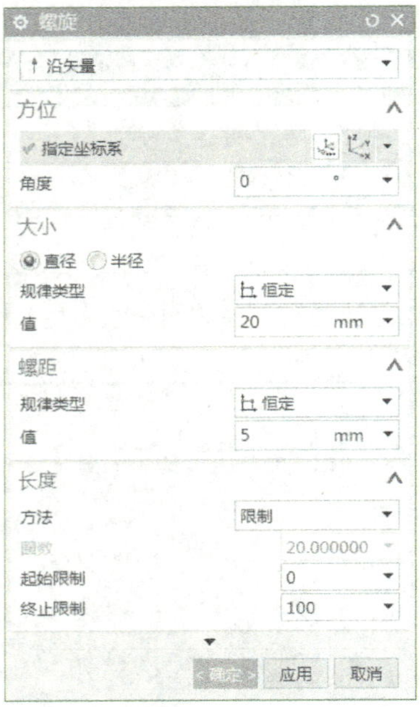

图 2-34 “螺旋”对话框

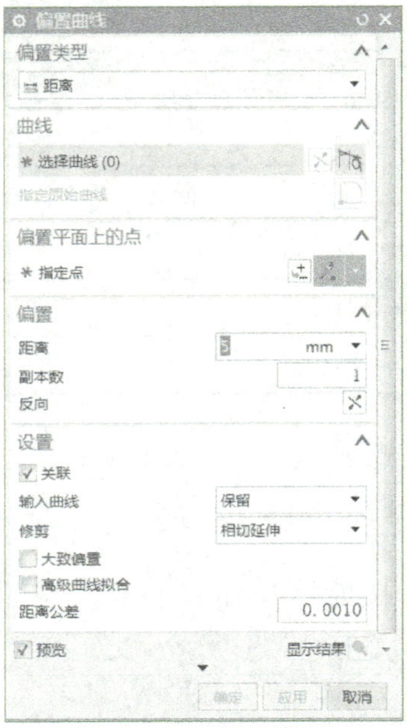

图 2-35 “偏置曲线”对话框

（2）桥接

“桥接”命令用于创建两个对象之间的相切圆角曲线。

该命令的打开方式如下：

桥接

依次单击“菜单”→“插入”→“派生曲线”→“桥接”。

通过上述操作，系统打开如图 2-36 所示“桥接曲线”对话框，其详细功能见表 2-8。

表 2-8 “桥接曲线”对话框各选项及功能

选项		功能
起始对象		桥接曲线的第一个操作对象
终止对象		桥接曲线的第二个操作对象
形状控制	相切幅值	通过改变起始对象与终止对象的连接点切矢量值，调整桥接曲线的形状
	深度和歪斜度	深度：控制桥接曲线的曲率，影响桥接曲线的形状。其数值代表曲率影响的百分比 歪斜度：控制最大曲率的位置。其数值代表起始对象到终止对象的距离百分比
	模板曲线	控制桥接曲线形状的参考曲线

（3）缠绕/展开曲线

使用该命令可将平面上的曲线缠绕到可展开面上，或者将可展开面上的曲线展开到平面上。

该命令的打开方式如下：

缠绕/展开曲线

依次单击“菜单”→“插入”→“派生曲线”→“缠绕/展开曲线”。

通过上述操作，系统打开如图 2-37 所示“缠绕/展开曲线”对话框。

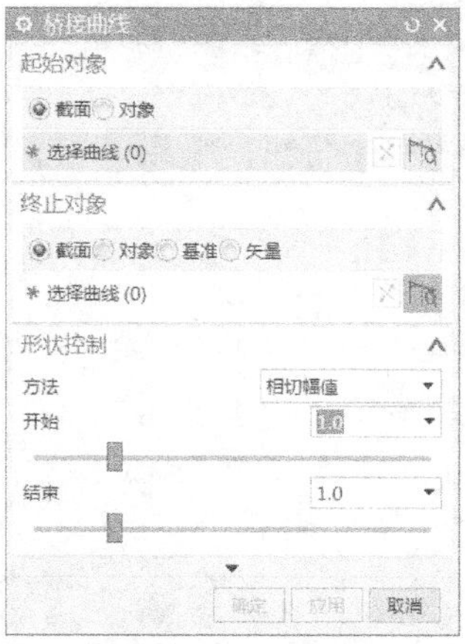

图 2-36　曲线桥接的创建对话

图 2-37　“缠绕/展开曲线”对话框

【例 2-2】　将曲线缠绕到圆柱面上。

操作步骤如下：

1）创建底部直径为 10mm、高度为 30mm 的圆柱三维模型与要缠绕的曲线，如图 2-38 所示。

2）选择“插入”→“派生曲线”→“缠绕/展开曲线”，系统弹出“缠绕/展开曲线”对话框，如图 2-37 所示。

3）选择“缠绕”类型，“选择曲线或点”选择所要缠绕的直线、“选择面”选择圆柱曲面、“平面”选择与圆柱面相切的基准面，如图 2-39 所示。

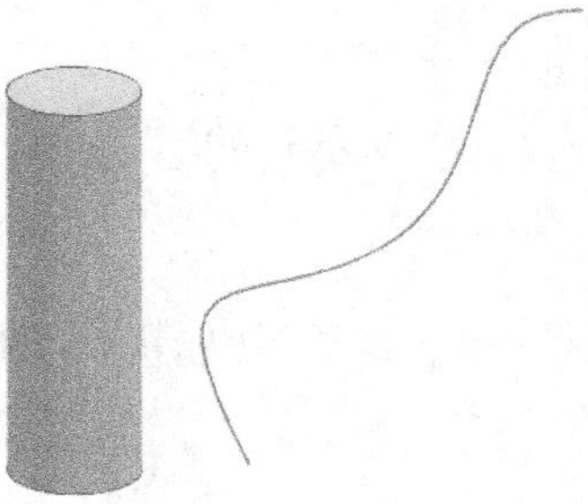

图 2-38　创建圆柱三维模型与要缠绕的曲线

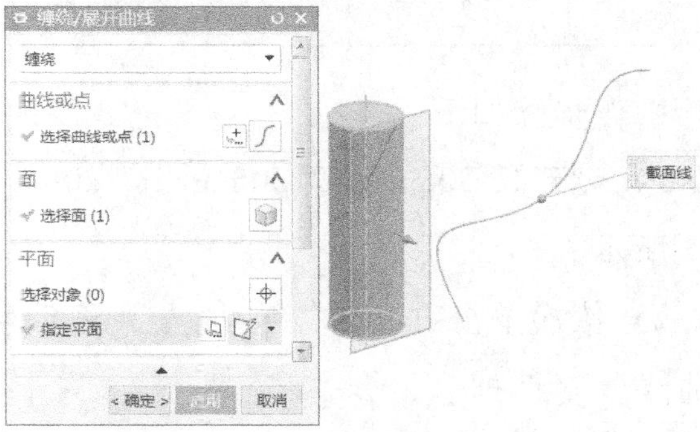

图 2-39　选择缠绕曲线各选项

4）单击“应用”按钮，曲线缠绕完成后如图 2-40a 所示，隐藏源曲线后如图 2-40b 所示。

（4）投影

使用该命令可将曲线、边或点投影至面或平面。

该命令的打开方式如下：

依次单击“菜单”→“插入”→“派生曲线”→“投影”。

投影

通过上述操作，系统打开如图 2-41 所示“投影曲线”对话框，其详细功能见表 2-9。

【例 2-3】　将长方体板一侧的五边形凸台轮廓线（图 2-42）投影至长方体板的另一侧。

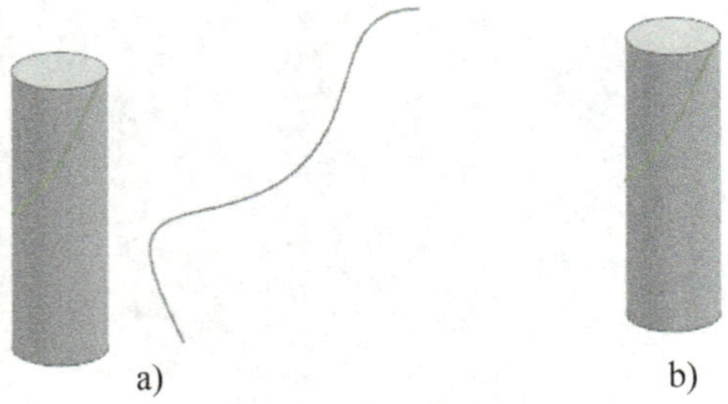

图 2-40　完成曲线缠绕

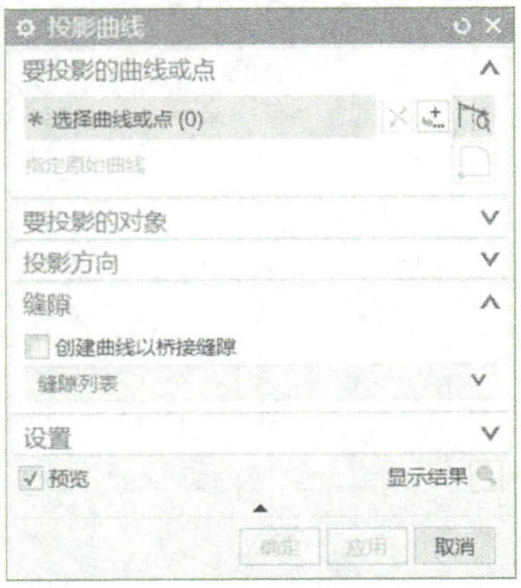

图 2-41　“投影曲线”对话框

表 2-9　“投影曲线”对话框中各选项功能

选项		功　　能
指定平面		确定投影所在的平面
投影方向	沿面的法向	沿面的法向投影
	朝向点	向指定点投影
	朝向直线	垂直于一指定直线投影
	沿矢量	沿指定矢量投影
	与矢量成角度	将选中的曲线与指定的矢量成一定的角度投影

操作步骤如下：

1）创建长 50mm、宽 50mm、高 20mm 的长方体板，边长为 20mm 的五边形凸台，如图 2-42 所示。

2）依次单击“菜单”→“插入”→“派生曲线”→“投影”，系统弹出如图 2-41 所示“投影曲线”对话框。

3）选择“要投影的对象”为五边形的边，“指定平面”为五边形凸台所在面的对面，“投影方向”为“沿面的法向”，即垂直于所选择的面。

4）在“设置”选项中勾选“关联”，单击“确定”按钮后，完成五边形的投影，结果如图 2-43 所示。

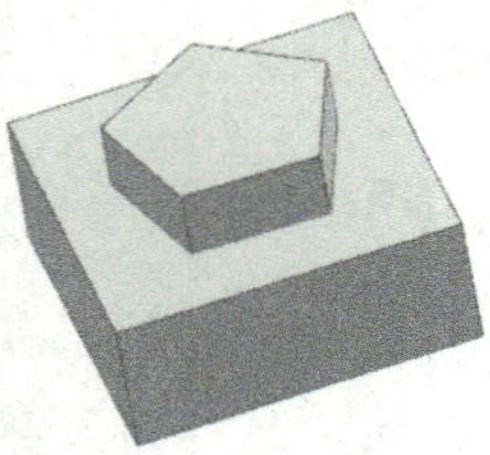

图 2-42　三维模型

图 2-43　完成五边形的投影

（5）镜像

镜像

使用镜像命令可通过镜像平面基于曲线创建镜像曲线。

该命令的打开方式如下：

依次单击“菜单”→“插入”→“派生曲线”→“镜像”。

通过上述操作，系统打开如图 2-44 所示“镜像曲线”对话框。

图 2-44　“镜像曲线”对话框

【例 2-4】　对长半轴为 100mm、短半轴为 50mm 的椭圆进行镜像。

操作步骤如下：

1）创建长半轴为 100mm，短半轴为 50mm 的椭圆，如图 2-45 所示。

2）依次单击“菜单”→“插入”→“派生曲线”→“镜像”，系统弹出如图 2-44 所示对话框。

3）“选择曲线”为椭圆的边，“镜像平面”为现有平面（也可以创建一个新的平面），在“设置”选项中勾选“关联”。

4）单击“确定”按钮完成椭圆曲线的镜像，如图 2-46 所示。

（6）相交

相交

使用该命令可创建两个对象集之间的相交曲线。相交曲线是有关联的，它根据定义对象的变化而变化。该命令的打开方式如下：

依次单击“菜单”→“插入”→“派生曲线”→“相交”。

通过上述操作，系统打开如图 2-47 所示“相交曲线”对话框。

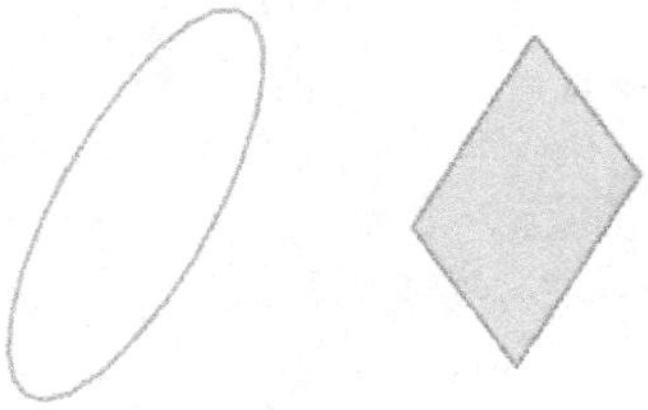

图 2-45　创建椭圆

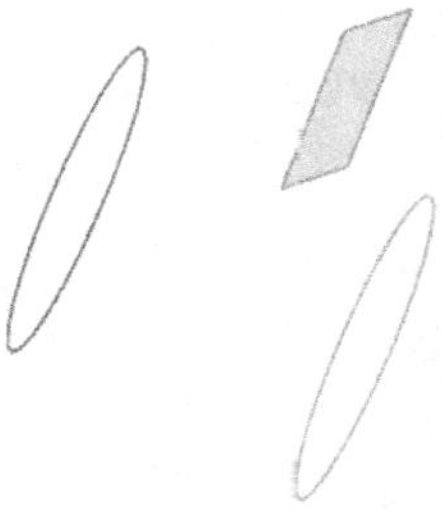

图 2-46　完成椭圆曲线的镜像

图 2-47　“相交曲线”对话框

【例 2-5】　创建底面直径为 20mm、高为 40mm 的圆锥与平面的相交曲线特征。

操作步骤如下：

1）创建底面直径为 20mm、高为 40mm 的圆锥和与其相交的平面，如图 2-48 所示。

2）依次单击“菜单”→“插入”→“派生曲线”→“相交”，系统弹出如图 2-47 所示对话框。

3）“第一组”“选择面”选定圆锥面，“第二组”“选择面”选择图 2-48 创建的平面，单击“确定”按钮，完成相交曲线特征的创建，如图 2-49 所示。

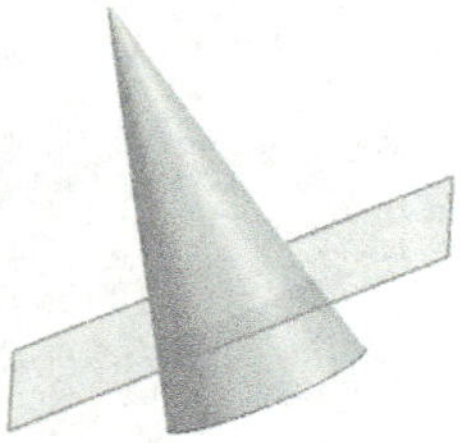

图 2-48　创建圆锥与平面

图 2-49　完成相交曲线特征的创建

参数

3. 曲线编辑

(1) 参数

曲线参数可以编辑大多数类型的曲线和点的参数。当选择不同类型的特征时，系统会弹出相对应的对话框。

该命令的打开方式如下：

依次单击“菜单”→“编辑”→“曲线”→“参数”。

通过上述操作，系统打开如图 2-50 所示“编辑曲线参数”对话框。

【例 2-6】　编辑直线的参数。

操作步骤如下：

1）创建如图 2-51 所示直线。

2）依次单击“菜单”→“插入”→“编辑”→“曲线”→“参数”，系统弹出如图 2-50 所示对话框。

3）选择图 2-51 所示直线，系统弹出图 2-52 所示“直线”对话框。

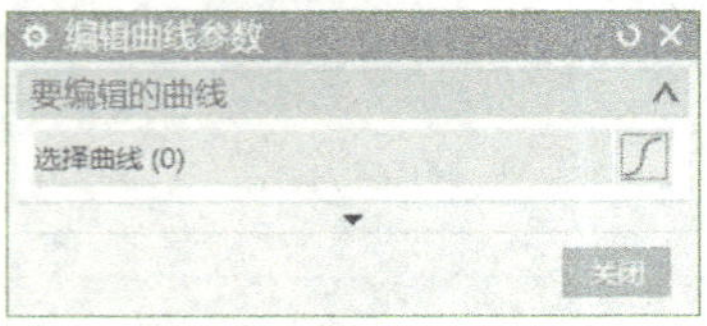

图 2-50　“编辑曲线参数”对话框

图 2-51　直线

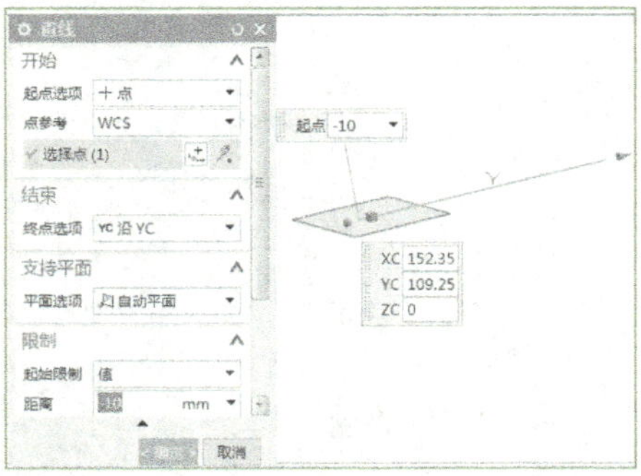

图 2-52　“直线”对话框

4）选择并拖动图 2-53a 中箭头所指的端点，可以改变直线在平面上的位置，选择并拖动图 2-53b 中箭头所指的端点，可以改变直线的长度。在图 2-52 所示对话框中编辑直线的参数，也可实现直线位置与长度的改变。

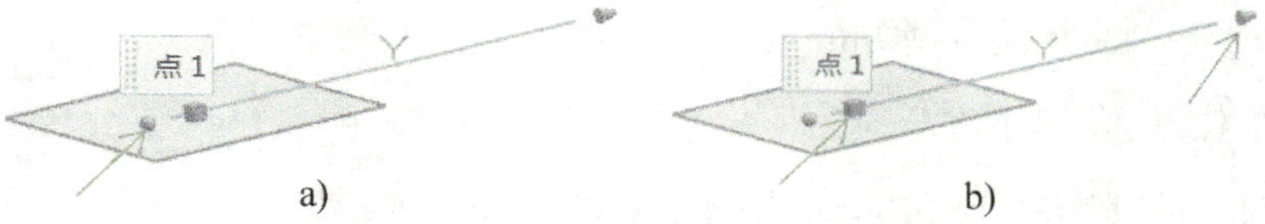

a)　　　　b)

图 2-53　直线的编辑

修剪

(2) 修剪

修剪命令可按选定的边界对象修剪、延伸或分割曲线，可对直线、圆弧、二次曲线等进行修剪或延伸。

该命令的打开方式如下：

依次单击“菜单”→“编辑”→“曲线”→“修剪”。

通过上述操作，系统打开如图 2-54 所示“修剪曲线”对话框，其详细功能见表 2-10。

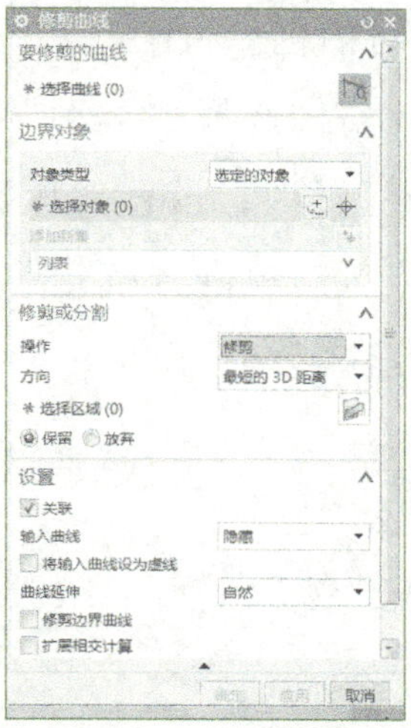

图 2-54　“修剪曲线”对话框

(3) 分割

分割可将一条曲线分为多段。分割后每一条生成的新曲线都是独立的实体，并且与源曲线具有相同的线型。该命令的打开方式如下：

依次单击“菜单”→“编辑”→“曲线”→“分割”。

通过上述操作，系统打开如图 2-55 所示“分割曲线”对话框，其详细功能见表 2-11。

表 2-10　“修剪曲线”对话框各选项功能

选项		功　能
要修剪的曲线		指定需要修剪的曲线
边界对象		指定修剪曲线的边界
选择区域		指令选定的区域保留或者修剪
操作	修剪	修剪或者延伸曲线
	分割	分割曲线
方向	沿方向	将曲线修剪或者延伸至与边界相交处，沿指定的矢量方向投影
	最短的 3D 距离	将曲线修剪或者延伸至与边界相交处，应用三维尺寸标记最短距离

表 2-11　“分割曲线”对话框各选项功能

选项		功　能
类型	等分段	指定曲线的长度或者特定的参数将曲线分割成相等的段数
	按边界对象	通过指定边界对象分割曲线
	弧长段数	指定各段的弧长分割曲线
	在结点处	指定结点分割曲线，结点为样条曲线的定义点
	在拐角上	在拐角处分割曲线
段长数	等参数	根据曲线参数特征等分曲线
	等弧长	根据曲线长度等分曲线

分割

【例 2-7】 将半径为 50mm 的圆等分为 6 份。

操作步骤如下：

1）创建半径为 50mm 的圆，如图 2-56 所示。

2）依次单击“菜单”→“编辑”→“曲线”→“分割”，系统弹出如图 2-55 所示对话框。

3）选择“类型”为“等分段”，“选择曲线”为图 2-56 所示圆，选择“段长度”为“等弧长”，设置“段数”为“6”，如图 2-57 所示。

4）单击“确定”按钮完成圆的分割，应用“直线”命令连接分割完成的各个端点，如图 2-58 所示。

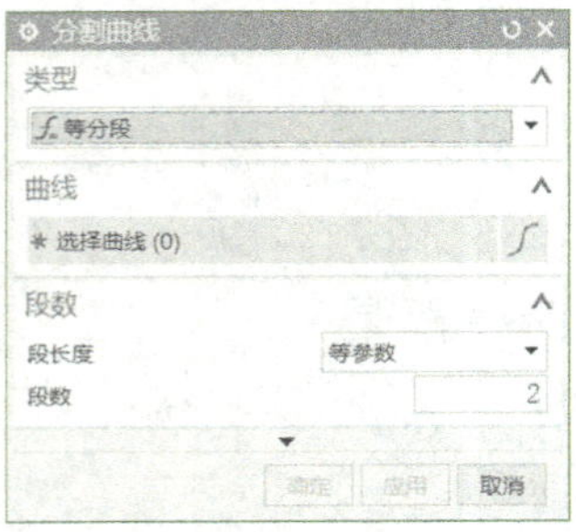

图 2-55 “分割曲线”对话框

图 2-56 创建圆

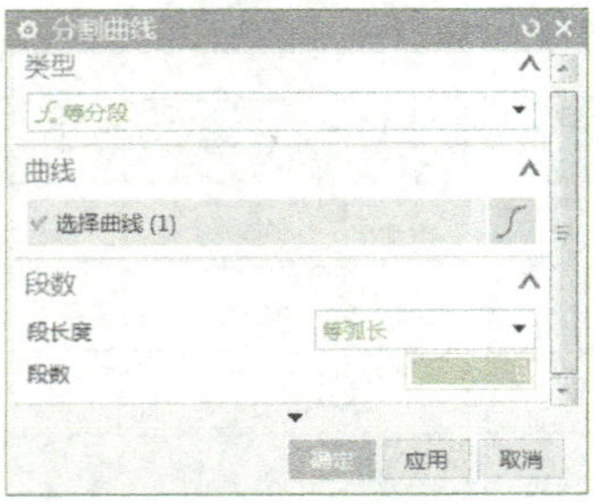

图 2-57 分割圆参数的设置

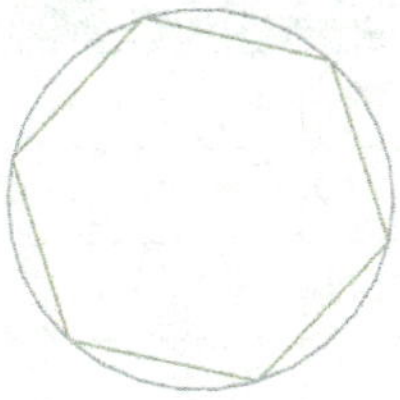

图 2-58 连接各段直线

长度

(4) 长度

长度可在曲线的每一端延长或缩短一段长度，或使其达到某一曲线总长。

该命令的打开方式如下：

依次单击“菜单”→“编辑”→“曲线”→“分割”。

通过上述操作，系统打开如图 2-59 所示“曲线长度”对话框，其详细功能见表 2-12。

五、任务评价

任务完成后，按照表 2-13 对任务实施过程开展评价，进行任务总结与反思。

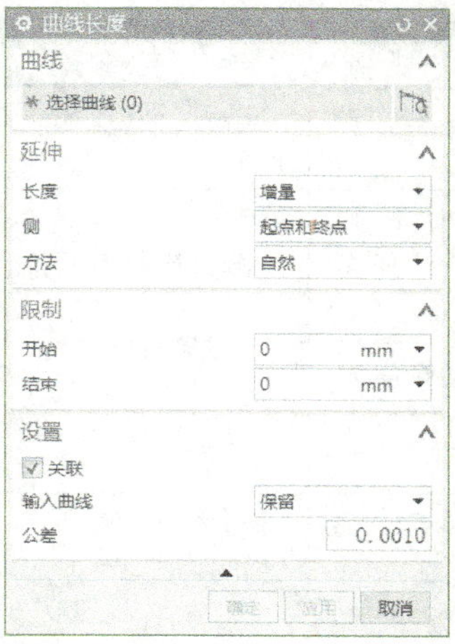

图 2-59 “曲线长度”对话框

表 2-12 “曲线长度”对话框各选项功能

选项		功　能
长度	增量	应用指定弧长增量的方法对曲线进行修剪与延伸
	总数	指定总弧长对曲线进行修剪与延伸
侧	起点和终点	指定曲线的起点或终点进行修剪与延伸
	对称	指定曲线的起点与终点进行对称修剪与延伸
方法	自然	从曲线的端点沿自然路径延伸
	线性	从曲线的端点进行曲线的延伸，延伸的部分为线性的
	圆形	从曲线的端点进行曲线的延伸，延伸的部分为圆弧
限制	开始	从曲线的起点指定曲线修剪或者延伸的长度
	结束	从曲线的终点指定曲线修剪或者延伸的长度

表 2-13 任务一考核评价表

考核项目与权重	考核内容	评价标准	自评	互评	教师评价
专业知识（20%）	（1）掌握空间曲线中基本曲线、派生曲线的基本功能与操作方法（10 分）	未能正确应用空间曲线中的功能与方法，每操作失误一次扣 1 分			
	（2）掌握空间曲线中曲线编辑的基本功能与操作方法（10 分）	未能正确应用空间曲线编辑的功能，每操作失误一次扣 1 分			
专业能力（30%）	（1）能够按照要求完成空间曲线中基本曲线的绘制（10 分）	未能按照要求完成基本曲线绘制的酌情扣 1~10 分			
	（2）能够按照要求完成空间曲线中派生曲线的绘制（10 分）	未能按照要求完成派生曲线绘制的酌情扣 1~10 分			
	（3）能够按照要求对空间曲线进行曲线编辑（10 分）	未能按照要求完成曲线编辑的酌情扣 1~10 分			

（续）

考核项目与权重	考核内容	评价标准	自评	互评	教师评价
职业素养（20%）	（1）敬业守时、认真负责、踏实严谨、谦虚好学（5分）	迟到、早退、无故缺勤等，每次扣1分			
	（2）具有良好的团队合作精神，能热心帮助其他同学完成任务（5分）	不参加小组讨论，每次扣1分			
	（3）能准确、快速地表达个人思想和见解，能灵活运用所学知识，有创造性（10分）	根据创意设计情况酌情扣分			
任务总结（30%）	（1）安全、有效地按照任务实施步骤完成三维空间曲线绘制任务，主要包括直线、圆、槽等曲线（10分）	每缺少一条曲线扣1分			
	（2）安全、有效地按照任务实施步骤完成三维空间曲线绘制任务，包括尺寸标注（10分）	每缺少一个尺寸扣1分			
	（3）能进行归纳总结，得出规律和指导性经验，技术文件完整、规范、条理清晰，在任务结束后，反思自己的任务完成情况和质量（10分）	根据总结和反思情况酌情扣分			
合计	（自评占比40%，互评占比20%，教师评价占比40%）				

任务二　绘制草图

草图即二维平面图，本任务主要进行草图的创建，内容包括草图环境的设置、草图的绘制、草图的约束以及草图的编辑等基本操作。草图是参数化建模的一个重要工具，草图绘制完成后，可以通过拉伸、旋转等操作完成三维模型的创建，若修改草图参数，三维模型的参数则会随之变化。合理有效地应用草图工具可以极大地提高绘图效率。

一、任务描述

本任务综合利用草图中的各项功能，完成草图的绘制，加强读者对草图基本功能、操作技巧以及草图的设计等的理解，同时也为后续学习奠定基础。

二、任务分析

以XOY面为草图平面，完成如图2-60

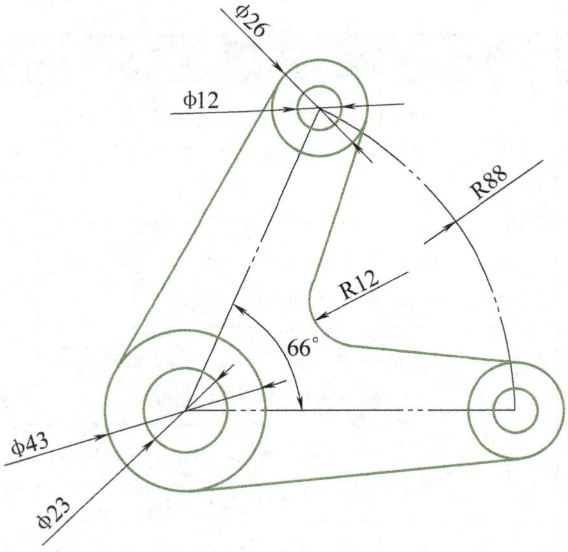

图2-60　草图实例

所示的草图的创建，要求完成草图后，改变半径 R56mm 或改变角度 66°的数值时，草图形状在尺寸驱动下保持结构不变。

三、任务实施

打开源文件素材包 \ NX 12.0 \ 项目二 \ 任务一 \ 任务实施 \ ，进行草图的绘制，步骤如下。

1）设置当前图层为 21 层，在工具条中单击“在任务环境中绘制草图”，选择 XOY 面为草图平面。

草图综合实例

2）选择“现有点”方式，捕捉草图原点作为端点，完成两条基准线的绘制，其中一条基准线利用“动态约束”完成水平约束，另外一条基准线不做要求。单击“圆弧”按钮并在弹出的对话框中选择“中心和端点定圆弧”，以草图原点为圆弧圆心，任意长为半径画弧，完成后如图 2-61 所示。

3）如图 2-62a 所示，选择“转换至/自参考对象”，弹出对应的对话框，选择绘制的图形对象，按“确定”按钮后，图线转换为参考线，如图 2-62b 所示。

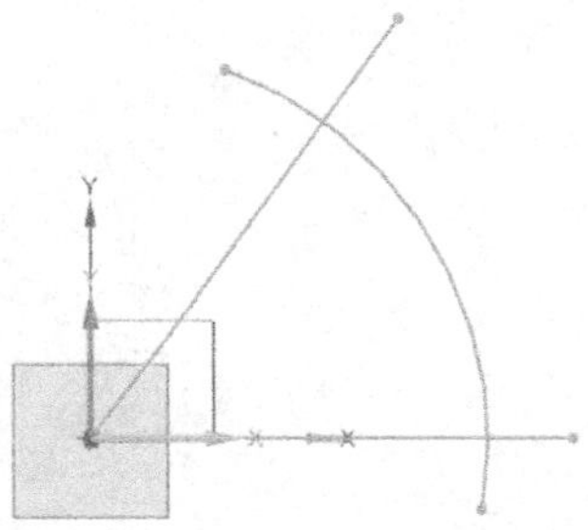

图 2-61　绘制基准线和圆弧

4）创建尺寸约束。进行草图绘制时会动态显示绘制对象的尺寸，但是这些尺寸仅仅是作为参考，不具备对草图的约束能力，所以还需对其进行尺寸约束。单击“快速尺寸”按钮，使用默认的“自动判断”，如图 2-63a 所示，完成如图 2-63b 所示的两个草图的尺寸约束，系统显示“草图需要 2 个约束”。

5）单击工具条中的“圆”按钮，系统弹出“圆”对话框，以草图原点为圆心，任意半径绘制两个同心圆，如图 2-64 所示，对其进行尺寸约束，完成后如图 2-65 所示。

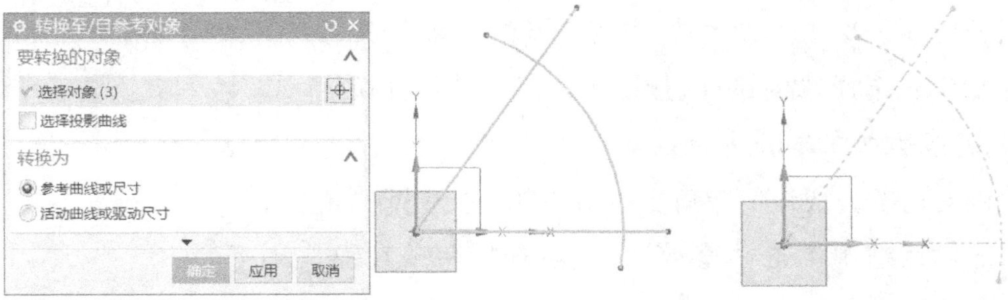

a)　　　　b)

图 2-62　转换至参考对象

6）以圆弧与基准线的两个交点为圆心，选择“相交”的点捕捉方式，在各个圆心上绘制另两组同心圆，如图 2-66 所示。

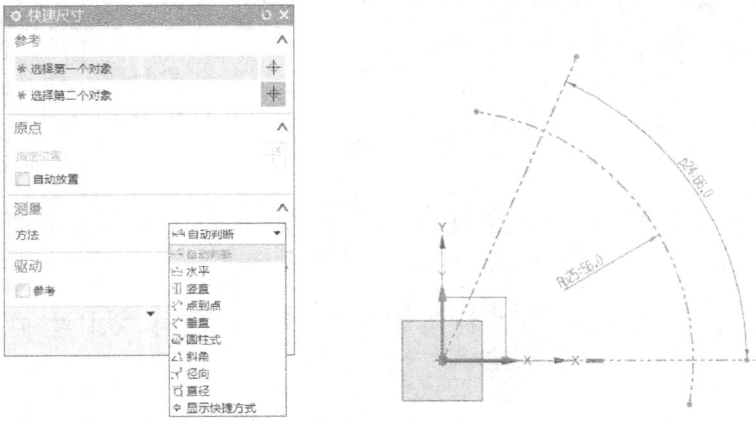

a)　　　　　　　　b)

图 2-63　尺寸约束

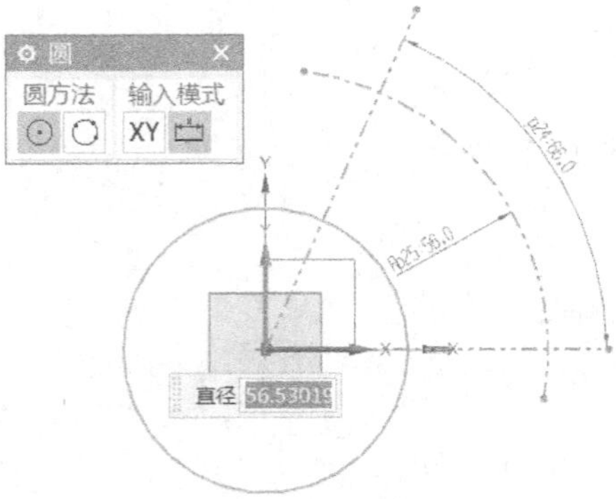

图 2-64　绘制同心圆

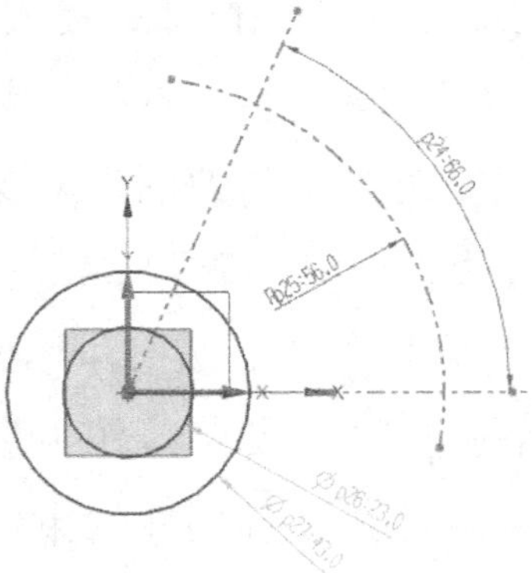

图 2-65　尺寸约束

7）创建几何约束。单击“几何约束”按钮，对直径相同的两组圆做“等半径”约束，如图 2-67a 所示，完成几何约束后如图 2-67b 所示。再对其进行尺寸约束，完成后如图 2-68 所示。

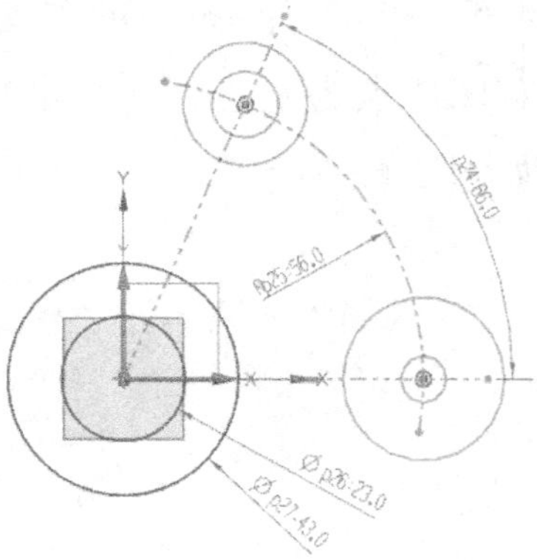

图 2-66　绘制两组同心圆

8）绘制公切线。单击“直线”按钮，点的捕捉方式选择“点在曲线上”，选择“创建自动判断约束”，进行分切线的绘制，绘制完成后如图 2-69 所示。

9）对内侧的两条公切线倒圆角。在图 2-70a 中选择“角焊”，在弹出的对话框中单击“修剪”，先后选择两条直线，出现圆弧预览，移动光标，将圆弧拖到合适位置单击，放置圆弧，如图 2-70b 所示，然后对圆弧进行尺寸约束（圆弧半径为 12mm），完成后如图 2-70c 所示。

10）按要求驱动尺寸。单击半径尺寸 R56mm，将尺寸数值由 56 改为 88，按<Enter>键后，草图发生变化，但没有发生结构性的错误变化，如图 2-71 所示。

通过尺寸驱动草图、驱动实体模型是参数化建模的最基本的方法。

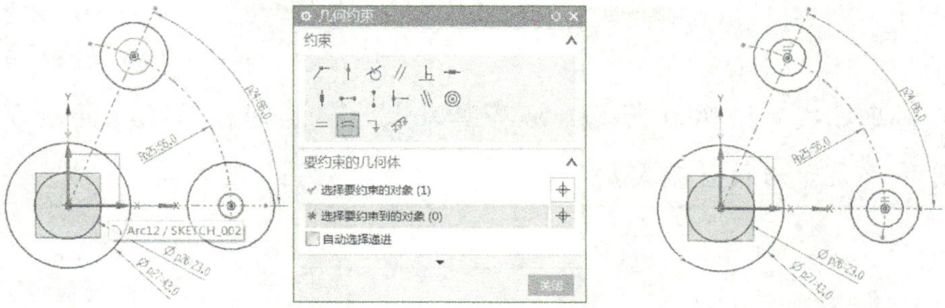

a)　　　　b)

图 2-67　创建两组同心圆的几何约束

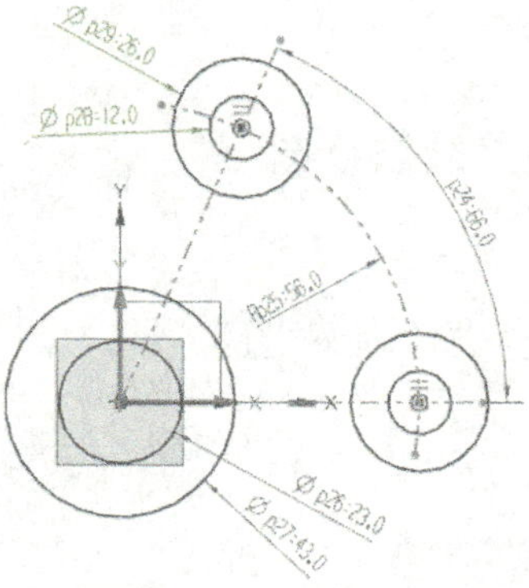

图 2-68　创建尺寸约束

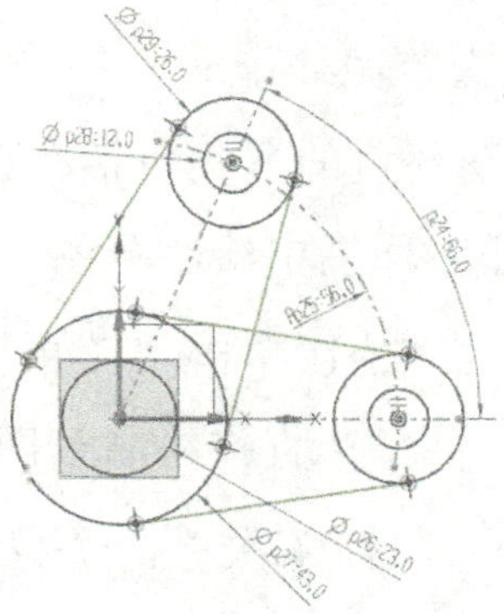

图 2-69　绘制公切线

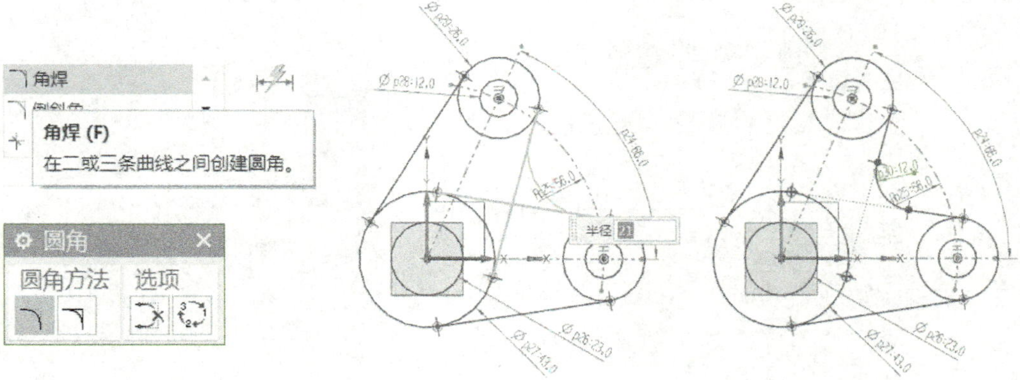

a)　　　　b)　　　　c)

图 2-70　倒圆角

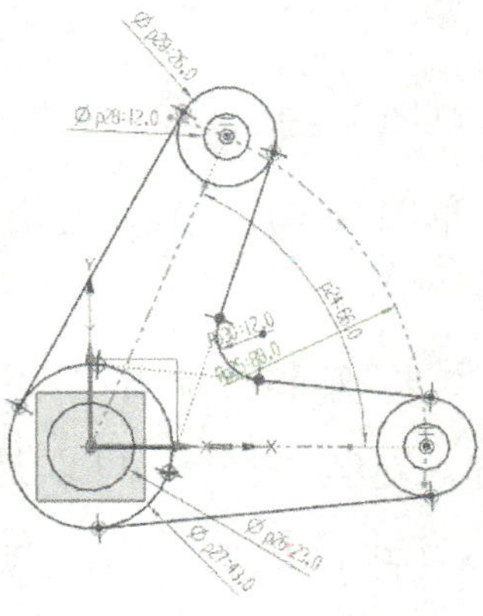

图 2-71　草图尺寸驱动

【专家点拨】

在开始绘制基准线时，两条直线是以草图原点为起点的，圆弧也是以草图原点为圆心，所以草图的位置开始就是确定的。

四、知识链接

1. 草图环境简介

（1）进入草图环境

进入草图环境的方式包括在任务环境中绘制草图和直接绘制草图。

1）在任务环境中绘制草图，命令的打开方式：

依次单击“菜单”→“插入”→“在任务环境中绘制草图”。

2）直接绘制草图，命令的打开方式：

① 依次单击“菜单”→“插入”→“草图”。

② 依次单击“主页/曲线”→“草图”。

进入草图和退出草图

通过上述操作，系统打开如图 2-72 所示“创建草图”对话框。

图 2-72 “创建草图”对话框

（2）退出草图环境

草图绘制完成后，单击“完成草图”按钮，或者在绘图空白区单击鼠标右键，在弹出的菜单中选择“完成草图（K）”，退出草图环境。

（3）草图平面

草图平面

绘制草图之前首先要确定绘制草图的平面，该平面可以是坐标平面（XOY 平面、XOZ 平面、YOZ 平面），可以是创建的基准平面，也可以是三维实体中的某一个平面。创建草图的方式包括在平面上与基于路径两种方式，其详细功能见表 2-14。

表 2-14　“草图”主要选项功能

选项		功　能
草图类型	在平面上	可选择任一平面作为创建草图的平面，此为系统默认方式
	基于路径	以已有的曲线为基础，选择与其垂直、平行等不同关系的平面作为创建草图的平面
平面方法	自动判断	可选择基准平面或者现有平面作为创建草图的平面
	新平面	以现有对象为参考，创建新的平面作为创建草图的平面
参考	水平	创建草图的方向与参考平面的方向水平
	垂直	创建草图的方向与参考平面的方向垂直

（4）草图的重新附着

该命令可将草图附着到另一平面、基准平面或路径上，或者更改草图方位。通过该操作可以更改原草图的附着平面，其操作方法如图 2-73 与图 2-74 所示。

草图的重新附着

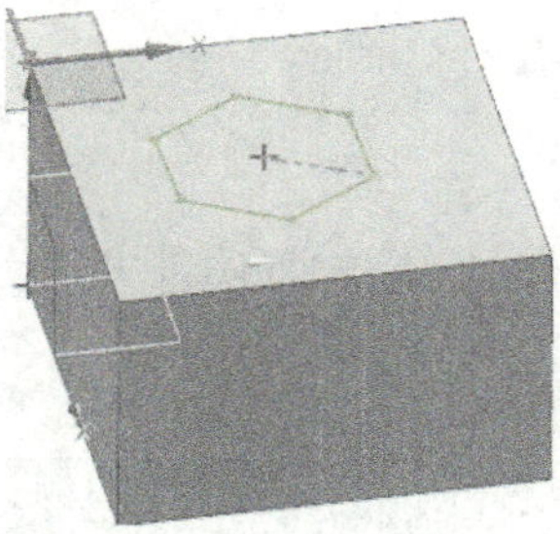

图 2-73　原草图平面

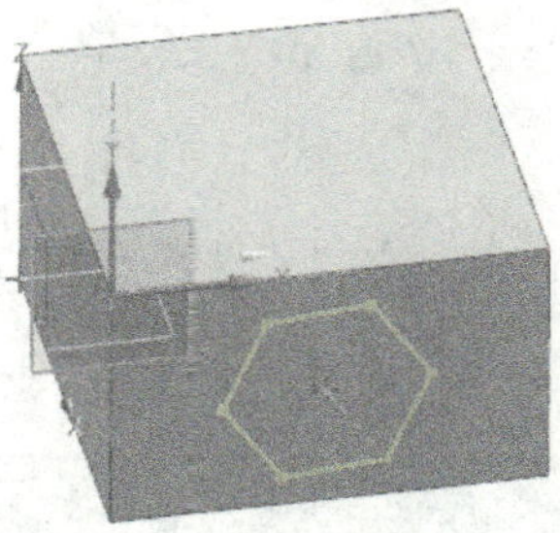

图 2-74　重新附着后的草图平面

直线的绘制

2. 草图绘制

（1）直线

应用“直线”指令，可以用约束自动判断并创建直线。该命令的打开方式：

1）依次单击“直接草图”→“曲线”→“直线”／。

2）依次单击“菜单”→“插入”→“草图曲线”→“直线”／。

通过上述操作，系统打开如图 2-75 所示“直线”对话框。坐标模式 XY 用于通过输入 XC 与 YC 的数值确定点的位置，创建直线；参数模式用于通过输入长度与角度的数值创建直线。

（2）圆

“圆”命令的打开方式：

1）依次单击“直接草图”→“曲线”→“圆”○。

2）依次单击“菜单”→“插入”→“草图曲线”→“圆”○。

通过上述操作，系统打开如图 2-76 所示“圆”对话框，其详细功能见表 2-15。

图 2-75　“直线”对话框

图 2-76　“圆”对话框

圆的绘制

表 2-15 “圆”对话框各选项功能

选项		功能
圆方法	圆心和直径定圆	指定圆心与圆的直径创建圆
	三点定圆	指定圆上的三点创建圆
输入模式	坐标模式	输入 XC 与 YC 的数值，指定圆上的点创建圆
	参数模式	输入圆的直径创建圆

圆弧的绘制

（3）圆弧

“圆弧”命令的打开方式：

1）依次单击“直接草图”→“曲线”→“圆弧”。

2）依次单击“菜单”→“插入”→“草图曲线”→“圆弧”。

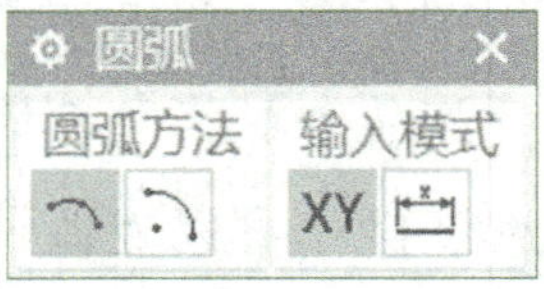

图 2-77 “圆弧”对话框

通过上述操作，系统打开如图 2-77 所示“圆弧”对话框，其详细功能见表 2-16。

表 2-16 “圆弧”对话框各选项功能

选项		功能
圆弧方法	三点定圆弧	指定圆弧起点、圆弧上一点与终点创建圆弧
	中心和端点定圆弧	指定圆中心、起点与终点创建圆弧
输入模式	坐标模式	输入 XC 与 YC 的数值，指定圆上的点创建圆弧
	参数模式	输入圆弧的半径创建圆弧

矩形的绘制

（4）矩形

“矩形”命令的打开方式：

1）依次单击“直接草图”→“曲线”→“矩形”。

2）依次单击“菜单”→“插入”→“草图曲线”→“矩形”。

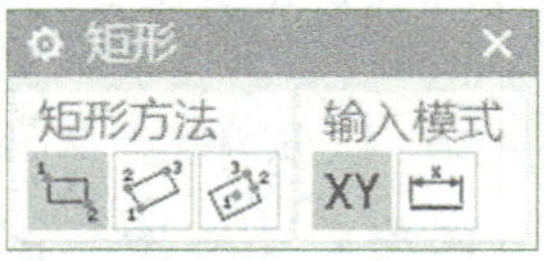

图 2-78 “矩形”对话框

通过上述操作，系统打开如图 2-78 所示“矩形”对话框，其详细功能见表 2-17。

表 2-17 “矩形”对话框各选项功能

选项		功能
矩形方法	按二点	指定矩形对角上的两点创建矩形，且与 XC 轴和 YC 轴平行
	按三点	指定矩形对角线上的三点创建矩形，与 XC 轴和 YC 轴成一定的角度
	从中心	指定中心点与其余两点创建矩形
输入模式	坐标模式	输入 XC 与 YC 的数值指定矩形的点创建矩形
	参数模式	输入相关参数创建矩形

（5）轮廓

应用轮廓命令可以线串模式创建一系列连接的直线和/或圆弧，也就是说，上一条曲线的终点变成下一条曲线的起点。

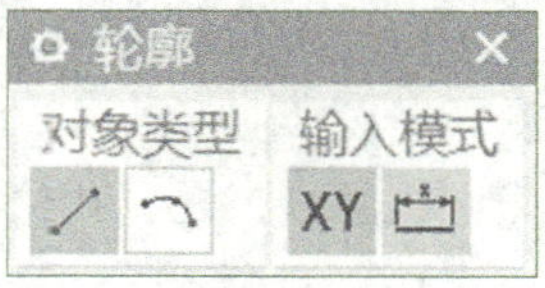

图 2-79　“轮廓”对话框

轮廓的创建

该命令的打开方式：

1）依次单击“直接草图”→“曲线”→“轮廓”。

2）依次单击“菜单”→“插入”→“草图曲线”→“轮廓”。

通过上述操作，系统打开如图 2-79 所示“轮廓”对话框。其详细功能见表 2-18。

椭圆的绘制

表 2-18　“轮廓”对话框各选项功能

选项		功　　能
对象类型	直线	创建直线
	圆弧	创建圆弧
输入模式	坐标模式	输入 XC 与 YC 的数值指定曲线点
	参数模式	输入与直线或者圆弧对应的数值创建曲线点

（6）椭圆

“椭圆”命令的打开方式：

1）依次单击“直接草图”→“更多曲线”→“椭圆”。

2）依次单击“菜单”→“插入”→“草图曲线”→“椭圆”。

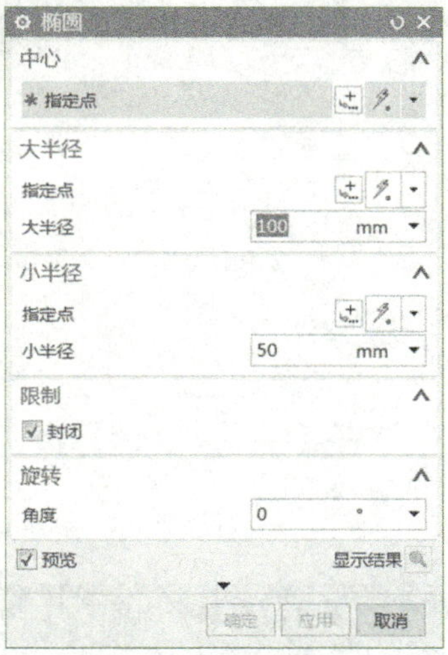

图 2-80　“椭圆”对话框

通过上述操作，系统打开如图 2-80 所示“椭圆”对话框，其详细功能见表 2-19。

表 2-19　“椭圆”对话框各选项功能

选项	功　　能
中心	指定椭圆的中心创建椭圆
大半径	指定椭圆的长半轴长度创建椭圆
小半径	指定椭圆的短半轴长度创建椭圆
封闭	勾选封闭则创建整个椭圆，取消封闭可创建椭圆弧
角度	指定椭圆沿 XC 轴逆时针方向旋转的角度创建椭圆

（7）二次曲线

该命令的打开方式：

1）依次单击“直接草图”→“更多曲线”→“二次曲线”。

2）依次单击“菜单”→“插入”→“草图曲线”→“二次曲线”。

通过上述操作，系统打开如图 2-81 所示“二次曲线”对话框，可创建二次曲线。

倒斜角

3. 草图编辑

（1）倒斜角

该命令可对两条草图线之间的尖角进行倒斜角。

该命令的打开方式：

1）依次单击“直接草图”→“编辑曲线”→“倒斜角”。

2）依次单击“菜单”→“插入”→“草图曲线”→“倒斜角”。

通过上述操作，系统打开如图 2-82 所示“倒斜角”对话框，其详细功能见表 2-20。

图 2-81 “二次曲线”对话框

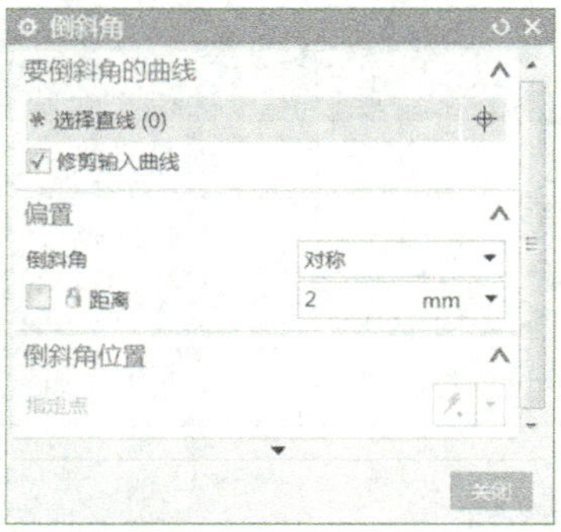

图 2-82 “倒斜角”对话框

表 2-20 “倒斜角”对话框各选项功能

选项		功　　能
倒斜角	对称	倒斜角与交点有一定的距离，且垂直于等分线
	非对称	倒斜角的距离值不同
	偏置和角度	指定一定的倒斜角距离值与角度

偏置曲线

（2）偏置曲线

该命令可偏置位于草图平面上的曲线链。该命令的打开方式：

1）依次单击“直接草图”→“更多曲线”→“偏置曲线”。

2）依次单击“菜单”→“插入”→“草图曲线”→“偏置曲线”。

通过上述操作，系统打开如图 2-83 所示“偏置曲线”对话框，其详细功能见表 2-21。

图 2-83 “偏置曲线”对话框

表 2-21　“偏置曲线”对话框各选项功能

选项	功　能
距离	指定偏置的距离，数值为正
创建尺寸	选定该选项，在基链与偏置曲线之间创建一个距离尺寸
副本数	指定复制的偏置链个数
显示拐点	勾选该选项，在拐角处显示拐角手柄
显示终点	勾选该选项，在端点处显示端约束手柄
次数	指定艺术样条的偏置阶数，默认为 3
公差	指定偏置艺术样条、二次曲线等的公差

【例 2-8】 创建正六边形的偏置曲线。

操作步骤如下：

1）创建如图 2-84 所示边长为 30mm 的正六边形。

2）依次单击“菜单”→“插入”→“草图曲线”→“偏置曲线”，系统弹出如图 2-83 所示“偏置曲线”对话框。

3）在对话框中将“距离”设置为 6mm，勾选“对称偏置”，如图 2-85 所示。

4）单击“确定”按钮，完成正六边形的偏置，如图 2-86 所示。

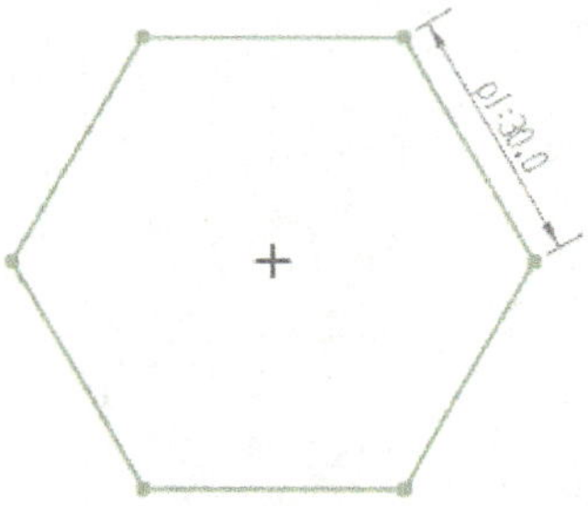

图 2-84　创建正六边形

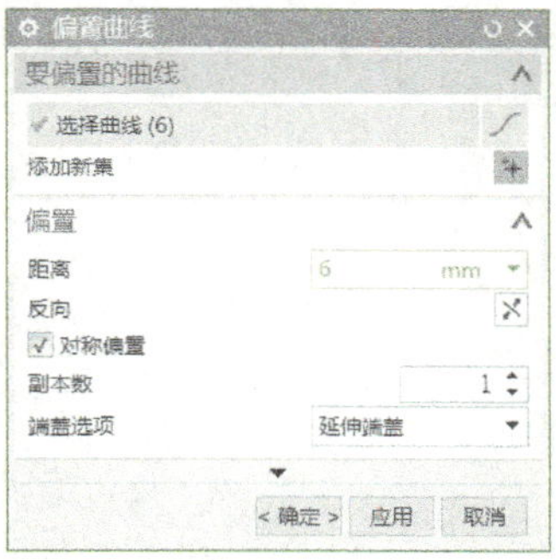

图 2-85　“偏置曲线”参数设置对话框

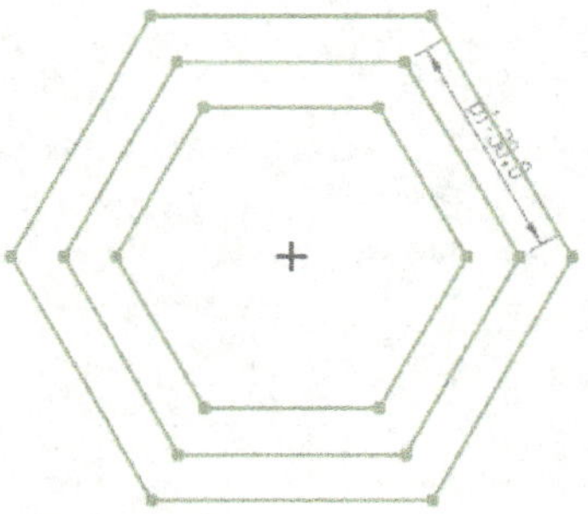

图 2-86　完成正六边形偏置

（3）阵列曲线

应用该命令可阵列位于草图平面上的曲线链。该命令的打开方式：

1）依次单击“直接草图”→“更多曲线”→“阵列曲线”。

2）依次单击“菜单”→“插入”→“草图曲线”→“阵列曲线”。

通过上述操作，系统打开如图 2-87 所示“阵列曲线”对话框，其详细功能见表 2-22。

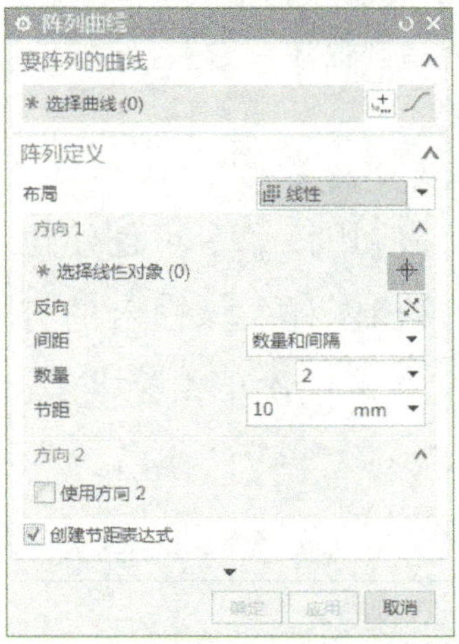

图 2-87　“阵列曲线”对话框

阵列曲线

表 2-22 “阵列曲线”对话框各选项功能

选项		功　　能
布局	线性	使用一个或者两个线性方向定义布局
	圆形	使用旋转点与径向间距定义布局
	常规	使用一个或者多个目标点，或者坐标系中的位置定义布局

【例 2-9】 创建正三角形的线性阵列。

操作步骤如下：

1）创建边长为 20mm 的正三角形。

2）依次单击“菜单”→“插入”→“草图曲线”→“阵列曲线”，系统弹出如图 2-87 所示对话框。

3）在对话框中“选择曲线”为正三角形，“布局”选择线性，方向 1“选择线性对象”为 X 轴，设置“数量”为 3，“节距”为 30mm，方向 2“选择线性对象”为 Y 轴，设置“数量”为 4，“节距”为 25mm，如图 2-88 所示。

4）单击“确定”按钮，完成正三角形的阵列，如图 2-89 所示。

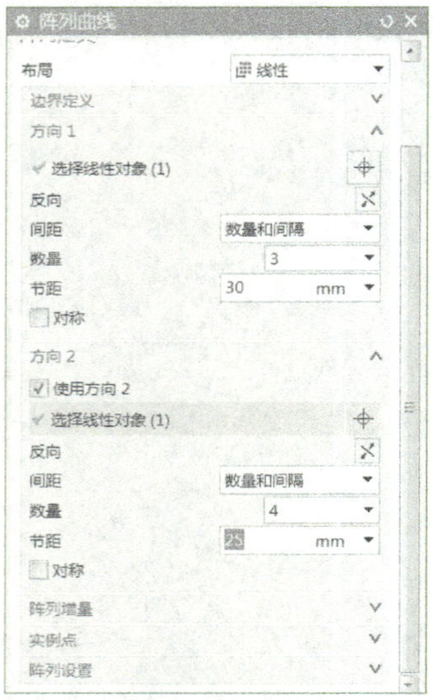

图 2-88 “阵列曲线”参数设置对话框

图 2-89 完成正三角形阵列

镜像曲线

（4）镜像曲线

应用该命令可创建位于草图平面上的曲线链的镜像图样。该命令的打开方式：

1）依次单击“直接草图”→“更多曲线”→“镜像曲线”。

2）依次单击“菜单”→“插入”→“草图曲线”→“镜像曲线”。

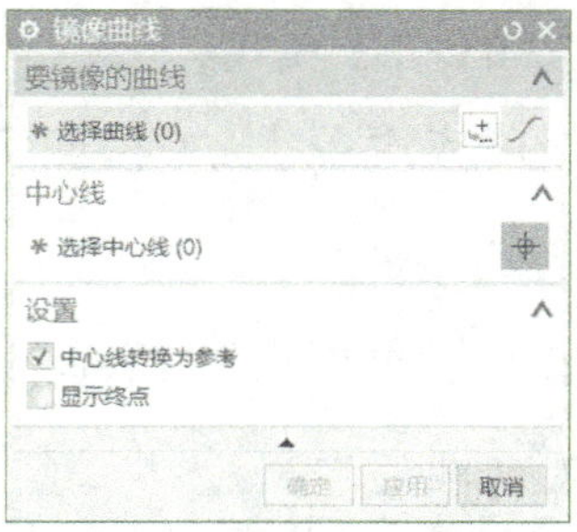

图 2-90 “镜像曲线”对话框

通过上述操作，系统打开如图 2-90 所示“镜像曲线”对话框，可进行镜像操作。

【例 2-10】 创建椭圆的镜像曲线。

操作步骤如下：

1）创建长半轴为 20mm、短半轴为 5mm 的椭圆。

2）依次单击“菜单”→“插入”→“草图曲线”→“镜像曲线”，系统弹出如图 2-90 所示“镜像曲线”对话框。

3）“选择曲线”为椭圆，“选择中心线”为 Y 轴，在“设置”选项中勾选“中心线转换为参考”，如图 2-91 所示。

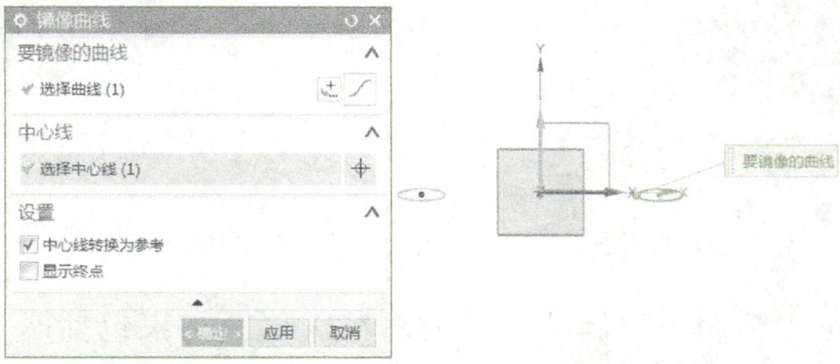

图 2-91 “镜像曲线”参数设置对话框

4）单击“确定”按钮完成椭圆的镜像，如图 2-92 所示。

（5）投影曲线

“投影曲线”命令可沿草图平面的法向将草图外部曲线、边或点投影到草图上。

投影曲线

该命令的打开方式：

1）依次单击“直接草图”→“更多曲线”→“投影曲线”。

2）依次单击“菜单”→“插入”→“草图曲线”→“投影曲线”。

通过上述操作，系统打开如图 2-93 所示“投影曲线”对话框。

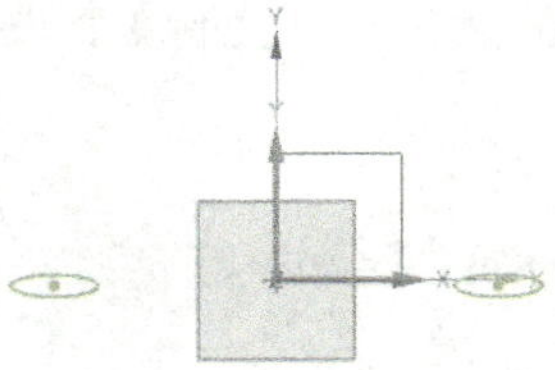

图 2-92 完成椭圆镜像

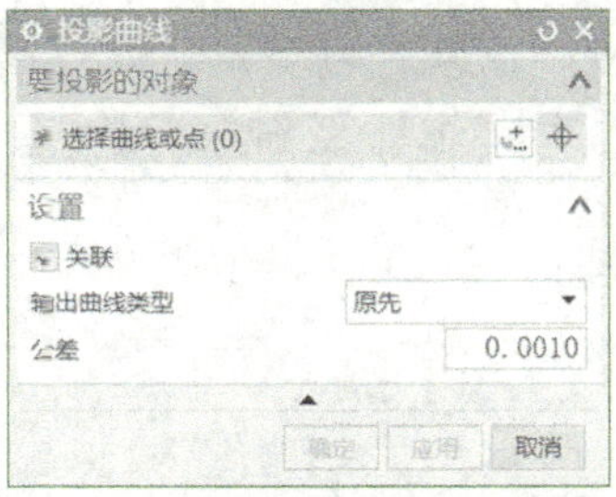

图 2-93 “投影曲线”对话框

【例 2-11】 创建椭圆的投影曲线。

操作步骤如下：

1）在圆柱面上创建长半轴为 20mm、短半轴为 10mm 的椭圆，如图 2-94 所示。

2）依次单击“菜单”→“插入”→“草图曲线”→“投影曲线”，系统弹出如图 2-93 所示对话框。

3）“选择曲线或点”为椭圆，投影至当前草图平面，单击“确定”按钮后完成椭圆的投影，如图 2-95 所示。

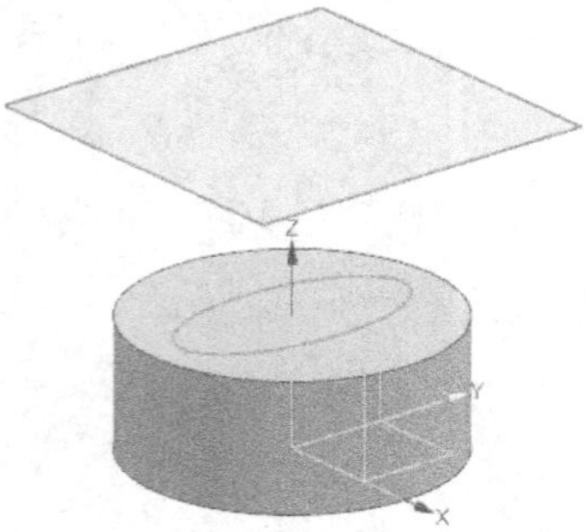

图 2-94　创建椭圆

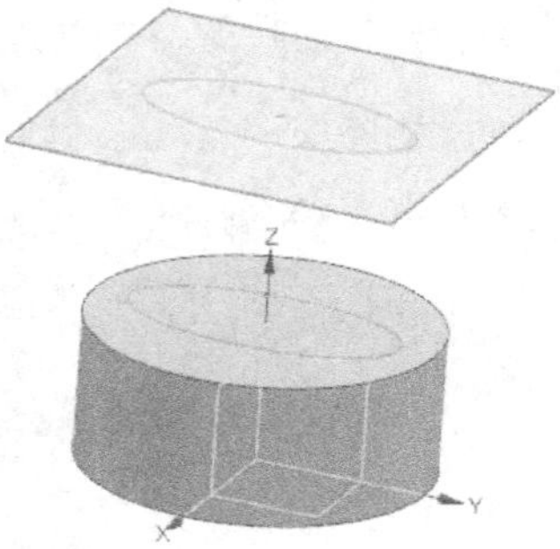

图 2-95　完成椭圆投影

4. 草图约束

对草图进行约束可以精确地控制草图中的对象。草图约束包括两类：尺寸约束和几何约束。

尺寸约束

(1) 尺寸约束

尺寸约束用于控制草图对象在草图中的大小与位置。该命令的打开方式：

依次单击“菜单”→“插入”→“草图约束”→“尺寸”。

通过上述操作，系统显示如图 2-96 所示尺寸约束类型，包括快速尺寸、线性尺寸、径向尺寸、角度尺寸和周长尺寸。其详细功能见表 2-23。

几何约束

(2) 几何约束

几何约束用于将几何约束添加到草图几何图形中。这些约束指定并保持用于草图几何图形或草图几何图形之间的条件。该命令的打开方式：

1）依次单击“菜单”→“插入”→“草图约束”→“几何约束” ⫽⊥。

2）依次单击“主页”→“几何约束” ⫽⊥。

通过上述操作，系统显示如图 2-97 所示“几何约束”对话框，几何约束选项及功能见表 2-24。

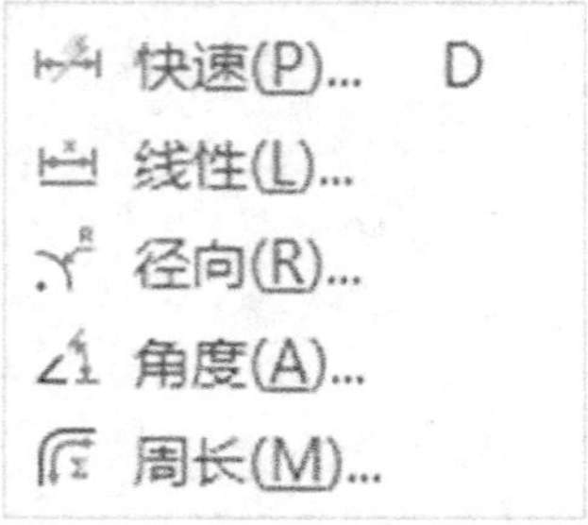

图 2-96　尺寸约束类型

图 2-97　“几何约束”对话框

表 2-23 “尺寸约束”主要选项功能

选项	功　能
快速尺寸	通过基于选定的对象和光标的位置自动判断尺寸类型来创建尺寸约束
线性尺寸	在两个对象或点位置之间创建线性距离约束
径向尺寸	创建圆形对象的半径或直径约束
角度尺寸	在两条不平行的直线之间创建角度约束
周长尺寸	创建周长约束以控制选定直线和圆弧的集体长度

表 2-24 “几何约束”对话框各选项功能

选项	图标	功　能
重合		约束两个或者多个选定的顶点或点，使之重合
点在曲线上		约束一个选定的顶点或点，使之位于一条曲线上
相切		约束两条选定的直线，使之相切
平行		约束两条或者多条选定的曲线，使之平行
垂直		约束两条选定的曲线，使之垂直
水平		约束一条或者多条选定的曲线，使之水平
竖直		约束一条或者多条选定的曲线，使之竖直
水平对齐		约束两个或者多个选定的顶点或点，使之水平对齐
竖直对齐		约束两个或者多个选定的顶点或点，使之竖直对齐
中点		约束一个选定的顶点或点，使之与一条线或圆弧的中点对齐
共线		约束两条或者多条选定的直线，使之共线
同心		约束两个或者多个选定的圆，使之同心
等长		约束两条或者多条选定的直线，使之等长
等半径		约束两个或者多个选定的圆弧，使之半径相等
固定		约束一条或者多条选定的曲线或一个或多个顶点，使之固定
完全固定		约束一条或者多条选定的曲线或一个或多个顶点，使之固定

(3) 草图的约束状态

草图约束共有三种约束状态，包括欠约束、完全约束与过约束。

1) 欠约束。欠约束指的是草图中还存在自由度，已经创建完成的约束少于草图需要的约束，草图没有被完全约束。

2) 完全约束。完全约束指草图需要的约束与已经创建的约束相等，草图对象都有唯一的形状与位置，此时草图被完全约束。

3) 过约束。在完全约束的草图上又添加了约束，已经创建的约束比草图需要的约束多，此时草图处于过约束状态。

五、任务评价

任务完成后，按照表 2-25 对任务实施过程开展评价，进行任务总结与反思。

表 2-25 任务二考核评价表

考核项目与权重	考核内容	评价标准	自评	互评	教师评价
专业知识(20%)	(1)掌握草图中各类基本曲线的绘制方法(10 分)	未能正确应用草图中各曲线的功能与方法,每类曲线绘制方法有误扣 1 分			
	(2)掌握草图中各类基本曲线的编辑方法(10 分)	未能正确应用草图中曲线的编辑方法,每一类曲线编辑方法有误扣 1 分			
专业能力(30%)	(1)能够按照要求完成任务草图中各类基本曲线的绘制操作(10 分)	未能按照要求完成基本曲线绘制的酌情扣 1~10 分			
	(2)能够按照要求完成任务草图中各类基本曲线的编辑操作(10 分)	未能按照要求完成曲线编辑的酌情扣 1~10 分			
	(3)能够按照要求完成任务草图的约束(10 分)	未能按照要求完成草图约束扣 1~10 分			
职业素养(20%)	(1)敬业守时、认真负责、踏实严谨、谦虚好学(5 分)	迟到、早退、无故缺勤等,每次扣 1 分			
	(2)具有良好的团队合作精神,能热心帮助其他同学完成任务(5 分)	不参加小组讨论,每次扣 1 分			
	(3)能准确、快速地表达个人思想和见解,能灵活运用所学知识,有创造性(10 分)	根据创意设计情况酌情扣分			

（续）

考核项目与权重	考核内容	评价标准	自评	互评	教师评价
任务总结（30%）	（1）安全、有效地按照任务实施步骤完成草图绘制任务，主要包括曲线的绘制、编辑和约束（10 分）	根据任务中的特征绘制情况酌情加分，每缺少一条曲线、缺少一个约束或过约束，扣 1 分			
	（2）安全、有效地按照任务实施步骤完成草图曲线绘制任务，包括尺寸标注（10 分）	根据任务中的尺寸标注情况酌情加分，每缺少一个尺寸扣 1 分			
	（3）能进行归纳总结，得出规律和指导性经验，技术文件完整、规范、条理清晰，在任务结束后，反思自己的任务完成情况和质量（10 分）	根据总结和反思情况酌情扣分			
合计	（自评占比 40%，互评占比 20%，教师评价占比 40%）				

拓展阅读

“金手指”裴永斌——工匠追求，艺无止境

除了掌心厚厚的老茧和指甲下黢黑的泥垢，这双手并不能瞧出有何特异之处。但就是这双手，轻触钢铁，便能感知百分之一毫米的误差，被称为“金手指”。这双手属于裴永斌——哈电集团哈尔滨电机厂的首席技师。

自 1985 年从部队转业以来，裴永斌一直在生产一线与机床相伴，平均每年提出技术革新 10 多项，参与生产加工水电站发电机组核心设备——弹性油箱 4000 多件，创造了无一废品的纪录，并先后获得“全国劳模”“中国首届质量工匠”等荣誉称号。成绩背后，是每天工作 10 多个小时、节假日不休的艰苦付出。

近年来，弹性油箱的订单量大幅增长，厂里开始引进数控机床。数控机床要投产，离不开关键一步：编程。这项重任，又落到了裴永斌的肩上。裴永斌此时已年近 50 岁，他没有任何抱怨，又带领团队一头扎在生产车间。“日夜奋战 30 多天，数控机床生产的第一台弹性油箱顺利下线，生产效率提高了 100%。”裴永斌说。

“要敢打硬仗，敢啃硬骨头。”虽然退役 30 多年，但是裴永斌始终认为部队的好传统、好作风不能丢。

巩固提高

1. 当发现草图的几何约束状态可能不符合设计思路，但又不明确是哪个约束造成的，此时可以利用（　　）命令进行分析，因此在建模过程中该命令非常常用。

A. 显示/移除约束　　B. 转换为参考曲线/激活曲线

C. 显示所有约束　　D. 以上都可以

2. 用（　　）控制用于创建曲线的约束。

A. 自动约束创建　　B. 推断创建约束

C. 创建约束　　D. 可选解

3. 草图是（　　）。

A. 位于同一平面上的曲线集

B. 艺术家的图纸，作为最初的草稿

C. 一个命名的曲线集合，在指定的平面上

D. 从其他图形系统来的粗略的图像

4. 在“修剪和延伸”命令中，下列不属于其延伸方法的是（　　）。

A. 自然曲率　　B. 直线的

C. 自然相切　　D. 镜像的

5. 草图的拖动操作不能用于（　　）操作。

A. 尺寸约束　　B. 未约束的曲线

C. 约束的曲线　　D. 未约束的点

6. 负值不能用于草图的尺寸约束，可以用（　　）选项将尺寸应用于相反的方向。

A. 备选解　　B. 返回

C. 替换视图　　D. 拖动

7. 在系统默认情况下，绘制草图时如果产生了过约束，则所有尺寸会变成（　　）。

A. 不变色　　B. 红色

C. 黄色　　D. 白色

8. 利用草图曲线建立了实体特征，只要该实体特征存在，则（　　）其草图曲线和草图本身。

A. 不能修改　　B. 不能隐藏

C. 保持不变　　D. 不能删除

9. 草图中几何约束不包括（　　）。

A. 平行　　B. 垂直

C. 对称　　D. 角度

10. 在“投影曲线”命令中，不能指定为投影方向的是（　　）。

A. 沿面的法向　　B. 朝曲面

C. 朝向点　　D. 沿矢量

11. 完成图 2-98 所示草图的绘制。

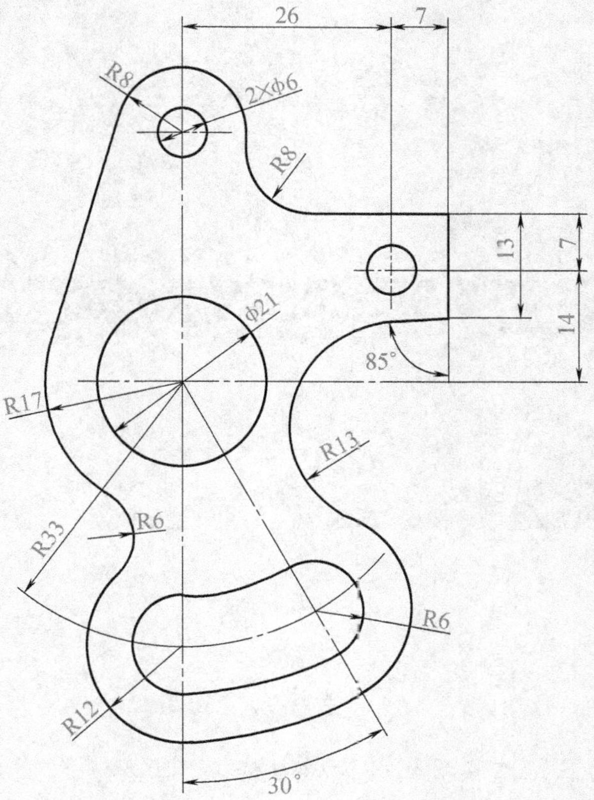

图 2-98　草图

项目三　零件实体建模设计

项目导读

本项目以 5 个零件的三维建模案例作为学习任务，具体介绍利用 UG NX 12.0 软件进行实体建模的过程。通过不同任务的建模训练，读者可理解进行零件三维建模的基本思路和具体方法，掌握 NX 软件操作中常用的特征及特征操作功能，完成零件的建模，为产品造型设计打下基础。

学习目标

知识目标

1）掌握特征建模、特征操作、特征编辑相关命令的调用及操作方法。

2）掌握产品三维建模设计的基本流程和思路。

能力目标

1）能够正确使用特征建模、特征操作、特征编辑等相关命令完成产品的三维建模设计。

2）具备在多种建模方法中选择最佳方法或最优建模路径的能力。

3）能根据所学的建模功能自主进行简单的创意设计。

素养目标

1）了解软件的操作规范，在操作的过程中培养职业规范意识。

2）在使用软件进行三维建模设计的过程中，体验职业典型工作内容。

3）能灵活运用软件功能进行创意设计，逐步养成创新精神。

4）具备在操作过程中分析和解决突发问题的能力。

任务一　阀体零件的建模

一、任务描述

按照要求完成图 3-1 所示阀体零件的建模。

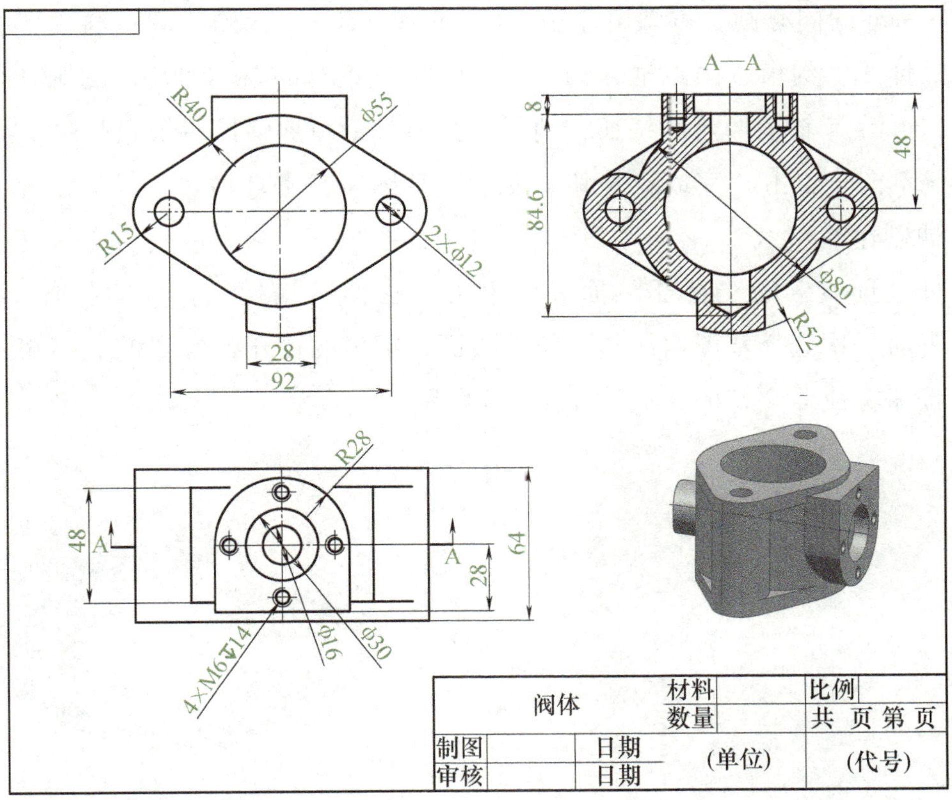

图 3-1　阀体零件图

二、任务分析

1. 建模特点

阀体具有圆柱、孔、凸台、螺纹等特征，为对称结构，建模时可通过草图拉伸后将几何体镜像创建模型，凸台上的小孔可通过阵列命令创建。

2. 建模方案

分析阀体零件的结构，制订建模方案如下：

拉伸创建前端盖→拉伸创建阀体筒身→镜像前端盖创建后盖→创建大凸台→创建小凸台→创建沉头孔→创建小孔→阵列小孔→创建螺纹孔。

阀体建模

三、任务实施

打开源文件素材包\NX 12.0\项目三\任务一\任务实施\，进行阀体零件的建模，步骤如下。

1. 拉伸创建前端盖

（1）创建前端盖草图

在“主页”选项卡中单击“草图”按钮，进入草图界面，利用“圆”命令画出 ϕ55mm 和 ϕ80mm 的同心圆，再画出左边 ϕ12mm 和 ϕ30mm 的同心圆；利用“直线”命令画一条直线，打开“约束”对话框，约束直线同时与 ϕ30mm 和 ϕ80mm 的圆外切；沿 X 轴镜像此直线，再沿 Y 轴镜像左侧特征；利用“修剪”命令剪切掉多余的曲线，得到如图 3-2 所示的前端盖草图。单击“完成”按钮，退出“草图”任务环境。

（2）拉伸创建前端盖

在“主页”选项卡的“特征”面板中单击“拉伸”按钮，打开“拉伸”对话框后，在“表区域驱动”中选择草图曲线作为拉伸截面，距离设置开始为“0”，结束为“8”，单击“确定”按钮完成前端盖的拉伸，如图 3-3 所示。

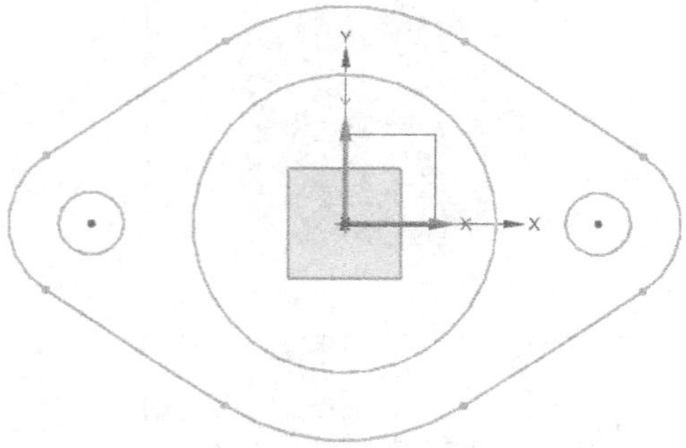

图 3-2 创建前端盖草图

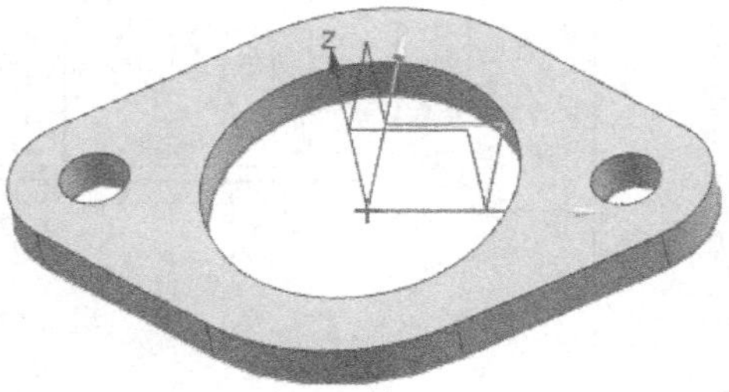

图 3-3 创建前端盖

2. 拉伸创建阀体筒身

（1）创建阀体筒身草图

在“主页”选项卡中单击“草图”按钮，选择拉伸后的前端盖上表面作为草图放置面，进入草图界面，如图 3-4 所示，创建筒身草图，单击“完成”按钮退出“草图”任务环境。

（2）拉伸创建阀体筒身

在“主页”选项卡的“特征”面板中单击“拉伸”按钮，打开“拉伸”对话框，在“表区域驱动”中选择筒身草图曲线作为拉伸截面，距离设置开始为“0”，结束为“48”，单击“确定”按钮完成筒身的拉伸，如图 3-5 所示。

3. 镜像前端盖创建后盖

（1）创建基准平面 1

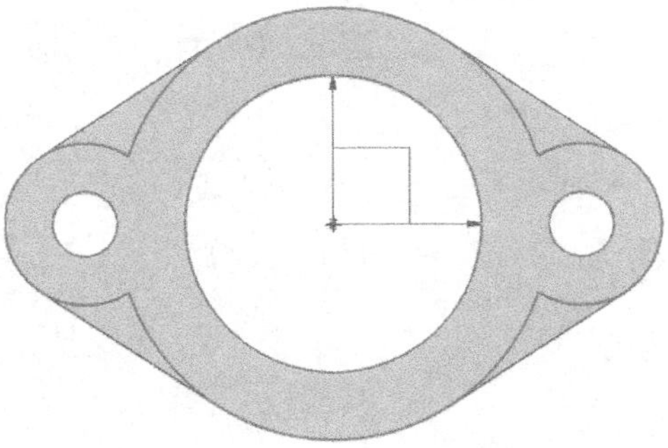

图 3-4　创建筒身草图

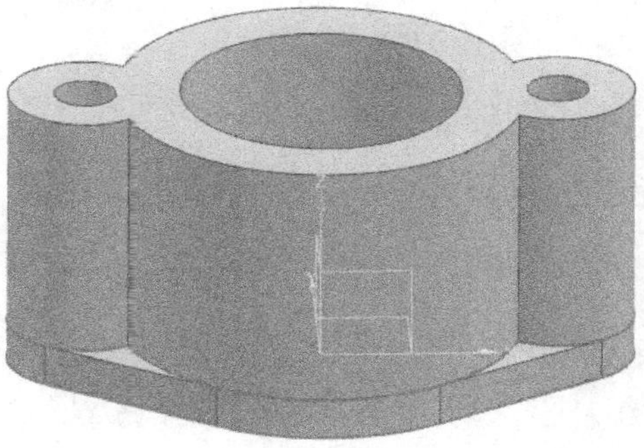

图 3-5　创建阀体筒身

后盖与前端盖形状特征相同，可以通过“镜像几何体”命令创建后盖。在创建后盖之前需要指定平面作为镜像平面。在此创建一个基准平面作为镜像平面。在“主页”选项卡的“特征”面板中单击“基准平面”按钮，打开创建“基准平面”对话框，如图 3-6 所示。在“类型”选项组中选择“XC-YC 平面”，距离设置为 32mm，平面方向设置为 Z 轴正向，创建如图 3-7 所示基准平面 1。

图 3-6　创建“基准平面”对话框

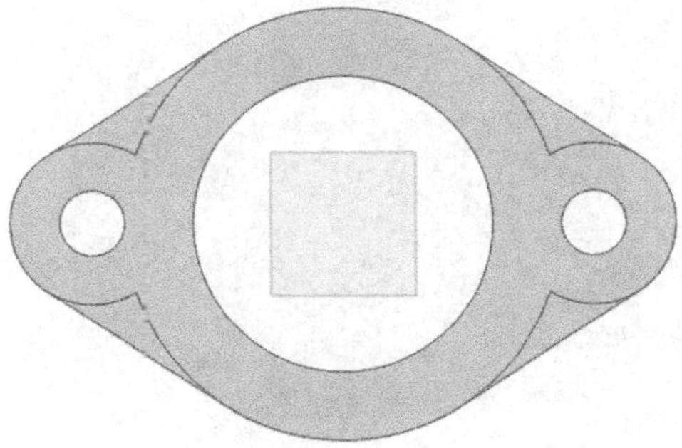

图 3-7　创建基准平面 1

（2）镜像创建后盖

在“主页”选项卡的“关联复制”面板中单击“镜像几何体”按钮，打开如图 3-8 所示对话框，选择前端盖作为要镜像的几何体，选择基准平面 1 作为镜像平面，单击“确定”按钮完成镜像，创建后盖，如图 3-9 所示。

图 3-8　“镜像几何体”对话框

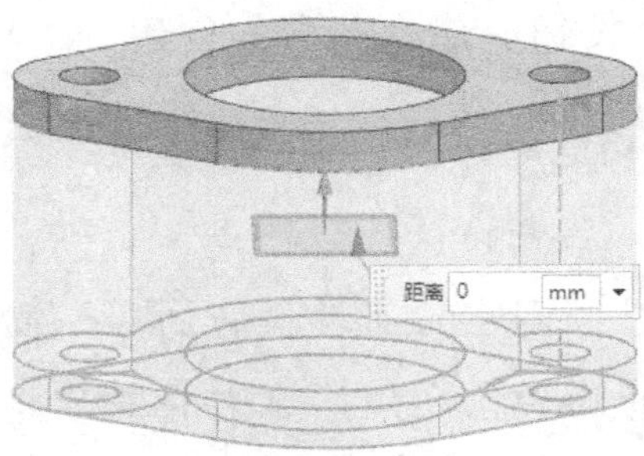

图 3-9　创建后盖

4. 创建大凸台

(1) 创建基准平面 2

通过创建基准平面 2 来放置大凸台草图。在“主页”选项卡的“特征”面板中单击“基准平面”按钮，打开“基准平面”对话框，如图 3-10 所示。在“类型”选项组中选择“按某一距离”，选择基准坐标系 XOZ 平面作为参考，距离设置为 48mm，平面方向设置为 Y 轴正向，创建如图 3-11 所示基准平面 2。

图 3-10 “基准平面”对话框

(2) 创建大凸台草图

在“主页”选项卡中单击“草图”按钮，选择基准平面 2 作为草图放置面，进入草图界面，如图 3-12 所示，创建大凸台草图，单击“完成”按钮退出“草图”任务环境。

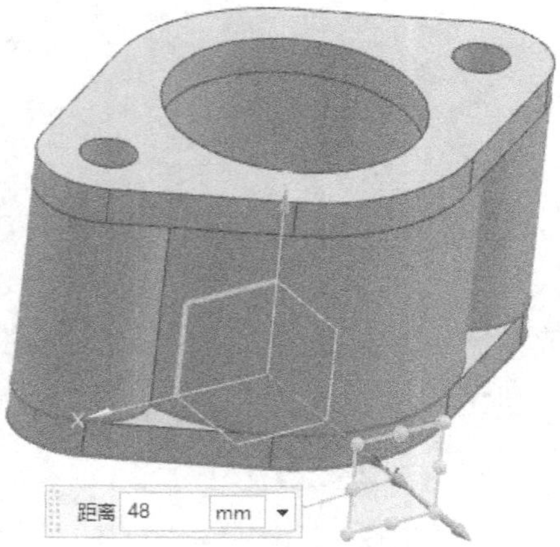

图 3-11 创建基准平面 2

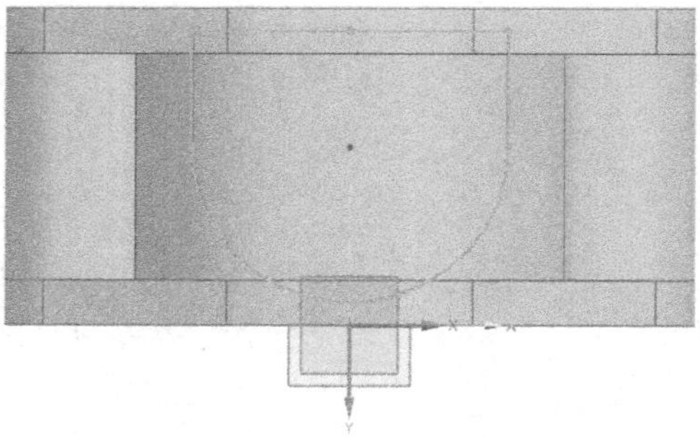
图 3-12 创建大凸台草图

(3) 拉伸创建大凸台

在“主页”选项卡的“特征”面板中单击“拉伸”按钮，打开如图 3-13 所示“拉伸”对话框后，在“表区域驱动”中选择大凸台草图曲线作为拉伸截面，距离设置开始为“0”，结束设置为“直至延伸部分”，选择要创建大凸台的筒身表面，如图 3-14 所示，单击“确定”按钮完成大凸台的创建。

5. 创建小凸台

(1) 合并特征

将已经创建的前端盖、后盖、筒身和大凸台合并为一体。在“主页”选项卡的“特征”面板中单击布尔运算中的“合并”按钮，打开如图 3-15 所示“合并”对话框，选择中间筒身作为目标体，选择其他三部分特征作为工具体，如图 3-16 所示。

图 3-13　“拉伸”对话框

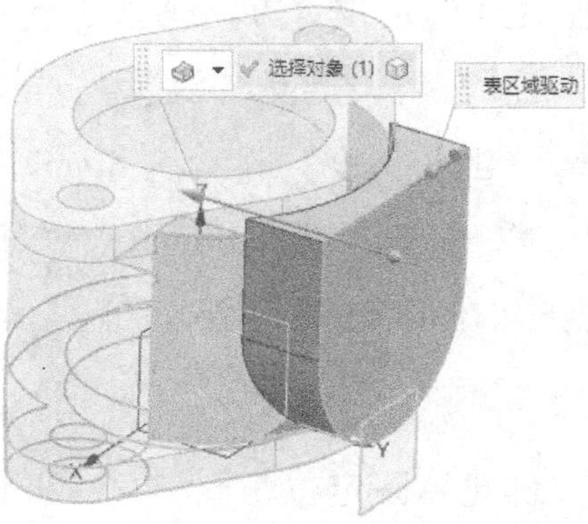

图 3-14　创建大凸台

图 3-15　“合并”对话框

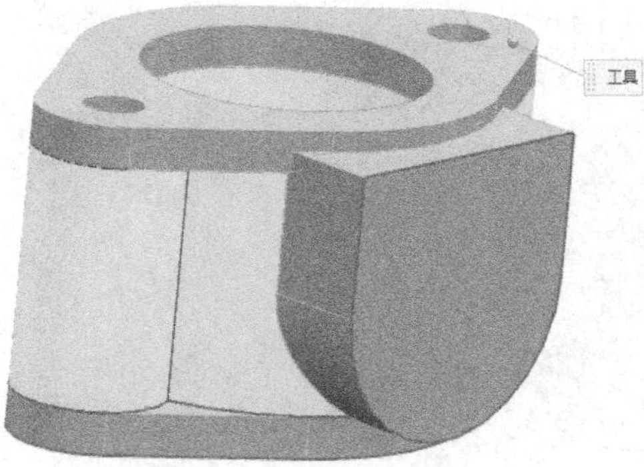

图 3-16　合并模型特征

（2）创建小凸台草图

在“主页”选项卡中单击“草图”按钮，选择基准坐标系的 XOZ 平面作为草图放置面，进入草图界面，创建如图 3-17 所示与凸台直径大小相等的圆，单击“完成”按钮退出“草图”任务环境。

（3）创建小凸台

在“主页”选项卡“特征”面板的“设计特征”中选择“凸起”命令，选择凸台草图上的圆作为“表区域驱动”的曲线，选择要生成凸台的筒身表面，“凸起方向”指定凸台生成方向（Y 轴反方向），距离设置为 12mm，完成小凸台的创建，如图 3-18 所示。

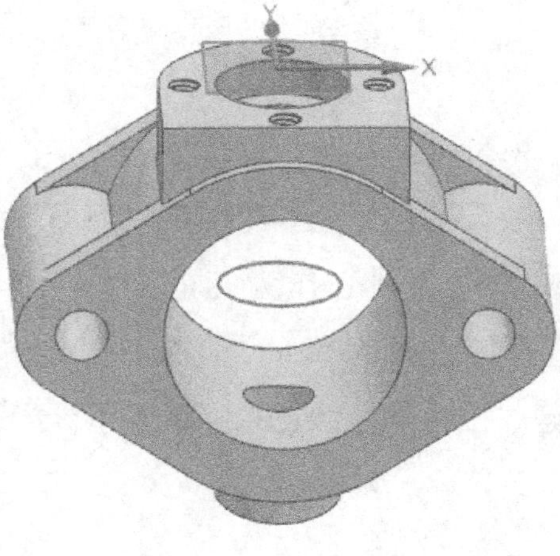

图 3-17　小凸台草图

6. 创建沉头孔

在“主页”选项卡的“特征”面板中单击“孔”按钮，打开如图 3-19 所示“孔”对话框，指定大凸台圆心作为孔的定位，方向垂直于凸台端面指向阀体内部，“成形”类型选择“沉头”，“沉头直径”设置为 30mm，“沉头深度”设置为 8mm，“直径”设置为 16mm，“深度”设置为 88mm，“顶锥角”设置为 120°，创建如图 3-20 所示沉头孔。

图 3-19 “孔”对话框

7. 创建小孔

(1) 创建草图定位小孔

在“主页”选项卡中单击“草图”按钮，选择大凸台端面作为草图放置面，进入草图界面。如图 3-21 所示，绘制 4 个 ϕ6mm 小孔中的一个圆，并绘制 4 个孔的中心圆 ϕ44mm，单击“完成”按钮退出“草图”环境。

图 3-18 创建小凸台

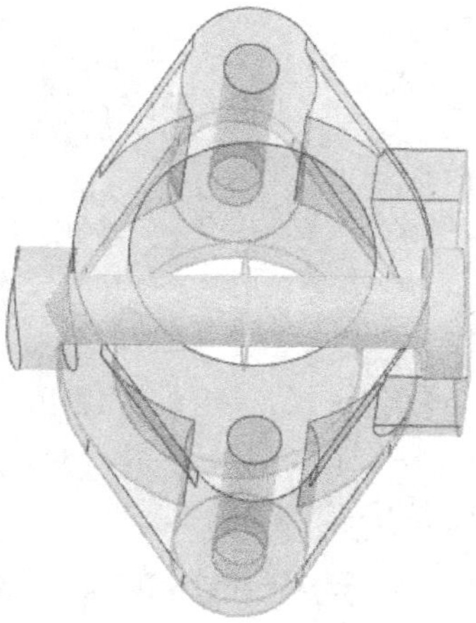
图 3-20 创建沉头孔

(2) 创建小孔

在“主页”选项卡的“特征”面板中单击“孔”按钮，打开“孔”对话框，指定草图中小圆的圆心作为孔的定位，方向垂直于凸台端面指向阀体内部，形状为“简单孔”，“直径”设置为 6mm，“深度”设置为 14mm，“顶锥角”设置为 120°，单击“确定”按钮，创建一个小孔，如图 3-22 所示。

8. 阵列小孔

在“主页”选项卡“特征”面板的“关联复制”命令组中，打开如图 3-23 所示“阵列特征”对话框，选择小孔作为要阵列的特征，“布局”选择圆形，“旋转轴”选择 Y 轴，在“斜角方向”选项组中，“间距”选择“数量和跨距”，“数量”设置为 4，“跨角”设置为 360°，单击“确定”按钮完成小孔阵列，如图 3-24 所示。

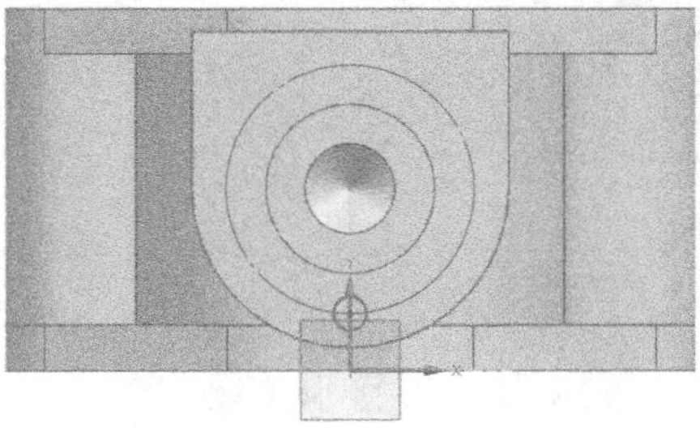

图 3-21　创建小孔草图

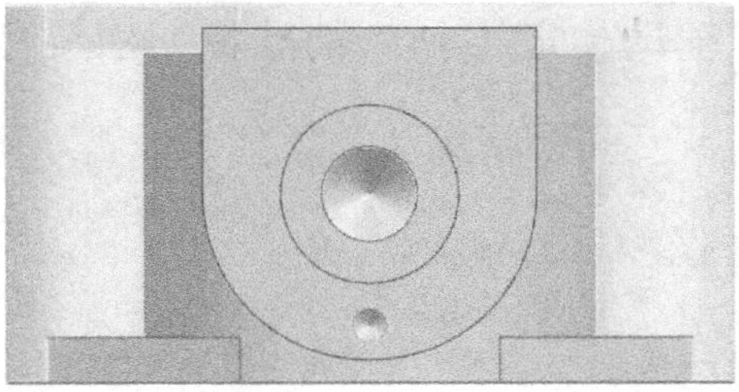

图 3-22　创建小孔

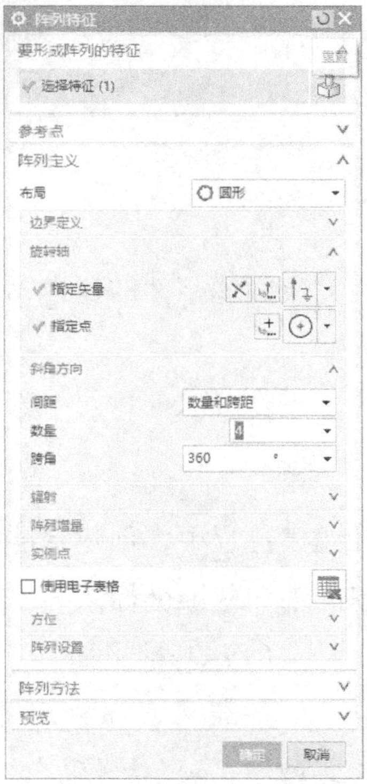

图 3-23　“阵列特征”对话框

9. 创建螺纹孔

在“特征”面板的设计特征组选择“螺纹刀”命令，在图 3-25 所示的“螺纹切削”对话框中，“螺纹类型”选择“详细”，连续单击 4 个 ϕ6mm 小孔的内圆柱面放置螺纹，系统根据所选圆柱面给出对应的螺纹参数，螺旋长度为 14mm，在“旋转”选项中选中“右旋”，单击“选择起始”按钮后，单击大凸台端面作为螺纹的起始面，起始面处显示螺纹轴方向箭头，可通过单击对话框中的“螺纹轴反向”按钮，控制螺纹轴方向，如图 3-26 所

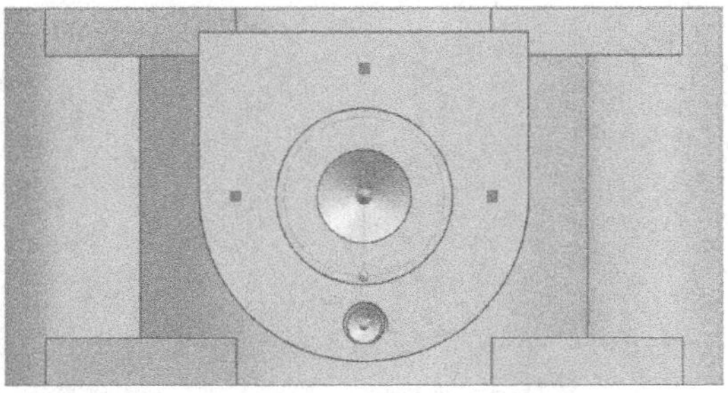

图 3-24　阵列得到 3 个小孔

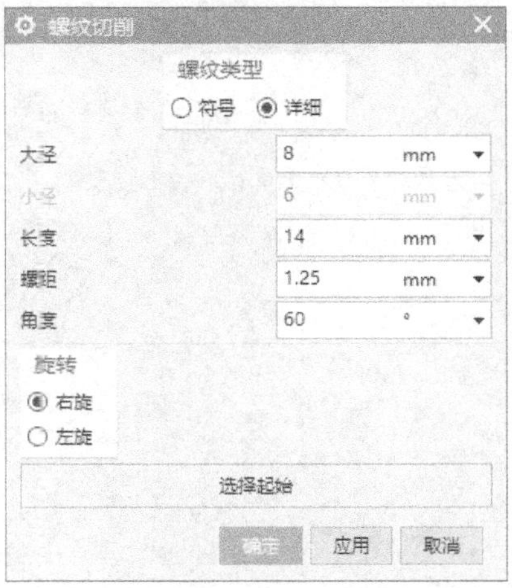

图 3-25　“螺纹切削”对话框

示，完成螺纹孔的创建。

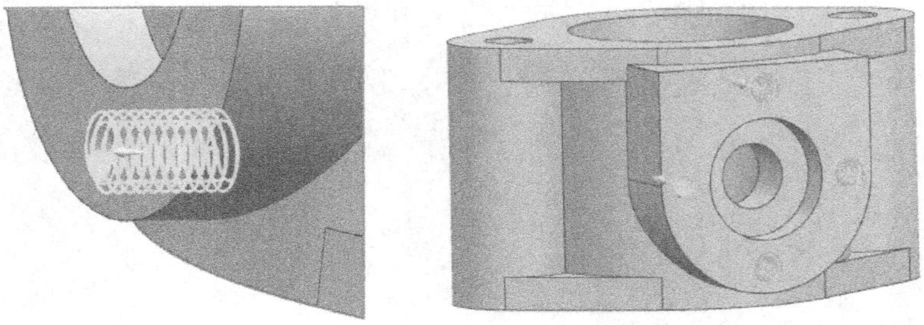

图 3-26　创建螺纹孔

至此，完成阀体零件的建模，如图 3-1 所示。

四、知识链接

1. 基准特征

在设计建模过程中，创建基准特征时常常会用到辅助构造工具。基准特征主要包括基准平面、基准轴和基准坐标系。

基准平面

（1）基准平面

基准平面命令可用以下两种方式调用，“基准平面”子菜单位置如图 3-27 所示。

图 3-27　“基准平面”子菜单位置

1）在功能区的“主页”选项卡中单击“特征”→“基准平面”。

2）依次单击“菜单”→“插入”→“基准/点”→“基准平面”。

“基准平面”对话框如图 3-28 所示，通过对话框可以看出，基准平面有多种创建类型，主要

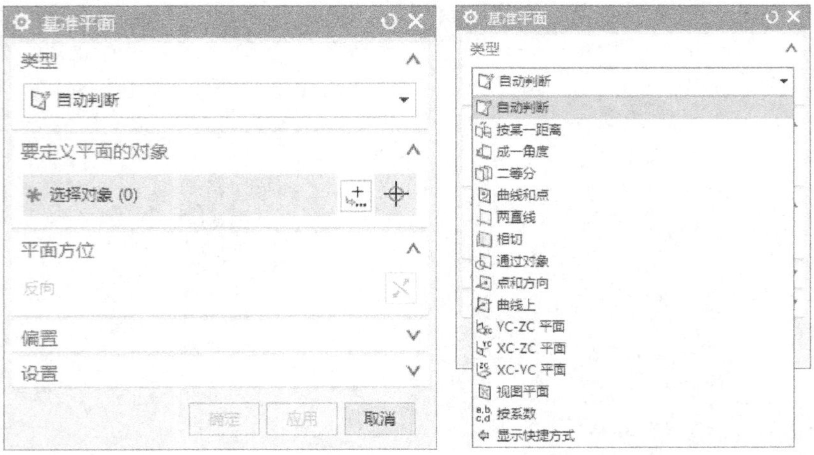

图 3-28　“基准平面”对话框

的类型及功能见表 3-1。

表 3-1 “基准平面”的创建类型及功能

类型	功　　能
自动判断	系统根据所选对象自动判断创建基准平面
按某一距离	通过选择一个基准平面或以已存在的平面作为参考进行偏置来创建新的基准平面
成一角度	通过选择一个基准平面或以已存在的平面作为参考，选择一条直线或者轴，并输入角度值使新创建的基准平面与参考平面成给定的角度，并通过所选直线
二等分	选择相互平行的两个平面或基准平面可创建等分基准平面，选择相交的两个平面或基准平面可创建角平分基准平面
曲线和点	通过选择曲线和点来创建通过所选点且垂直于曲线该点处切线方向的基准平面
两直线	通过选择两条直线来创建基准平面，若两直线在同一平面内，创建的基准平面是两直线所在平面；若两直线不在同一平面内，创建的基准平面通过一条直线且与另一条直线平行
相切	通过和一曲面相切，且通过该曲面上点、线或平面来创建基准平面
通过对象	通过选择对象来创建基准平面，选择直线则创建垂直于直线的基准平面，选择曲线或平面则创建通过曲线和平面的基准平面
点和方向	选择点和矢量方向来创建通过点且垂直于矢量方向的基准平面
曲线上	通过选择一条曲线来创建垂直于曲线某点处的基准平面
YC-ZC 平面	将 YC-ZC 平面偏置某一距离来创建基准平面
XC-ZC 平面	将 XC-ZC 平面偏置某一距离来创建基准平面
XC-YC 平面	将 XC-YC 平面偏置某一距离来创建基准平面
视图平面	创建平行于视图平面并通过 WCS 原点的固定基准平面
按系数	按系数创建基准平面

【专家点拨】

创建的基准平面不符合要求时，可以通过“备选解”选项选择其他符合条件的基准平面。

（2）基准轴

基准轴

基准轴命令可用以下两种方式调用：

1）在功能区的“主页”选项卡中单击“特征”→“基准轴”。

2）依次单击“菜单”→“插入”→“基准/点”→“基准轴”。

“基准轴”对话框如图 3-29 所示，通过对话框可以看出，基准轴有多种创建类型，主要的类型及功能见表 3-2。

（3）基准坐标系

基准坐标系命令可用以下两种方式调用：

1）在功能区的“主页”选项卡中单击“特征”→“基准坐标系”。

2）依次单击“菜单”→“插入”→“基准/点”→“基准坐标系”。

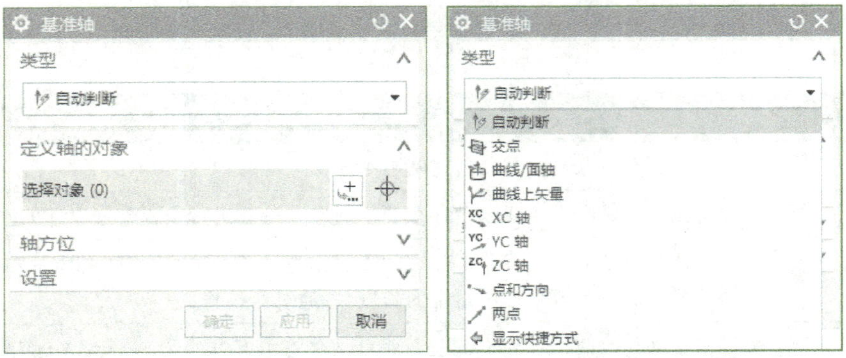

图 3-29 “基准轴”对话框

表 3-2 “基准轴”的创建类型及功能

类型	功能
自动判断	系统根据所选对象自动判断创建基准轴
交点	通过选择两个平面来创建基准轴，两个平面的交线即是基准轴
曲线/面轴	通过选择一条直线或面的边来创建基准轴，选择曲面时，曲面的轴即是创建的基准轴
曲线上矢量	通过选择曲线和曲线上的位置来创建基准轴
XC 轴	在工作坐标系的 XC 轴上创建基准轴
YC 轴	在工作坐标系的 YC 轴上创建基准轴
ZC 轴	在工作坐标系的 ZC 轴上创建基准轴
点和方向	选择点和矢量方向来创建通过点且平行或垂直于矢量方向的基准轴
两点	通过选择两点来创建基准轴，第一点是基准轴的位置，第一点到第二点的方向为基准轴的方向

“基准坐标系”对话框如图 3-30 所示，基准坐标系的创建方法与工作坐标系 WCS“定向”的方法相同，具体的创建类型及功能参见表 1-7。

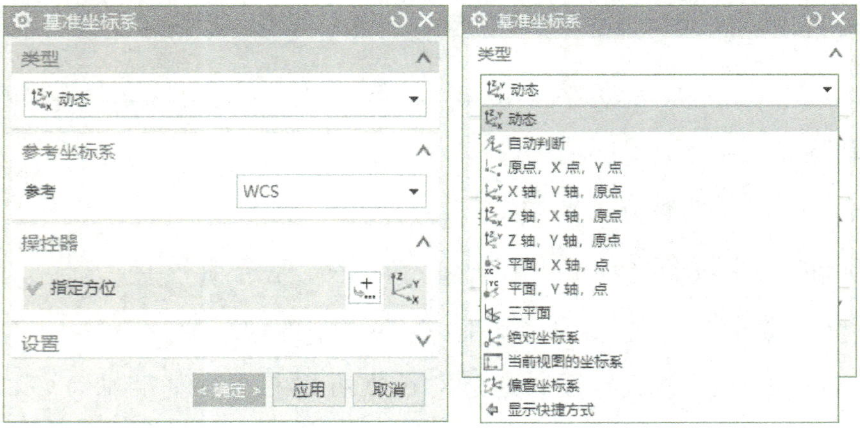

图 3-30 “基准坐标系”对话框

2. 创建体素特征

长方体、圆柱、圆锥和球等这类特征统称为体素特征，是一个基本解析形式的实体对象。通常在设计初期创建一个体素特征作为模型毛坯。创建体素特征时，需要确定它的类型、尺寸、空间方向、位置等参数。

(1) 长方体

长方体特征是常用的基本体素特征，其命令的打开方式如下：

1) 在“主页”选项卡中单击“特征”→“更多”→“长方体”。

2) 依次单击“菜单”→“插入”→“设计特征”→“长方体”。

打开后的“长方体”对话框如图 3-31 所示。对话框中“类型”下拉列表框中提供了 3 种创建长方体的方式，其功能见表 3-3。

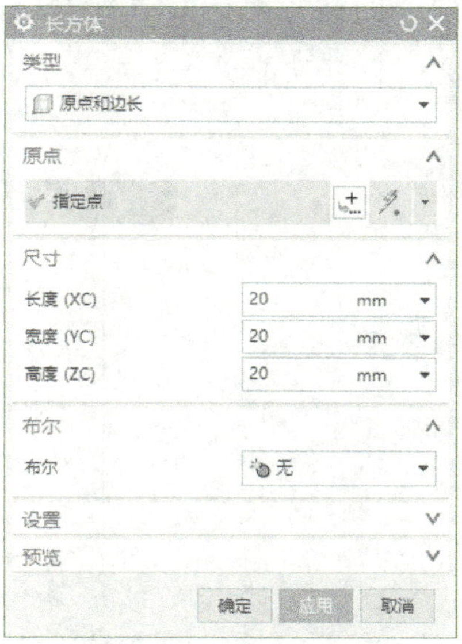

图 3-31　“长方体”对话框

长方体

表 3-3　长方体的创建类型及功能

类型	功能	模型图示
原点和边长	指定原点位置，并在“尺寸”选项组中分别输入长度、宽度和高度参数值创建长方体	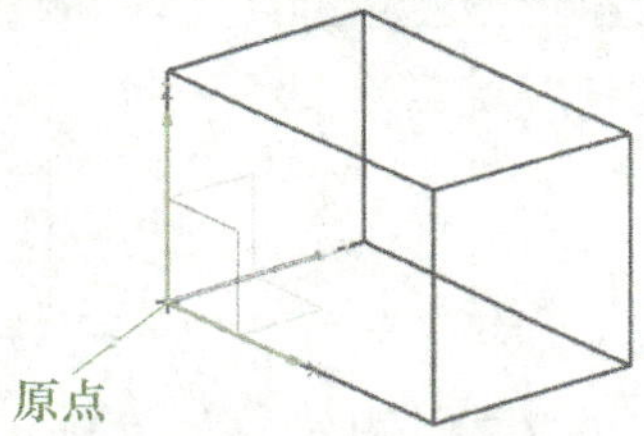
两点和高度	指定两个对角点来定义长方体的底面，并在“尺寸”选项组中输入长方体的高度参数值	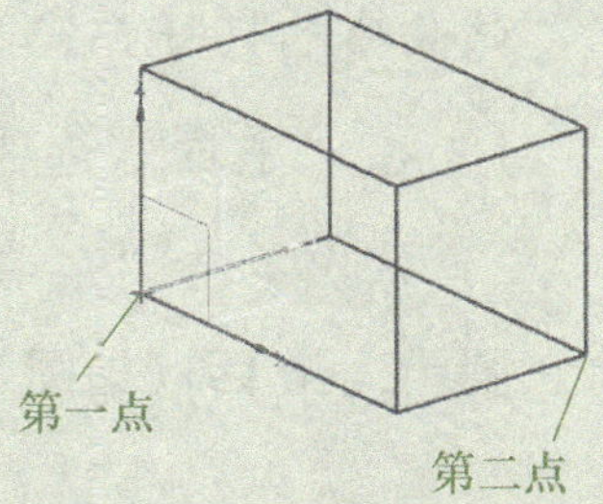
两个对角点	指定原点和从原点出发的另一点作为长方体的两个对角点来创建长方体	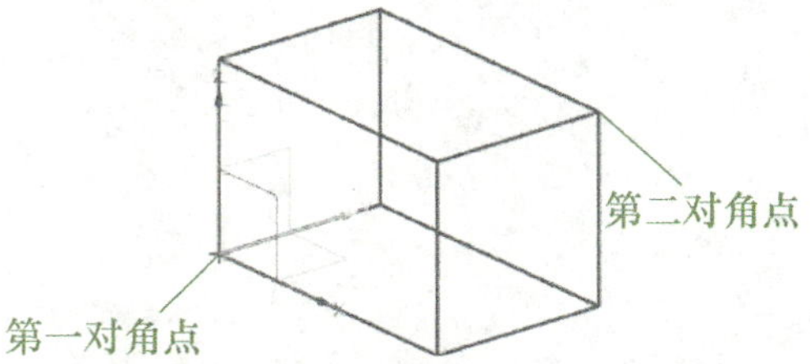

(2) 圆柱

该命令的打开方式如下：

1) 在“主页”选项卡中单击“特征”→“更多”→“圆柱”。

2) 依次单击“菜单”→“插入”→“设计特征”→“圆柱”。

圆柱

打开后的“圆柱”对话框如图 3-32 所示。对话框中“类型”下拉列表框中提供了两种创建圆柱的方式，其功能见表 3-4。

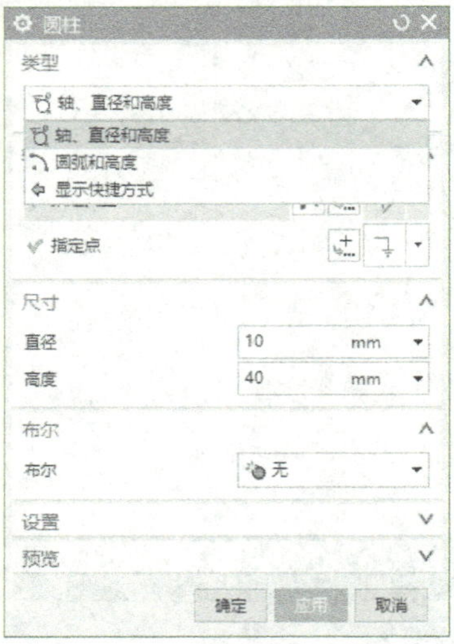

图 3-32 “圆柱”对话框

表 3-4 圆柱的创建类型及功能

序号	类型	功能	模型图示
1	轴、直径和高度	通过指定圆柱的轴线，包括定义指定矢量来确定圆柱生成的方向，指定点来确定圆柱底面圆心点的位置，并在“尺寸”选项组中分别输入直径和高度参数值创建圆柱	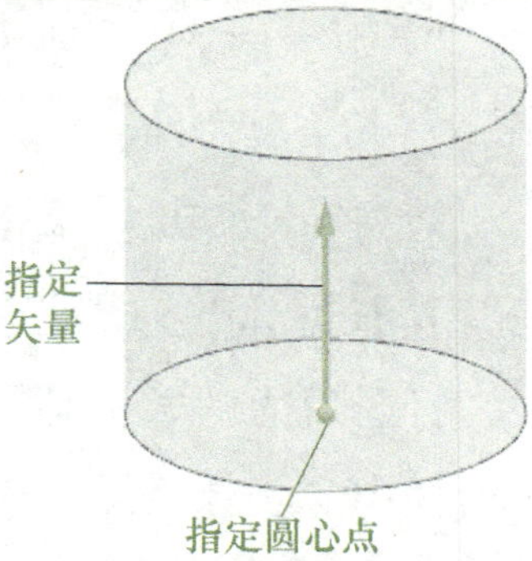
2	圆弧和高度	选择已创建的一段圆弧或一个圆来确定圆柱底面直径，并在“尺寸”选项组中输入圆柱的高度参数值创建圆柱	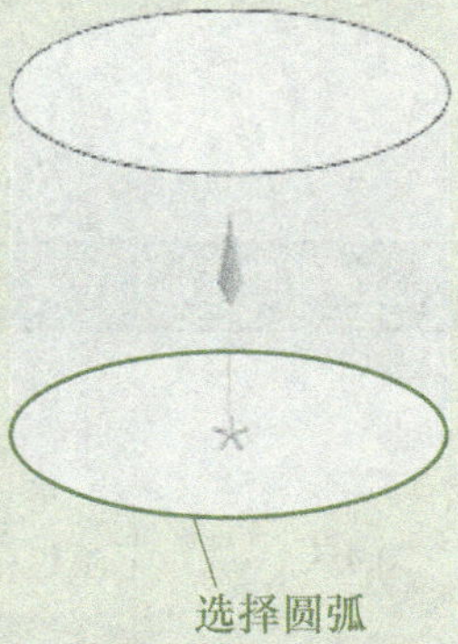

圆锥

(3) 圆锥

该命令的打开方式如下：

1) 在“主页”选项卡中单击“特征”→“更多”→“圆锥”。

2) 依次单击“菜单”→“插入”→“设计特征”→“圆锥”。

打开后的“圆锥”对话框如图 3-33 所示，“类型”下拉列表框中提供了 5 种创建圆锥

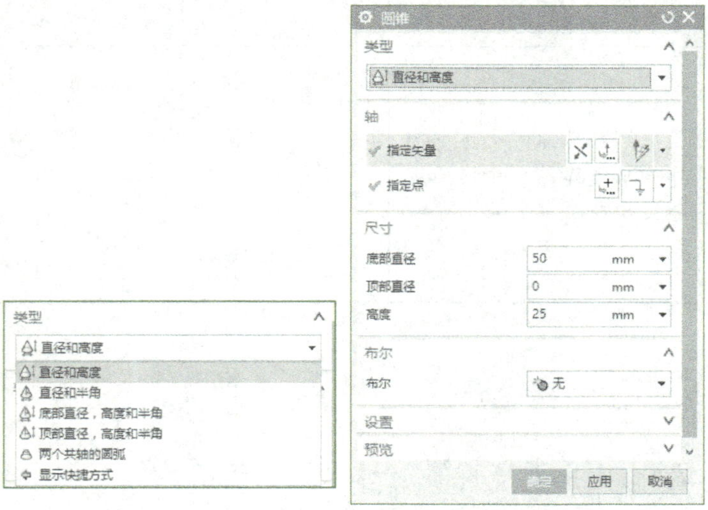

图 3-33 “圆锥”对话框

的方式，其功能见表 3-5。

表 3-5　圆锥的创建类型及功能

序号	类型	功能	模型图示
1	直径和高度	指定圆锥的轴线，包括定义指定矢量来确定圆锥生成的方向，指定点来确定圆锥底面圆心点的位置，并在“尺寸”选项组中分别输入底部直径、顶部直径和高度参数值创建圆锥	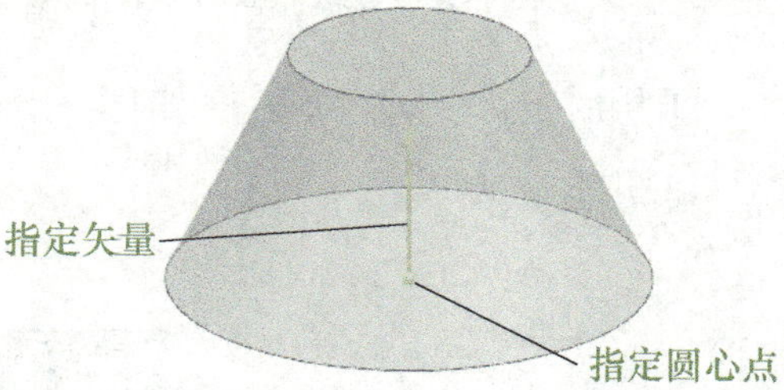
2	直径和半角	指定圆锥的轴线，并在“尺寸”选项组中输入圆锥的底部直径、顶部直径和半角参数值创建圆锥 注意：半角定义了圆锥轴线与侧素线所形成的角度，半角的范围为 1°～89°。在直径不变的情况下，半角的变化影响了圆锥的高度变化	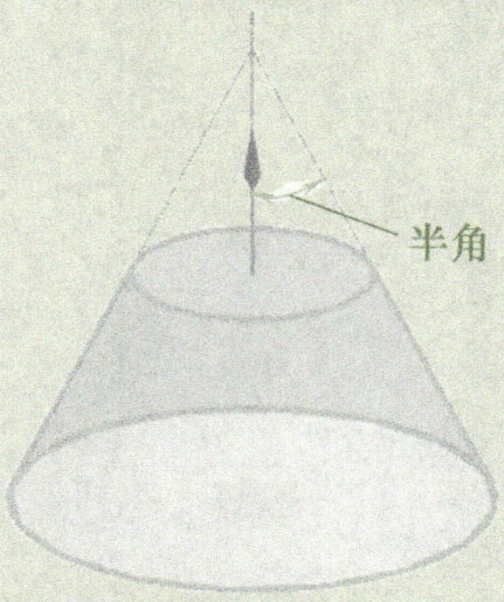
3	底部直径、高度和半角	指定圆锥的轴线，并在“尺寸”选项组中输入圆锥的底部直径、高度和半角参数值创建圆锥	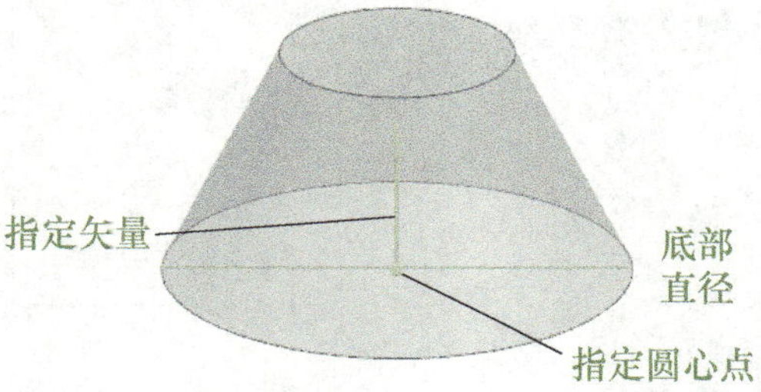
4	顶部直径、高度和半角	指定圆锥的轴线，并在“尺寸”选项组中输入圆锥的底部直径、高度和半角参数值创建圆锥	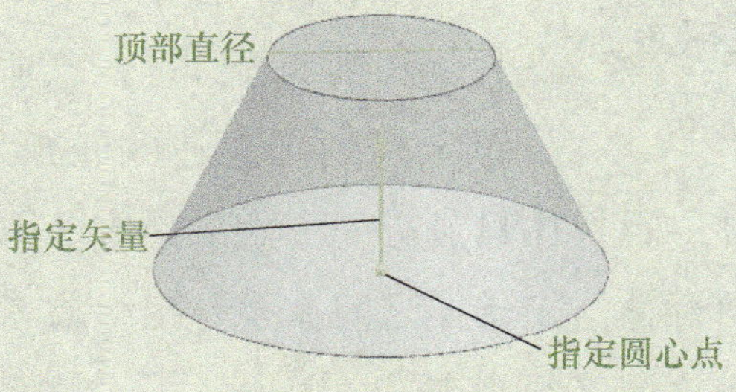
5	两个共轴的圆弧	选择两个共轴的圆弧（圆弧可以不封闭），所选择的圆弧分别作为基圆弧和顶圆弧，分别确定底部直径和顶部直径，顶圆弧中心到基圆弧平面之间的距离即是圆锥的高度	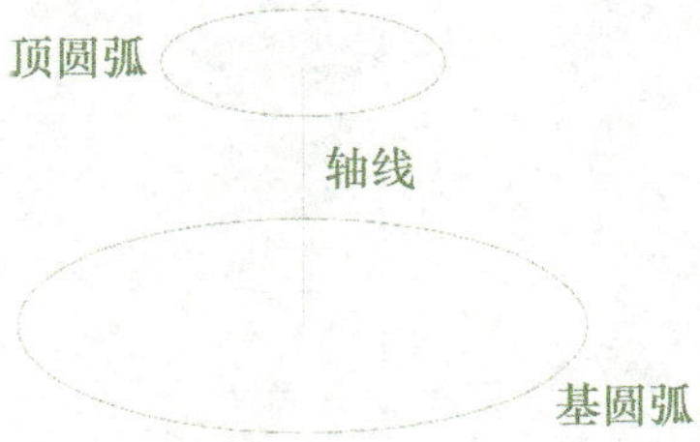

球

(4) 球

该命令的打开方式如下：

1）在“主页”选项卡中单击“特征”→“更多”→“球”。

2）依次单击“菜单”→“插入”→“设计特征”→“球”。

打开后的“球”对话框如图 3-34 所示，“类型”下拉列表框中提供了两种创建球的方式，其功能见表 3-6。

表 3-6　球的创建类型及功能

序号	类型	功能	模型图示
1	中心点和直径	指定点来确定球中心点位置，并在“尺寸”选项组中输入球的直径参数值创建球	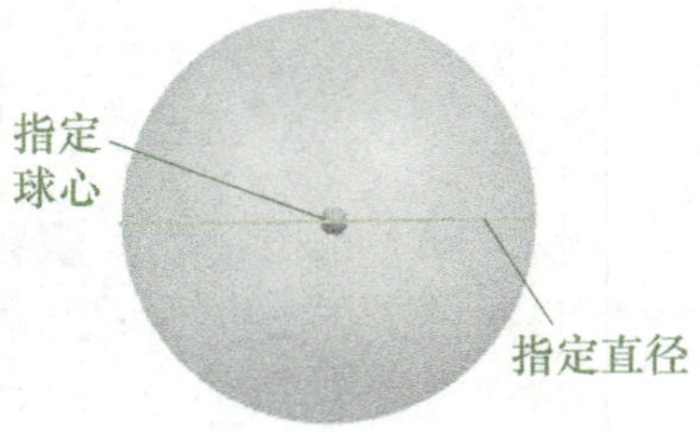
2	圆弧	选择已创建的一段圆弧或一个圆来确定球直径，并在“尺寸”选项组中输入球直径参数值	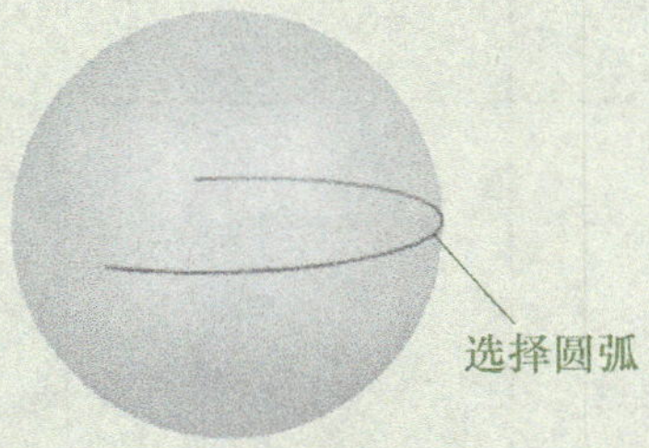

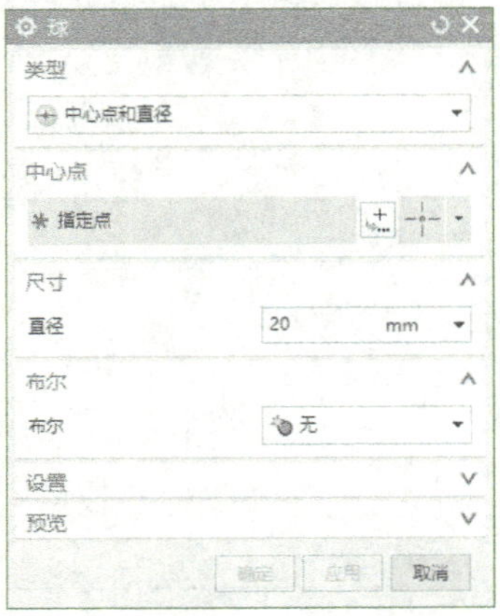

图 3-34　“球”对话框

布尔运算

3. 布尔运算

布尔运算包括合并（即“求和”）、减去（即“求差”）、相交（即“求交”），具体功能见表 3-7。该命令按钮可在“主页”选项卡的特征面板中找到，如图 3-35 所示。进行布尔运算的体分为目标体和工具体。被操作的体称为目标体，目标体只能有一个。工具体是用来改变目标体的实体，可以有多个。“合并”运算要求目标体与工具体之间需要有接触或者相交，“减去”“相交”两种运算则要求目标体与工具体之间必须相交。

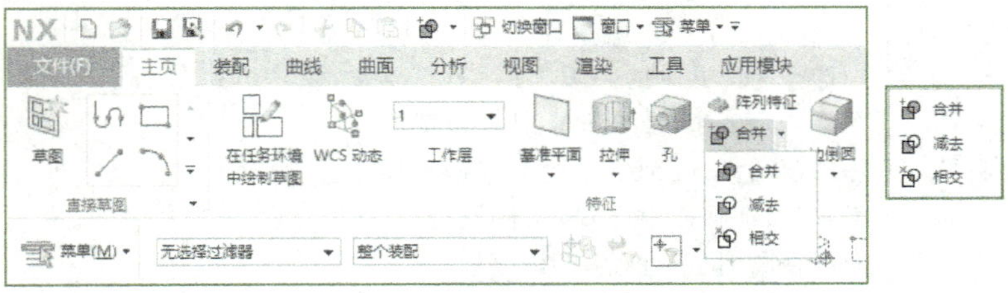

图 3-35　布尔运算命令图标位置

表 3-7　布尔运算的类型及功能

序号	类型	功能	模型图示
对图示两个相交的实体，圆柱和长方体进行布尔运算操作			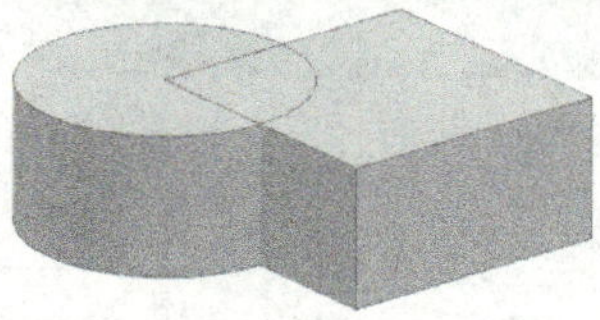
1	合并（即“求和”）	将两个或多个实体合并为单个实体	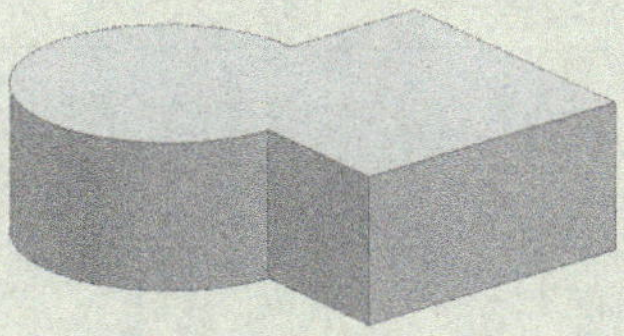
2	减去（即“求差”）	从一个实体（目标体）中减去另一个或者多个实体（工具体）	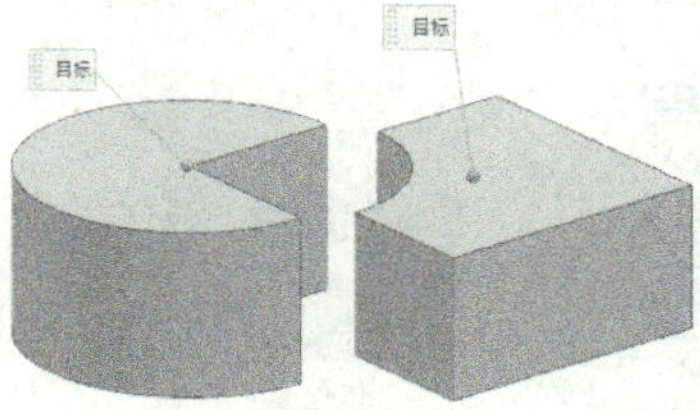
3	相交（即“求交”）	将目标体与工具体之间的交集部分创建为一个新的实体	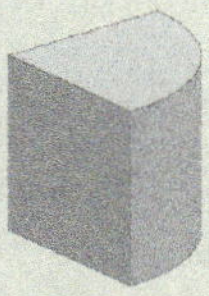

该命令的打开方式如下：

1）在“主页”选项卡中单击“特征”→“合并”/“减去”/“相交”。

2）依次单击“菜单”→“插入”→“设计特征”→“合并”/“减去”/“相交”。

4. 拉伸

在 UG NX 12.0 中，有一些基本成形特征，使用这些特征可以快捷、方便地建模。拉伸特征就是其中之一。拉伸特征是指将截面沿着指定的方向拉伸一段距离所创建出来的实体特征，拉伸的对象可以是草图、曲线，也可以是实体的面或边。

该命令的打开方式如下：

1）在功能区的“主页”选项卡中单击“特征”→“拉伸”。

2）依次单击“菜单”→“插入”→“设计特征”→“拉伸”。

打开的“拉伸”对话框如图 3-36 所示，该对话框

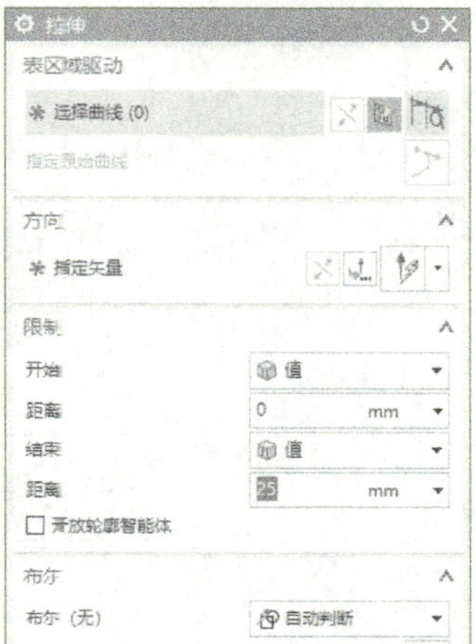

图 3-36　“拉伸”对话框

拉伸

拉伸实例练习

中各选项组及功能见表 3-8。

表 3-8 “拉伸”选项组及功能

选项组	功能
表区域驱动(截面选项组)	当选中选项组中的“选择曲线”选项(默认选中)时,可在绘图区选取要拉伸的截面曲线 当选中选项组中的“绘制截面”选项时,可在弹出的“创建草图”对话框中进行草图绘制
方向	此选项组用来确定拉伸方向。可在“选择自动判断的矢量”下拉列表中选择矢量方向,也可以打开“矢量”对话框来定义矢量,单击“反向”可以更改拉伸方向
限制	此选项组用来确定拉伸截面向两侧延伸的方式和参数值,包括开始值和结束值。该选项组包含值、对称值、直至下一个、直至选定、直至延伸部分、贯通六种方式,可根据实际情况选择
布尔	此选项组用于设置拉伸操作所创建的实体与原有实体之间的布尔运算操作,包括“自动判断”“无”“合并”“减去”“相交”

孔的创建

5. 创建孔

在特征建模设计中,“孔”是常用的特征,可通过在其他基础特征之上去除材料得到孔。其命令的打开方式如下:

1)在功能区的“主页”选项卡中单击“特征”→“孔”。

2)依次单击“菜单”→“插入”→“设计特征”→“孔”。

打开的“孔”对话框如图 3-37 所示,各类型孔的创建选项及功能见表 3-9。

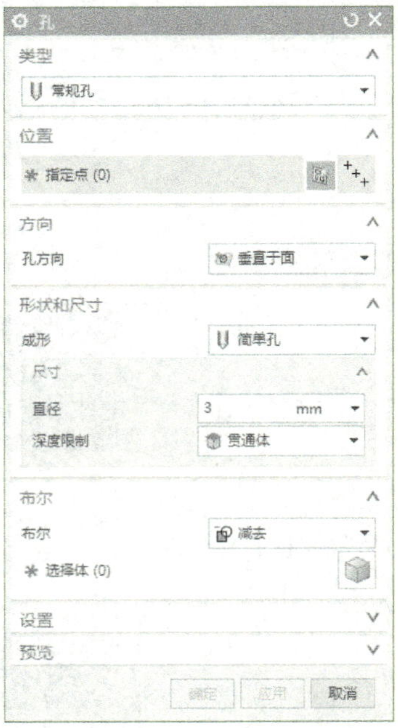

图 3-37 “孔”对话框

表 3-9 “孔”类型及选项功能

序号	类型	选项功能	
1	常规孔	常规孔包括四种成形方式,如图 3-38 所示。创建常规孔可通过捕捉已存在的点或草绘点来确定孔的位置,并输入尺寸参数	简单孔:通过确定直径、深度和顶锥角创建孔 沉头孔:通过确定孔直径、深度、顶锥角、沉头直径和沉头深度创建孔 埋头孔:通过确定孔直径、深度、顶锥角、埋头直径和埋头角度创建孔 锥孔:通过确定孔的直径、深度和锥角创建孔
2	钻形孔	创建钻形孔的方式与简单孔类似,但是孔的直径不能随意输入,需要按照钻头系列尺寸选取,可在“设置”选项组中选择所用的标准,如 ISO、ANSI	
3	螺钉间隙孔	根据所选螺钉尺寸(如 M10)创建螺钉的间隙孔,有简单孔、沉头孔、埋头孔三种成形方式,可在“设置”选项组中选择所用的标准	
4	螺纹孔	可通过确定螺纹直径、径向进刀、深度类型、螺纹深度、旋向等尺寸创建螺纹孔,可在“设置”选项组中选择所用的标准	
5	孔系列	在多目标体上根据所选螺钉类型、规格尺寸等创建一系列螺钉的穿过孔,创建方法与简单孔类似	起始孔:在指定位置处开始的螺钉间隙孔,有简单孔、沉头孔和埋头孔三种成形方式 中间孔:匹配起始孔尺寸的螺钉间隙孔 端点孔:结束孔可以是螺钉间隙孔也可以是螺纹孔

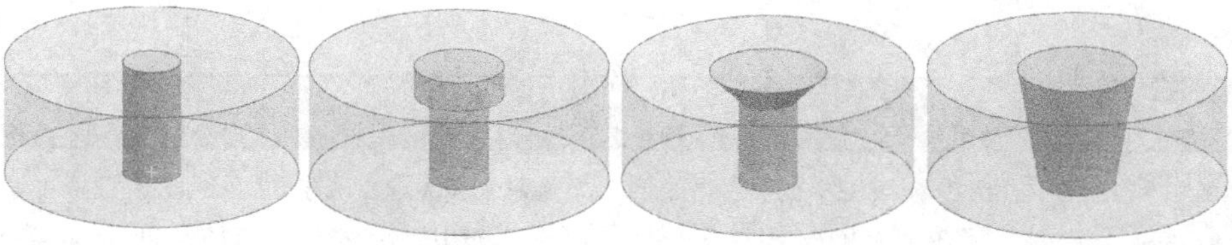

a) 简单孔　　b) 沉头孔　　c) 埋头孔　　d) 锥孔

图 3-38　常规孔成形方式

6. 创建螺纹

螺纹的创建

应用“螺纹”命令可以在实体的圆柱面上创建螺纹。创建的螺纹类型包括“符号螺纹”和“详细螺纹”两种。“符号螺纹”仅是在圆柱面上以虚线圆代替实体螺纹显示，可在工程图中表示和标注螺纹。“详细螺纹”是在圆柱面上创建具有所有细节特征的真实螺纹，需要较长的生成时间。调用该命令的方式如下：

1）在功能区的“主页”选项卡中单击“特征”→“螺纹”。

2）依次单击“菜单”→“插入”→“设计特征”→“螺纹”。

打开的“螺纹切削”对话框如图 3-39 所示，“符号螺纹”与“详细螺纹”的创建方法相似。

7. 创建凸起

应用“凸起”命令可以将指定的截面和曲线沿着确定的矢量方向投影到要凸起的面上形成凸台或凹腔。该命令的调用方式如下：

1）在功能区的“主页”选项卡中单击“特征”→“凸起”。

2）依次单击“菜单”→“插入”→“设计特征”→“凸起”。

打开的“凸起”对话框如图 3-40 所示，各选项组及功能见表 3-10。

图 3-39　“螺纹切削”对话框

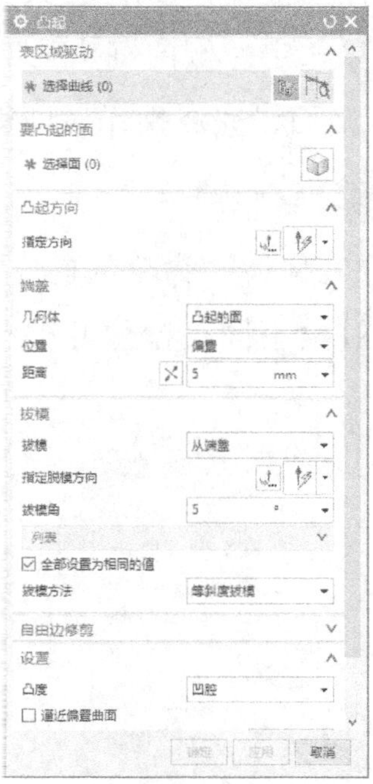

图 3-40　“凸起”对话框

表 3-10 “凸起”选项组及功能

序号	选项组	功能
1	表区域驱动（截面选项组）	当选中选项组中的“选择曲线”选项(默认选中)时,可在绘图区选取要投影的截面曲线 当选中选项组中的“绘制截面”选项时,弹出“创建草图”对话框,可进行草图绘制
2	要凸起的面	选择要创建凸起特征的面,可以是实体表面、片体或者曲面
3	凸起方向	此选项组用来确定截面曲线投影的矢量方向。可在“选择自动判断的矢量”下拉列表中选择矢量方向,也可以打开“矢量”对话框来定义矢量
4	端盖	此选项组用于设置所创建的凸起特征的开始位置、距离等
5	拔模	此选项组用于设置所创建凸起特征是否进行拔模、拔模开始的位置与角度
6	设置	此选项组用于设置所创建的凸起特征的类型及公差 混合:系统根据所指定的距离方向来判断是创建凸垫还是创建凹腔 凸垫:在要凸起的面上创建凸台 凹腔:在要凸起的面上创建凹腔

镜像特征与镜像几何体

8. 镜像特征

应用“镜像特征”命令可以通过镜像平面将选定的特征生成相对于平面对称的特征。该命令的调用方式如下:

1）在功能区的“主页”选项卡中单击“特征”→“镜像特征”。

2）依次单击“菜单”→“插入”→“关联复制”→“镜像特征”。

打开的“镜像特征”对话框如图 3-41 所示。以图 3-42 所示的轴承座模型为例进行镜像特征操作，现要在轴承座的底部右侧对称位置镜像出“沉头孔”特征。在对话框的“选择特征”项中选定左侧的沉头孔，“镜像平面”选择基准坐标系中的 YOZ 平面，完成操作后即得到镜像的沉头孔特征。

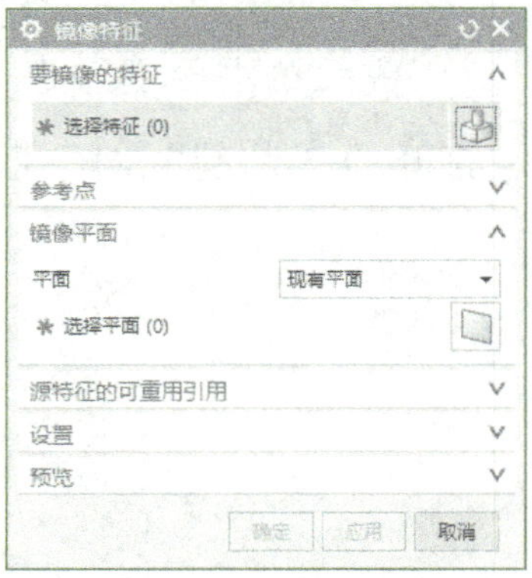

图 3-41 “镜像特征”对话框

9. 镜像几何体

“镜像几何体”命令的操作方法与镜像特征类似，区别在于镜像的对象不同。镜像几何体是对选定的几何体沿指定的

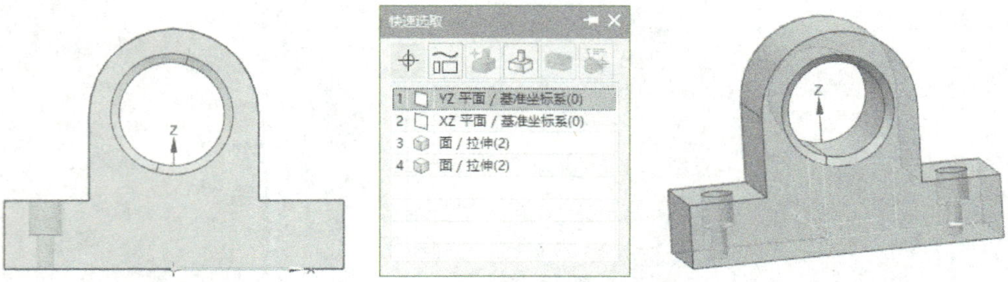

a) 镜像前　b) 镜像平面　c) 镜像后

图 3-42 轴承座模型镜像操作

平面进行镜像，镜像后的实体和原实体相关联，本身不存在可以编辑的特征参数。该命令的调用方式如下：

1）在功能区的“主页”选项卡中单击“特征”→“镜像几何体”。

2）依次单击“菜单”→“插入”→“关联复制”→“镜像几何体”。

五、任务评价

任务完成后，按照表 3-11 对任务实施过程开展评价，进行任务总结与反思。

表 3-11　任务一考核评价表

项目与权重	考核内容	评价标准	自评	互评	教师评价
专业知识（20%）	（1）掌握基准特征及体素特征命令的功能及使用方法，掌握拉伸等特征建模方法（10分）	未能掌握各相关命令的调用位置和方法，各命令误判每处扣1分			
	（2）掌握产品三维建模设计的基本流程和思路（10分）	未能掌握产品三维建模设计流程，流程图绘制不合理等，每处扣1分			
专业能力（30%）	（1）能够正确使用拉伸、孔、螺纹、凸起、镜像等特征建模、特征操作、特征编辑等相关命令完成产品的三维建模设计（10分）	按照任务要求，使用建模命令完成任务的特征建模，缺少一个特征酌情扣1~2分			
	（2）具备在多种建模方法中选择最佳方法或最优建模路径的能力（10分）	按照任务要求绘制简要建模流程图或表，根据建模流程的高效性酌情扣分			
	（3）能根据所学的建模功能自主进行简单的创意设计（10分）	根据所学命令，自主进行类似产品创意设计，按照创意设计产品的结构合理性酌情扣分			
职业素养（20%）	（1）敬业守时、认真负责、踏实严谨、谦虚好学（5分）	迟到、早退、无故缺勤等，每次扣1分			
	（2）具有良好的团队合作精神，能热心帮助其他同学完成任务（5分）	不参加小组讨论，每次扣1分			
	（3）能准确、快速地表达个人思想和见解，能灵活运用所学知识，有创造性（10分）	根据创意设计情况酌情扣分			
任务总结（30%）	（1）安全、有效地按照任务实施步骤完成阀体零件的建模任务，主要包括圆柱、孔、凸台、螺纹等特征的创建（10分）	根据任务中的特征建模情况酌情扣分，每缺少一个特征扣1分			
	（2）安全、有效地按照任务实施步骤完成阀体零件的建模任务并做到尺寸准确（10分）	根据任务完成情况酌情扣分，每误做一个尺寸扣1分			
	（3）能进行归纳总结，技术文件完整、规范、条理清晰，在任务结束后，反思自己的任务完成情况和质量（10分）	根据总结和反思情况酌情扣分			
合计（自评占比40%，互评占比20%，教师评价占比40%）					

任务二　阶梯轴零件的建模

一、任务描述

按照要求完成图 3-43 所示阶梯轴零件的建模。轴类零件是回转体零件，其长度大于直径，一般由同心轴的外圆柱面、圆锥面、内孔和螺纹及相应的端面组成。

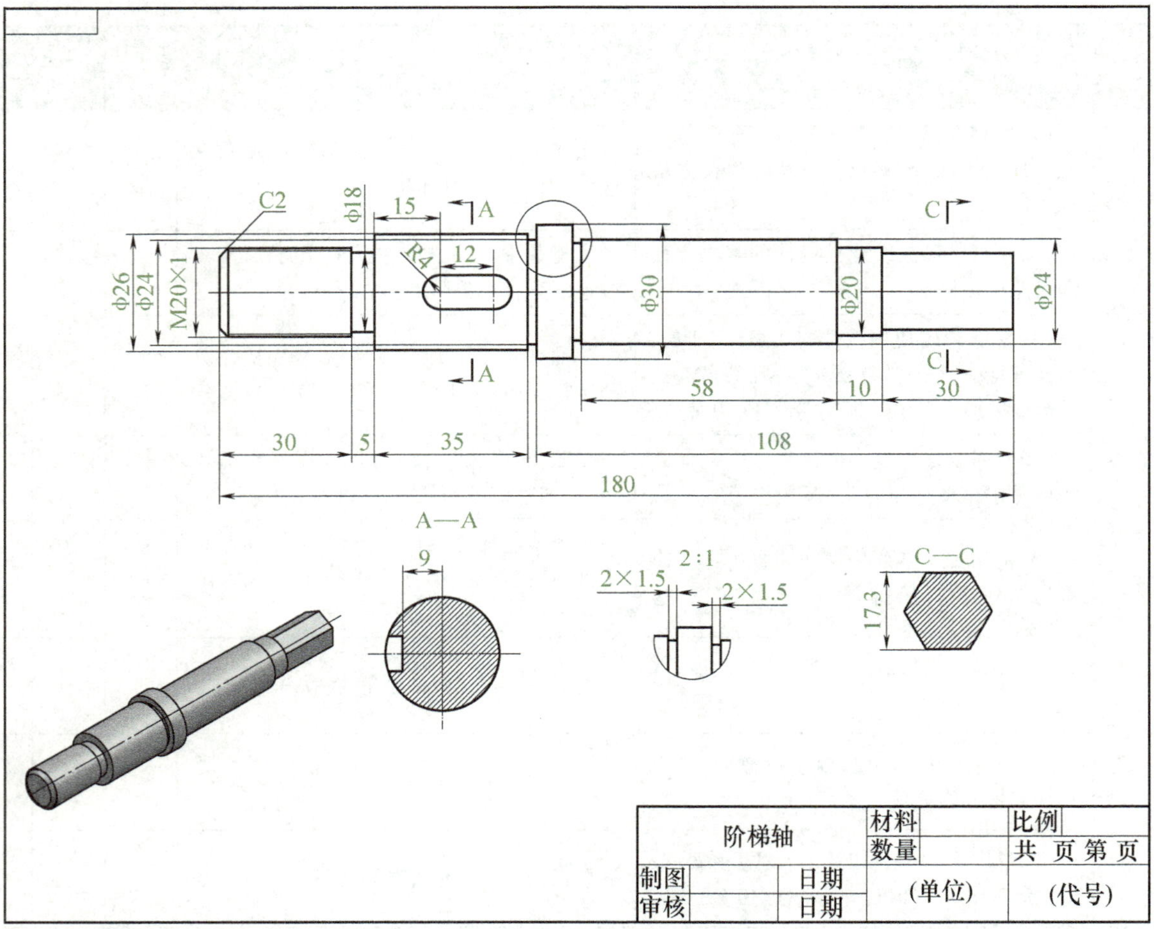

图 3-43　阶梯轴零件图

二、任务分析

阶梯轴为回转体零件，建模时先不考虑轴上的细节，通过创建草图旋转特征来创建轴的主体部分。主体部分创建完成再创建螺纹、退刀槽、键槽、倒角等细节特征。

三、任务实施

打开源文件素材包\NX 120\项目三\任务二\任务实施\，进行阶梯轴零件的建模，步骤如下。

1. 创建阶梯轴主体

阶梯轴建模

（1）创建草图

在“主页”选项卡中单击“草图”按钮，采用默认设置，进入草图界面。使用“直线”命令，根据每段轴的直径和长度创建如图 3-44 所示阶梯轴草图，暂时忽略三个退刀槽特征。单击“完成”按钮退出“草图”任务环境。

（2）旋转创建阶梯轴主体

在“特征”面板中单击“旋转”按钮，在对话框的“表区域驱动”中选择绘制的草图曲线组，指定 YC 轴方向和原点作为旋转轴，单击“确定”按钮完成轴主体的旋转特征创建，如图 3-45 所示。

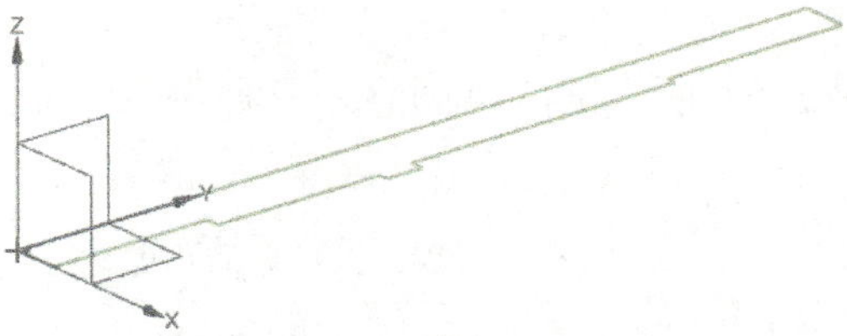

图 3-44　创建阶梯轴草图

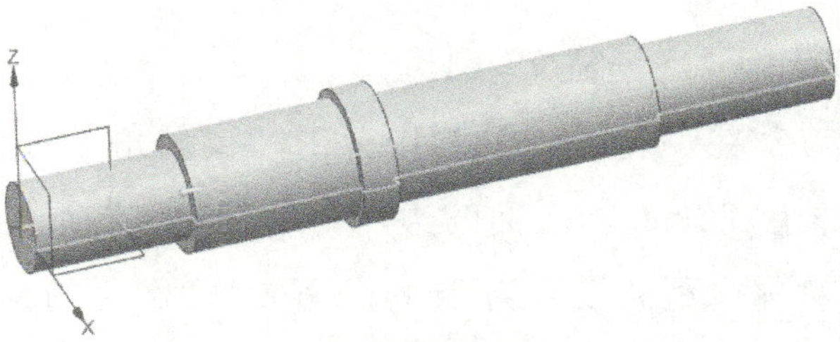

图 3-45　旋转阶梯轴主体

2. 创建 5mm×ϕ18mm 退刀槽

（1）打开“槽”命令

在“特征”面板的设计特征组中选择“槽”命令，在如图 3-46 所示的“槽”对话框中选择“矩形”槽。

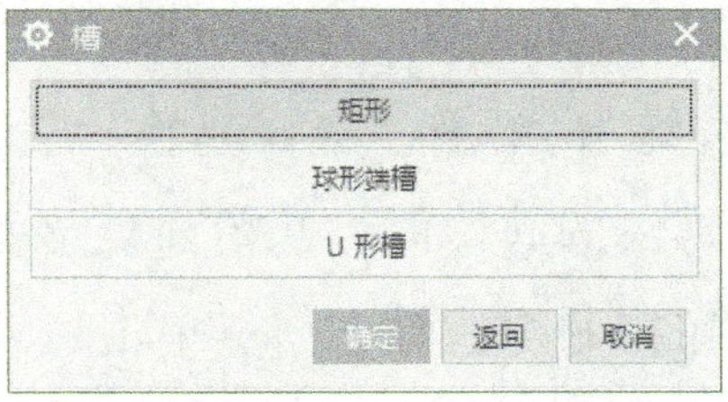

图 3-46　“槽”对话框

（2）选择退刀槽的放置平面

单击“矩形”按钮，在弹出的“矩形槽”对话框中，选择 ϕ20mm、长度为 35mm 的圆柱面作为退刀槽的放置平面。

（3）设置退刀槽的大小及定位

在“矩形槽”对话框中设置槽直径和宽度，如图 3-47 所示，单击“确定”按钮后，在圆柱面上出现一个切割用的圆盘，并弹出“定位槽”对话框，按照“状态栏”的提示操作，单击 ϕ26mm 轴左端面的边为“目标边”，单击圆盘右端面的边作为“刀具边”，如图 3-48 所

图 3-47　槽直径与宽度对话框

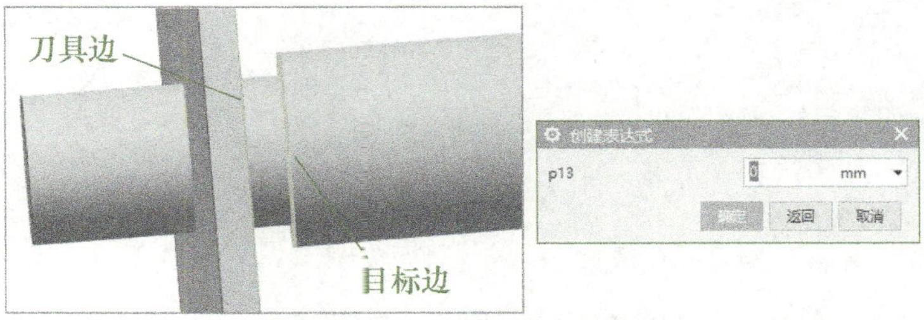

图 3-48　定位退刀槽

示，在弹出的“创建表达式”对话框中输入“0”。此时，目标边与刀具边重合，单击“确定”按钮，完成退刀槽的创建，如图 3-49 所示。

3. 创建两个 2mm×1.5mm 的退刀槽

按照创建 5mm×ϕ18mm 退刀槽的方法创建其余两个退刀槽，如图 3-50 所示。

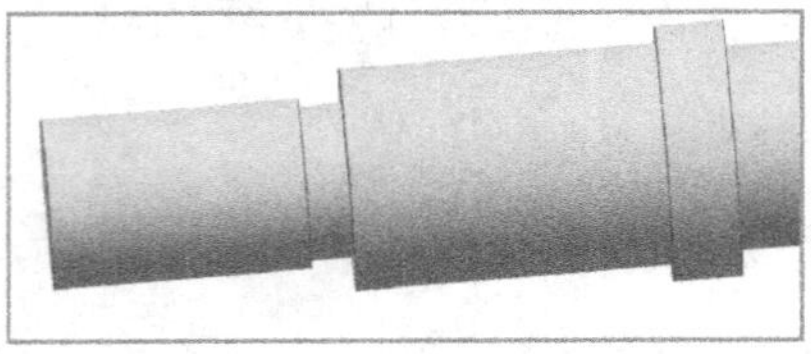

图 3-49　创建 5mm×ϕ18mm 退刀槽

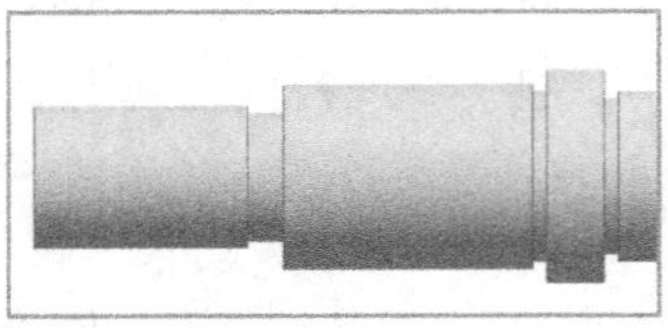

图 3-50　创建两个 2mm×1.5mm 的退刀槽

4. 创建 C2 倒角与螺纹

（1）创建 C2 倒角

在“特征”面板中单击“倒斜角”按钮，打开如图 3-51 所示的对话框，选择 ϕ20mm、长度 30mm 轴端面的边作为倒角边，“横截面”选择对称，距离设置为 2mm，完成 C2 倒角的创建。

图 3-51　创建 C2 倒角

（2）创建螺纹

在“特征”面板的设计特征组中选择“螺纹刀”命令，在如图 3-52 所示的“螺纹切削”对话框中，螺纹类型选择“详细”，单击选择 ϕ20mm 圆柱面放置螺纹，系统根据所选圆柱面给出对应的螺纹参数，螺旋长度为 30mm，在“旋转”选项中选择“右旋”，单击“选择起始”按钮后，单击左端面作为螺纹的起始面，起始面处显示螺纹轴方向箭头，可通过单击对话框中的“螺纹轴反向”按钮控制螺纹轴方向。单击“确定”完成螺纹的创建，如图 3-53 所示。

图 3-52　“螺纹切削”对话框

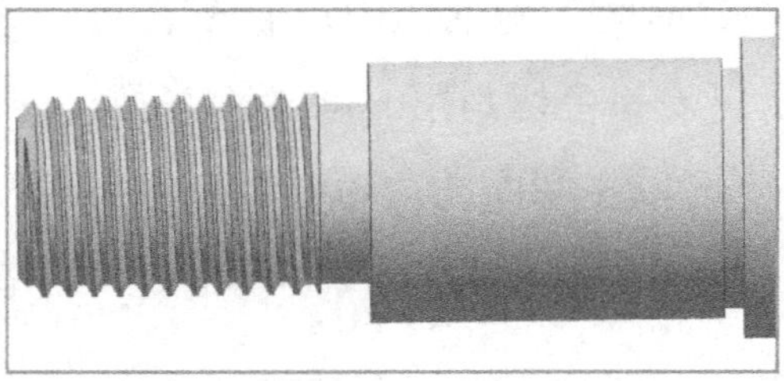

图 3-53　创建螺纹

5. 创建六面体

（1）绘制六面体拉伸的截面曲线

在阶梯轴右端面上绘制六面体的草图，绘制 ϕ24mm 的圆和一个正六边形。正六边形的绘制选择原点作为中心，“大小”选择“外接圆”，直径为 ϕ20mm，角度为 90°，如图 3-54 所示，单击创建六面体的拉伸截面曲线。

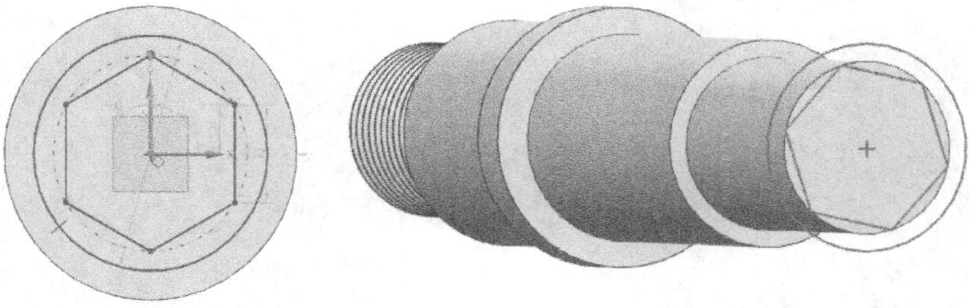

图 3-54 绘制六面体的拉伸截面曲线

（2）拉伸除料创建六面体

在“特征”面板中单击“拉伸”命令，在弹出的对话框（图 3-55）中，“表区域驱动”选择创建的截面线组，矢量方向由端面沿轴线指向轴的方向，设置拉伸距离为 30mm，布尔运算选择“减去”，进行拉伸除料操作，目标体为轴本身。单击“确定”按钮完成拉伸，得到如图 3-56 所示的六面体。

图 3-55 “拉伸”对话框

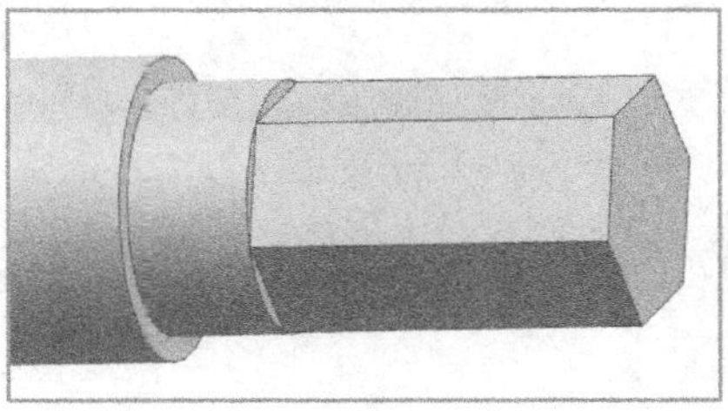

图 3-56 创建六面体

6. 创建轴上键槽

（1）创建基准平面

键槽的放置面必须是平面，此任务在圆柱面上创建一个基准平面来放置键槽。在“特征”面板中选择基准平面，打开如图 3-57 所示对话框，“类型”选择“相切”，选择要创建键槽的圆柱面作为参考几何体创建基准平面。

（2）创建键槽

在“特征”面板中选择“键槽”命令，打开“矩形槽”对话框，单击基准平面作为键

图 3-57　创建基准平面

槽的放置面，单击“确定”按钮，选择轴线方向为水平参考方向，在弹出的“矩形槽”对话框中指定键槽的长度、宽度、深度，如图 3-58 所示。单击“确定”按钮，轴上显示“键槽”轮廓，并弹出“定位”对话框，如图 3-59 所示。在对话框中单击第一个图标进行水平定位，选择圆柱左端面作为目标边，选择键槽左侧的圆弧中心作为刀具边，根据图样要求，刀具边与目标边的距离为 15mm，故在弹出的“创建表达式”对话框中输入 P37 = 15mm，确定后完成键槽水平定位。用同样的方法进行键槽竖直方向的位置定位，选择圆柱左端面圆心作为目标边，选择键槽左侧圆弧中心作为刀具边，刀具边与目标边的距离为 0，输入 P38 = 0，完成竖直方向定位，确定后完成键槽的创建，如图 3-60 所示。

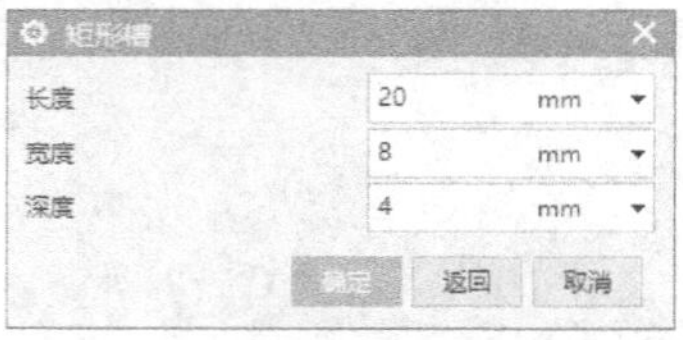

图 3-58　“矩形槽”对话框

图 3-59　“定位”对话框

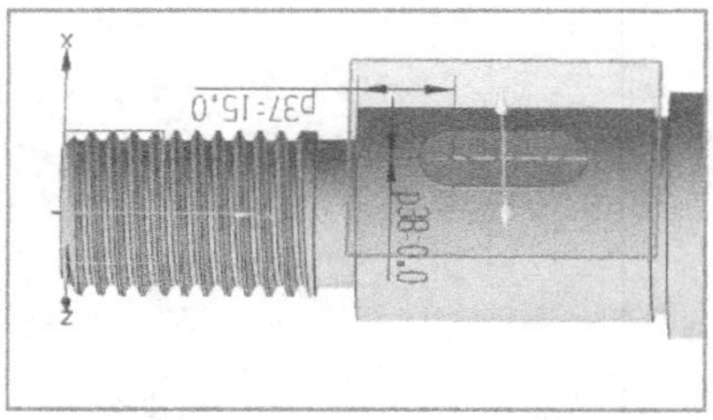

图 3-60　创建键槽

至此，完成阶梯轴零件的建模，如图 3-43 所示。

旋转

四、知识链接

1. 旋转

“旋转”特征是将二维截面绕指定的轴线旋转一定角度形成的特征。该命令的打开方式如下：

1）在功能区的“主页”选项卡中单击“特征”→“旋转”。

2）依次单击“菜单”→“插入”→“设计特征”→“旋转”。

打开的“旋转”对话框如图 3-61 所示，对话框中各选项组及功能见表 3-12。

表 3-12　“旋转”选项组及功能

序号	选项组	功能	
1	表区域驱动（截面选项组）	当选中选项组中的“曲线”选项（默认选中）时，可在绘图区选取要用于旋转的截面曲线	
		当选中选项组中的“绘制截面”选项时，弹出“创建草图”对话框，可进行草图绘制	
2	轴	此选项组用来确定旋转轴的矢量方向。可以在“选择自动判断的矢量”下拉列表中选择矢量方向，也可以打开“矢量”对话框来定义矢量，单击“反向”可以更改旋转生成的实体的法线方向	指定矢量来设置旋转矢量
			指定点来设置旋转基点
3	限制	此选项组用来确定旋转的角度，可根据实际情况选择	开始/结束：指定旋转的开始/结束角度，总量不超过 360°，结束角度大于起始角度为正向，否则为反向
			直至选定：可以将截面的集合体旋转到目标实体上选定的面或基准平面上
4	布尔	此选项组用于设置旋转操作所创建的实体与原有实体之间的布尔运算操作，包括“自动判断”“无”“合并”“减去”“相交”	
5	偏置	用于指定偏置方向	无：直接以截面曲线生成旋转特征
			两侧：在截面曲线两侧生成旋转特征，以结束值和起始值之差为实体的厚度

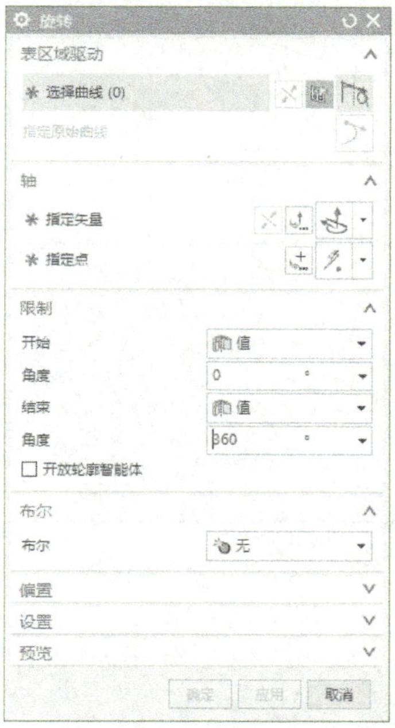

图 3-61　“旋转”对话框

2. 倒斜角

“倒斜角”用于在选定的实体面之间的锐边生成倾斜倒角，其操作方法与“倒圆”类似。“倒斜角”命令的调用方式如下：

1）在功能区的“主页”选项卡中单击“特征”→“倒斜角”。

2）依次单击“菜单”→“插入”→“细节特征”→“倒斜角”。

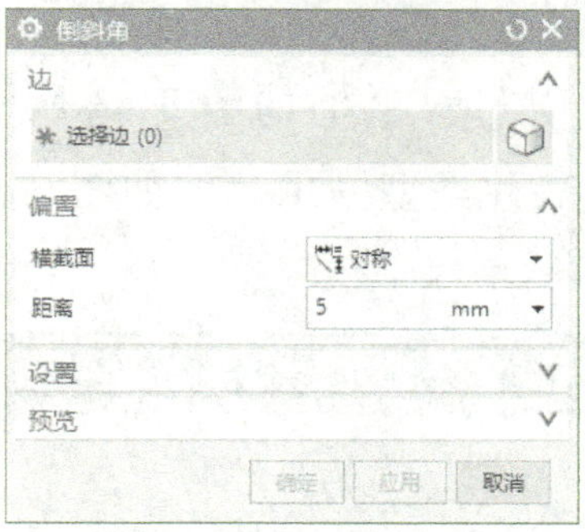

图 3-62　“倒斜角”对话框

倒斜角

打开的“倒斜角”对话框如图 3-62 所示，倒斜角的方式主要有“对称”“非对称”“偏置和角度”三种，其各自功能见表 3-13。

表 3-13　“倒斜角”选项及功能

选项	功能	模型图示
对称	此选项用于在两个面之间生成从边至两个面距离相等的简单倒角，需要定义偏置距离参数	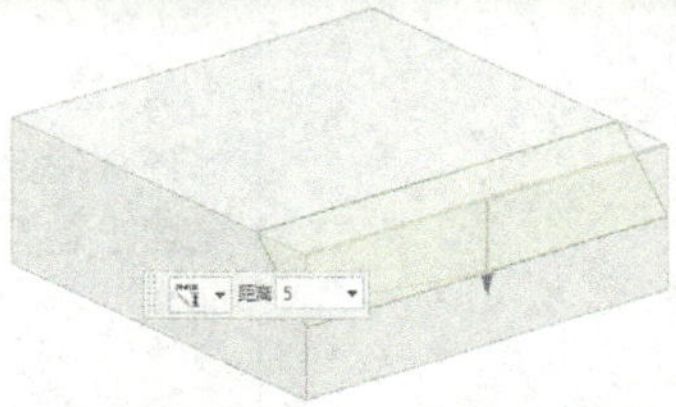

（续）

选项	功能	模型图示
非对称	此选项需要分别定义从边至两个面的不同偏置距离来创建倒角，可以通过“反向”来选择相反的偏置距离	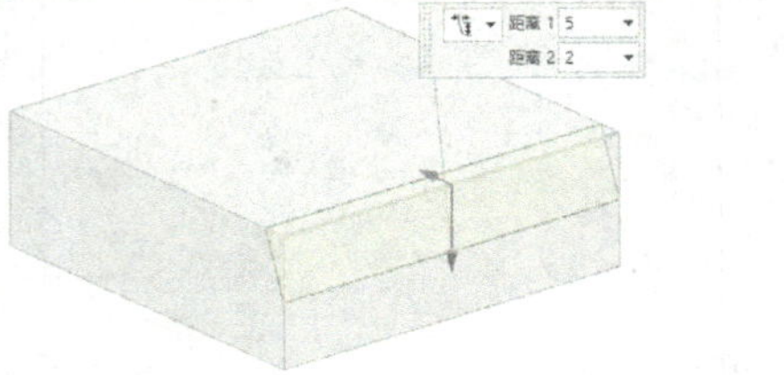
偏置和角度	此选项通过分别定义一个偏置距离和角度参数来创建倒角，可以通过“反向”来选择相反的偏置距离	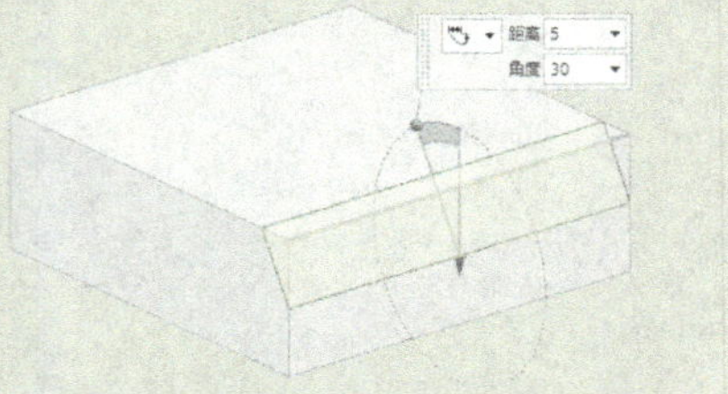

3. 创建槽

“槽”命令可以在圆柱面或圆锥面上创建矩形、球形端、U 形三种类型的环形凹槽。该命令的调用方式如下：

1）在功能区的“主页”选项卡中单击“特征”→“槽”。

2）依次单击“菜单”→“插入”→“设计特征”→“槽”。

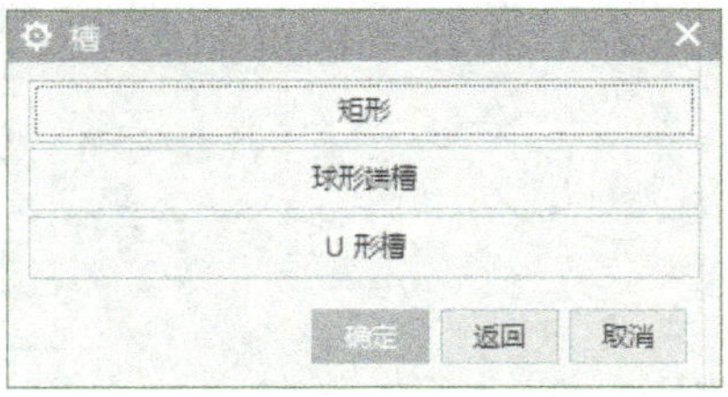

图 3-63 “槽”对话框

打开的“槽”对话框如图 3-63 所示，各选项组及功能见表 3-14，三种类型槽示意图如图 3-64 所示。

表 3-14 “槽”选项组及功能

序号	选项组	功能	对话框
1	矩形	通过输入槽直径和宽度参数值，在圆柱或圆锥面上创建截面为矩形的槽	
2	球形端槽	通过输入槽直径和球直径（槽的宽度）参数值，在圆柱或圆锥面上创建截面两端为球形的槽	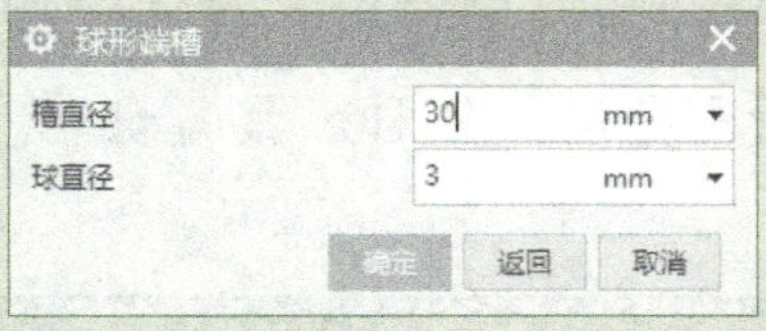
3	U 形槽	通过输入槽直径、宽度和角半径（槽的内部圆角半径）参数值，在圆柱或圆锥面上创建截面两端为 U 形（有圆角）的槽	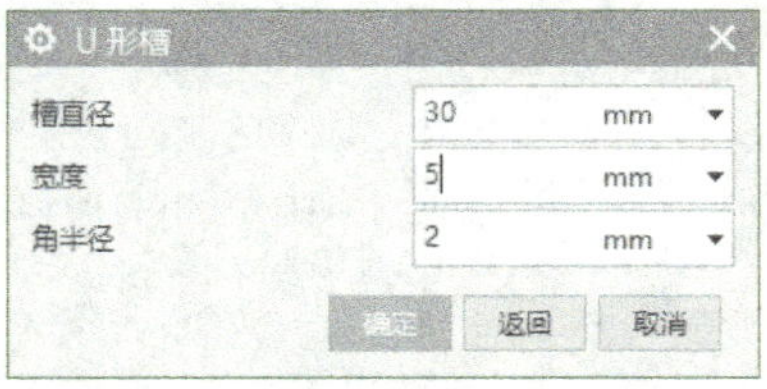

创建槽

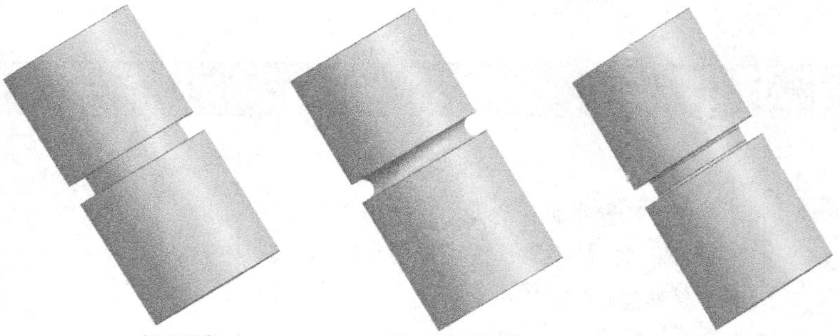

a) 矩形槽　　b) 球形端槽　　c) U形槽

图 3-64　三种类型槽示意图

【专家点拨】

1）槽直径参数：当生成外部槽时，应指定槽的内径；当生成内部槽时，应指定槽的外径。

2）创建 U 形槽时，槽的宽度应大于拐角半径值的两倍。

4. 创建键槽

创建键槽

“键槽”命令可以在实体的平面上创建矩形、球形、U 形、T 形、燕尾形五种类型的凹槽。在 UG NX 12.0 中，“键槽”命令处于隐藏状态。如图 3-65 所示，可以在命令搜索栏中搜索“键槽”，通过添加的方式将命令添加到功能区主页选项卡中和菜单中，再通过“定制”命令，将“键槽”命令拖动至“特征”面板下，并调用命令，方式如下：

1）在功能区的“主页”选项卡中单击“特征”→“键槽（原有）”。

2）依次单击“菜单”→“插入”→“设计特征”→“键槽（原有）”。

打开的“槽”对话框如图 3-66 所示。创建键槽只能在平面上操作，当在非平面上创建键槽特征时，需要先创建基准平面。“槽”对话框中各选项及功能见表 3-15。

图 3-65　查找并添加“键槽”命令

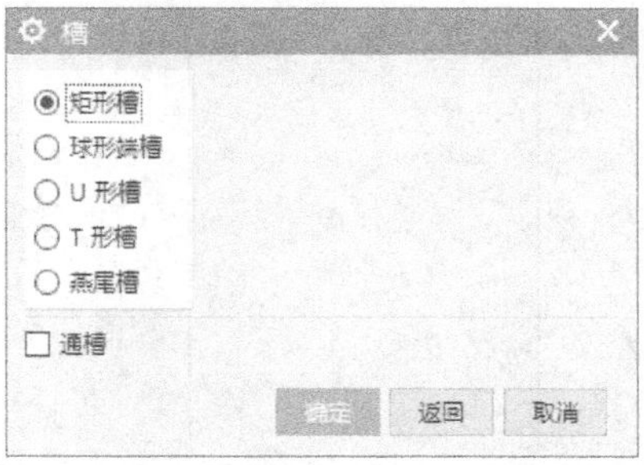

图 3-66　“槽”对话框

表 3-15 “槽”对话框中各选项及功能

序号	选项	功能	对话框
1	矩形槽	选定“放置平面”及“水平参考”后打开“矩形槽”对话框，通过输入槽的长度、宽度、深度参数值，并选择定位和表达式，在平面上创建截面为矩形的槽	
2	球形端槽	选定“放置平面”及“水平参考”后打开“球形槽”对话框，通过输入球直径、槽的深度和长度参数值，并选择定位和表达式，在平面上创建截面为球形的槽	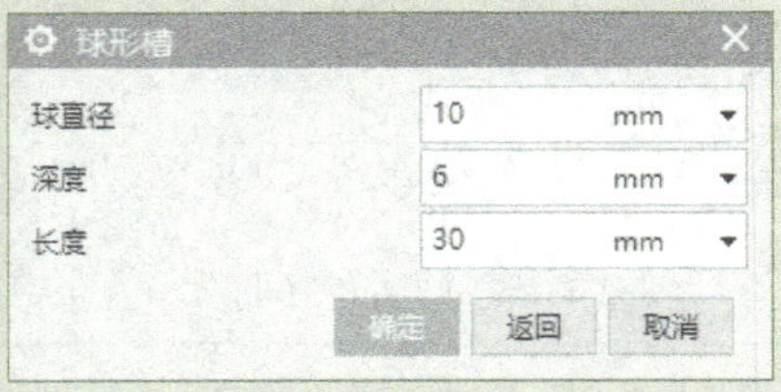
3	U 形槽	选定“放置平面”及“水平参考”后打开“U 形键槽”对话框，通过输入槽的宽度、深度角半径及长度参数值，并选择定位和表达式，在平面上创建截面为 U 形的键槽	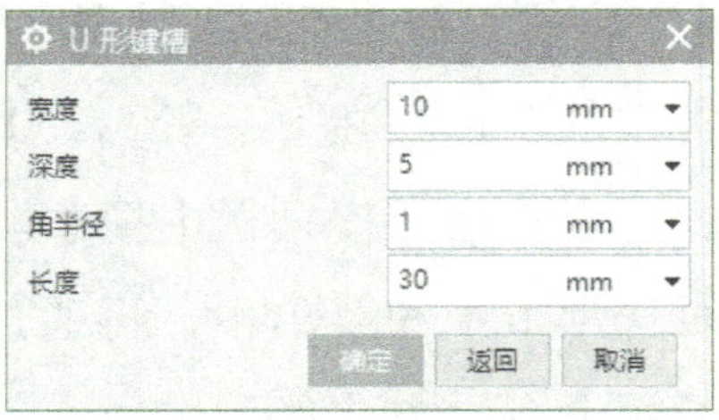
4	T 形槽	选定“放置平面”及“水平参考”后打开“T 形槽”对话框，通过输入槽的顶部和底部宽度、深度及槽的长度参数值，并选择定位和表达式，在平面上创建截面为 T 形的槽	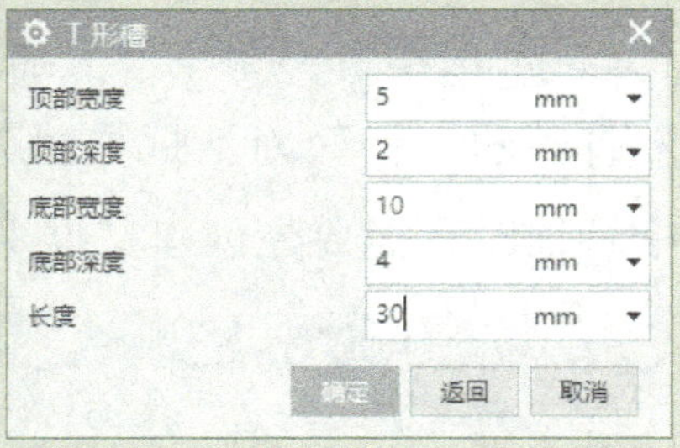
5	燕尾槽	选定“放置平面”及“水平参考”后打开“燕尾槽”对话框，通过输入槽的长度、宽度、深度及底面与侧壁的角度参数值，并选择定位和表达式，在平面上创建截面为燕尾形的槽	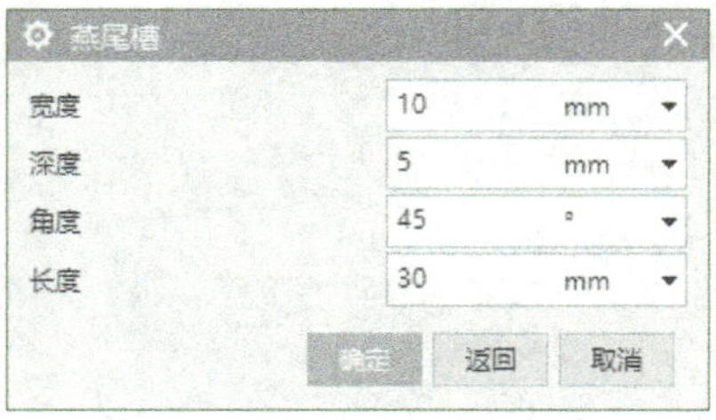

五、任务评价

任务完成后，按照表 3-16 对任务实施过程开展评价，进行任务总结与反思。

表 3-16　任务二考核评价表

项目与权重	考核内容	评价标准	自评	互评	教师评价
专业知识（20%）	(1)掌握对回转体进行旋转建模的方法（10 分）	未能掌握各相关命令的调用位置和方法,各命令误判每处扣 1 分			
	(2)掌握产品三维建模设计的基本流程和思路(10 分)	未能掌握产品三维建模设计流程,流程图绘制不合理等每处扣 1 分			
专业能力（30%）	(1)能够正确使用旋转、倒斜角、槽、键槽等特征建模、特征操作、特征编辑等相关命令完成产品的三维建模设计(10 分)	按照任务要求,使用建模命令完成任务的特征建模,缺少一个特征酌情扣 1~2 分			
	(2)具备在多种建模方法中选择最佳方法或最优建模路径的能力(10 分)	按照任务要求绘制简要建模流程图或表,根据建模流程的合理性酌情扣分			
	(3)能根据所学的建模功能自主进行简单的创意设计(10 分)	根据所学命令,自主进行类似产品创意设计,按照创意设计产品的结构合理性酌情扣分			
职业素养（20%）	(1)敬业守时、认真负责、踏实严谨、谦虚好学(5 分)	迟到、早退、无故缺勤等,每次扣 1 分			
	(2)具有良好的团队合作精神,能热心帮助其他同学完成任务(5 分)	不参加小组讨论,每次扣 1 分			
	(3)能准确、快速地表达个人思想和见解,能灵活运用所学知识,有创造性(10 分)	根据创意设计情况酌情扣分			
任务总结（30%）	(1)安全、有效地按照任务实施步骤完成阶梯轴零件的建模任务,主要包括螺纹、退刀槽、键槽、倒角等特征的创建(10 分)	根据任务中的特征建模情况酌情扣分,每缺少一个特征扣 1 分			
	(2)安全、有效地按照任务实施步骤完成阶梯轴零件的建模任务并做到尺寸准确(10 分)	根据任务中的尺寸情况酌情加分,每误做一个尺寸扣 1 分			
	(3)能进行归纳总结,得出规律和指导性经验,技术文件完整、规范、条理清晰,在任务结束后,反思自己的任务完成情况和质量(10 分)	根据总结和反思情况酌情扣分			
合计(自评占比 40%,互评占比 20%,教师评价占比 40%)					

任务三　圆方弹筒零件的建模

一、任务描述

按照要求完成如图 3-67 所示弹筒零件的建模。此零件来源于某军工企业自主设计加工的产品，主体为圆筒结构，顶端和底端包含法兰连接结构，筒身上有四个凸台对称均布。任务要求完成零件上所有特征的建模。

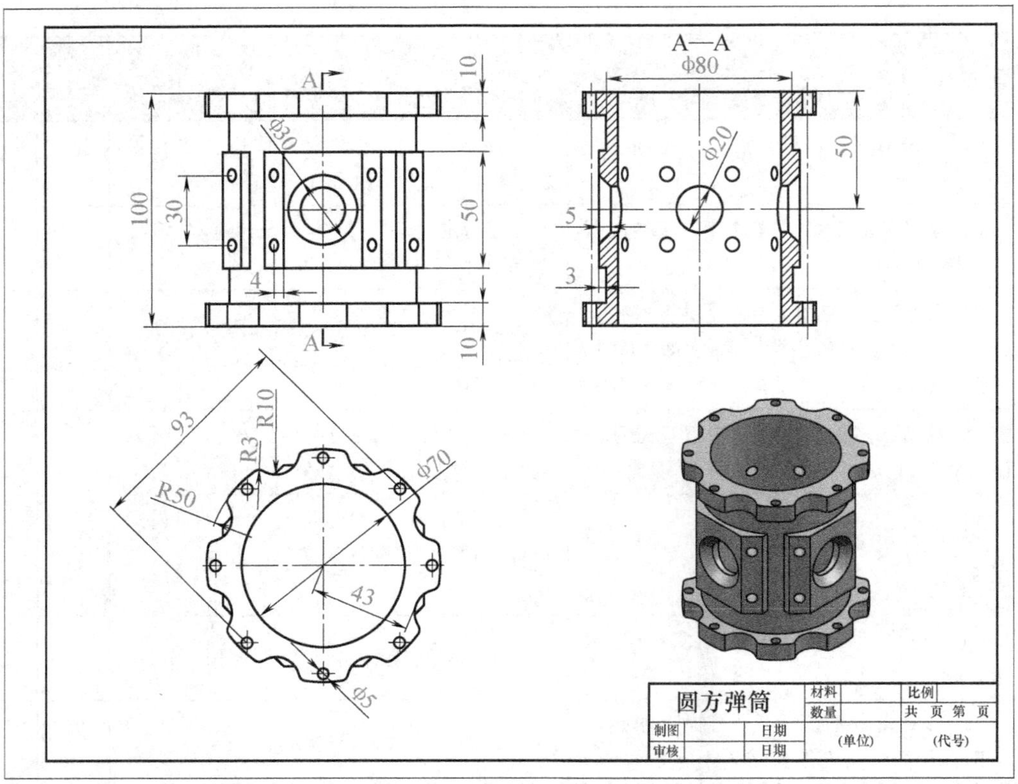

图 3-67　圆方弹筒零件图

二、任务分析

此弹筒零件中具有圆柱、孔、凸台、斜角等结构。顶端和底端齿形法兰为中心对称结构，创建底端法兰模型时，可先绘制草图然后进行拉伸，而顶端法兰可通过镜像底端法兰来创建。建模过程中还需运用基准面、阵列特征等命令。

三、任务实施

打开源文件素材包\NX 12.0\项目三\任务三\任务实施\，进行圆方弹筒零件的建模，具体步骤如下。

圆方弹筒建模

1. 创建弹筒筒身

(1) 创建筒身圆柱

单击“主页”选项卡“特征”面板“设计特征”选项组中的“圆柱”按钮，以基准坐标系原点为底面圆心，创建直径为 ϕ80mm、高度为 100mm 的圆柱体。

(2) 创建筒身内孔

在“主页”选项卡的“特征”面板中单击“孔”按钮，选择圆柱上表面作为孔中心放置面，在“孔”对话框中选择常规孔中的简单孔，创建直径为 70mm、深度大于圆柱体高度的孔，如图 3-68 所示。

图 3-68　创建弹筒筒身

2. 创建弹筒底端法兰

（1）创建底端法兰草图

选择筒身底面作为法兰草图放置面，进入草图，按照图样要求绘制法兰草图。首先绘制草图 X、Y 两个方向的中心线；其次绘制法兰 ϕ70mm 内孔和 ϕ100mm 的齿形外圆以及 ϕ93mm 的圆作为 8 个 ϕ5mm 小圆的定位中心圆。绘制法兰其中一个齿形和 ϕ5mm 的小圆，通过“阵列曲线”命令完成其他齿形的绘制，在对话框中选择齿形和小圆作为要阵列的曲线，“布局”选择圆形，“旋转点”指定法兰内孔圆心点，“间距”选择数量和跨距，“数量”为 8，“跨角”为 360°，完成阵列后创建如图 3-69 所示草图。

（2）拉伸创建底端齿形法兰

单击“拉伸”按钮，打开“拉伸”对话框，“表区域驱动”选项组中选择法兰草图曲线，矢量方向选择 Z 轴正方向，拉伸距离设置为 10mm，如图 3-70 所示，完成底端齿形法兰的创建。

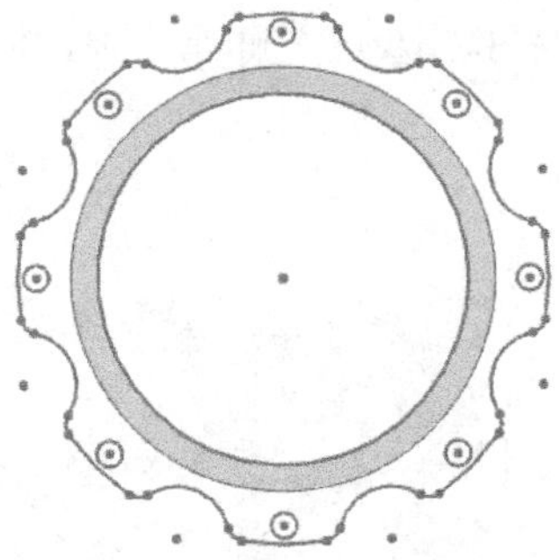
图 3-69　创建底端法兰草图

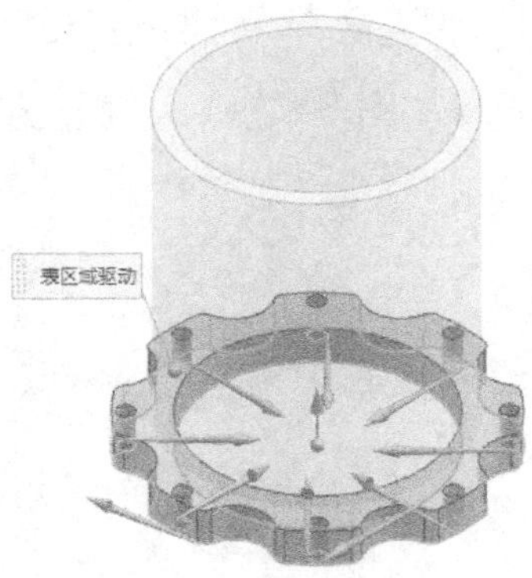

图 3-70　创建底端齿形法兰

3. 创建弹筒顶端法兰

（1）创建基准面 1

顶端法兰与底端法兰形状特征相同，可以通过“镜像特征”命令创建顶端法兰。在镜像之前需要指定平面作为镜像平面，在此创建一个基准面作为镜像平面。单击“基准平面”按钮，打开如图 3-71 所示“基准平面”对话框，在“类型”选项组中选择“XC-YC 平面”，距离设置为 50mm，平面方位设置为 Z 轴正向，创建如图 3-72 所示基准平面 1。

（2）镜像创建顶端法兰

在“主页”选项卡的“关联复制”面板中单击“镜像特征”按钮，打开“镜像特征”对话框，选择底端法兰作为要镜像的特征，选择基准平面 1 作为镜像平面，确定后完成镜像，创建顶端法兰，如图 3-73 所示。

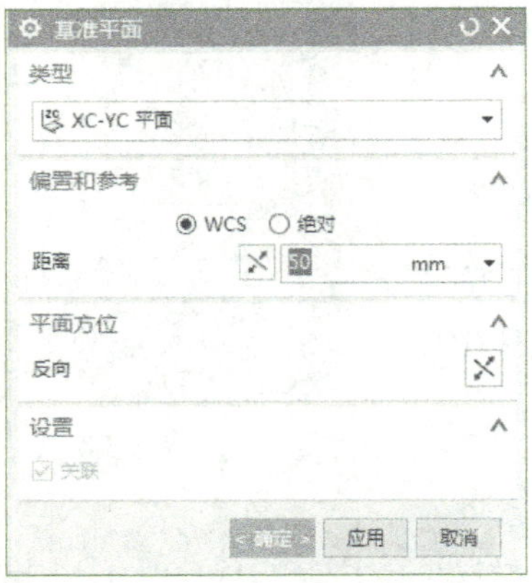

图 3-71 “基准平面”对话框

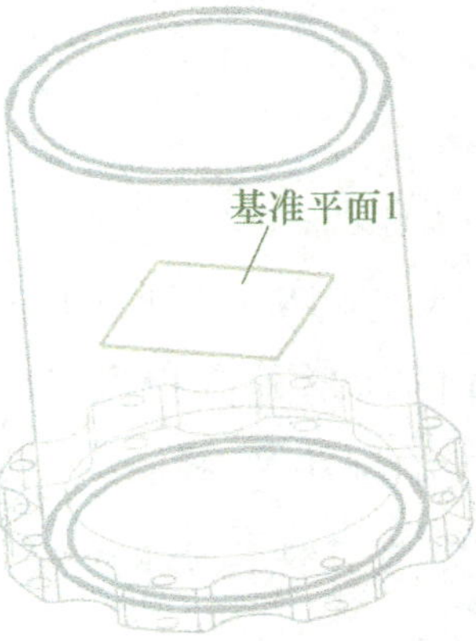

图 3-72 创建基准平面 1

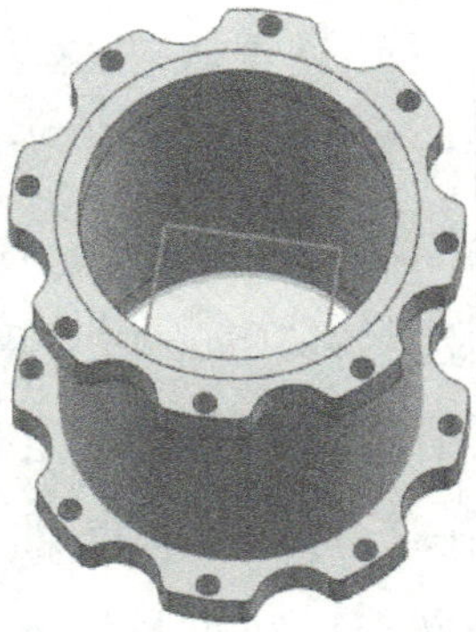

图 3-73 创建顶端法兰

（3）合并特征

单击“布尔”选项组中的“合并”按钮，将弹筒筒身、底端法兰、顶端法兰三个特征合并为一体。

4. 创建弹筒筒身方凸台

（1）创建筒身方凸台

通过“拉伸”命令创建方凸台，草图放置平面选择“XC-ZC 平面”，按照图样要求偏置距离为 43mm（图 3-74a），偏置方向为 Y 轴正方向（图 3-74b），创建如图 3-74c 所示方凸台草图。

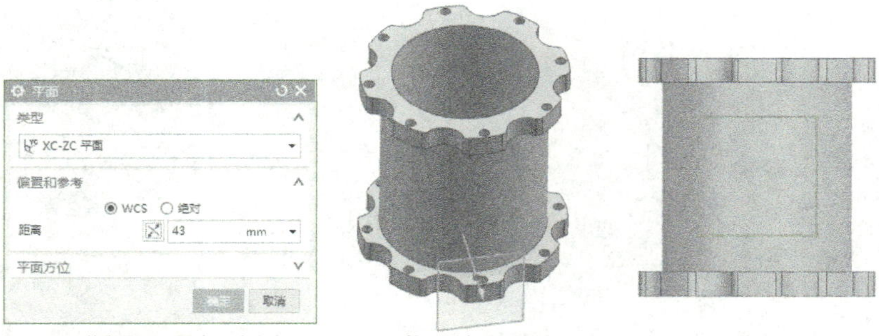

a) 草图平面对话框　　b) 草图放置平面　　c) 创建方凸台草图

图 3-74 创建方凸台草图

单击“拉伸”按钮，打开如图 3-75 所示“拉伸”对话框，选择草图曲线作为拉伸截面，拉伸方向垂直于草图平面指向弹筒内部，“结束”选项选择“直至选定”，对象选择筒身，“布尔”选项选择“合并”，将凸台与筒身合并，拉伸完成后创建如图 3-76 所示方凸台。

（2）创建凸台边倒角

单击“特征”面板中的“倒斜角”按钮，打开如图 3-77 所示“倒斜角”对话框，分别选择方凸台左右两个棱边，“横截面”选择对称，“距离”设置为 8mm，完成后在凸台上

图 3-75　拉伸方凸台对话框

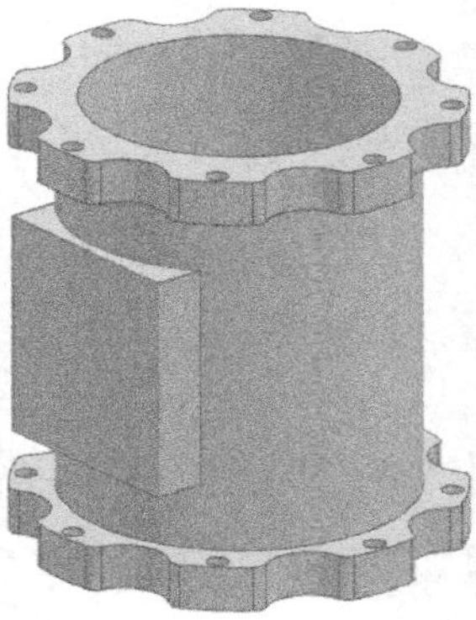

图 3-76　创建方凸台

图 3-77　“倒斜角”对话框

创建如图 3-78 所示的斜角。

（3）创建凸台上埋头孔

单击“特征”面板中的“孔”按钮，指定方凸台中心为孔截面中心，形状选择“埋头”，“埋头直径”设置为 30mm，底孔“直径”设置为 20mm，“布尔”选项选择“减去”，选择筒身，完成埋头孔的创建，如图 3-79 所示。

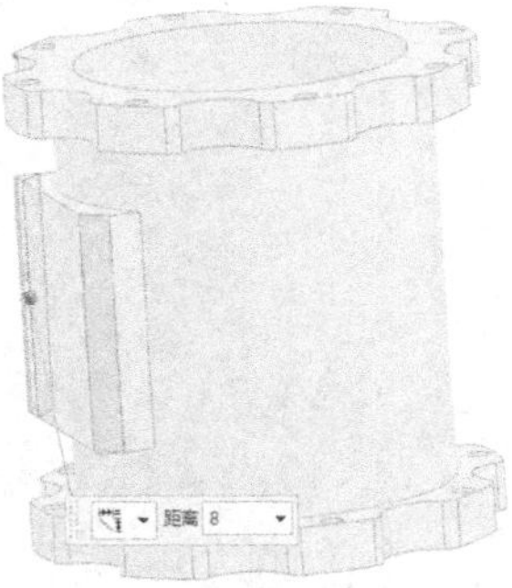

图 3-78　创建凸台斜角

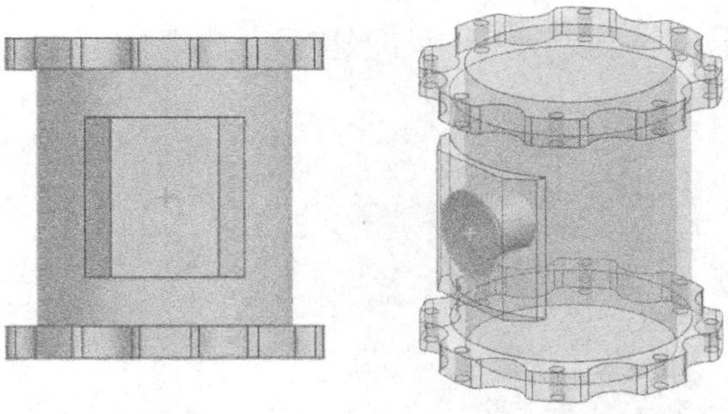

a) 埋头孔截面中心点　　b) 创建埋头孔

图 3-79　创建凸台埋头孔

【专家点拨】

在创建方凸台的过程中，拉伸时需同时进行合并操作，以避免在创建埋头孔时，出现孔只能穿透凸台而不能穿透筒身的情况。

（4）创建凸台右侧小孔

选择“拉伸”命令创建斜角上右侧的两个小孔。以右侧斜面作为草图放置面，绘制两个小孔的截面圆曲线，拉伸距离设置为 20mm，完成后创建如图 3-80 所示的两个小孔。

（5）镜像创建凸台左侧小孔

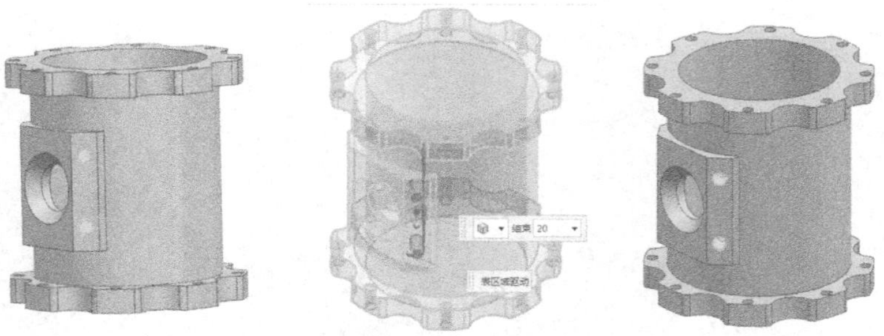

a) 绘制小孔截面曲线　　b) 拉伸创建小孔　　c) 完成小孔创建

图 3-80　创建凸台右侧小孔

单击“镜像特征”按钮，如图 3-81 所示，选择右侧两个小孔作为要镜像的特征，选择基准坐标系的 YOZ 平面作为镜像平面，完成镜像后创建出凸台左侧小孔，如图 3-82 所示。

5. 阵列创建其余三个凸台

弹筒筒身外另外三个凸台与已创建的凸台形状相同，呈中心对称，可运用“阵列特征”命令创建。打开如图 3-83 所示“阵列特征”对话框，选择凸台上的所有特征作为要阵列的特征，“布局”选择圆形，“旋转轴”选择 Z 轴，“斜角方向”选项组中，“间距”选择“数量和跨距”，“数量”设置为 4，“跨角”设置为 360°，通过阵列完成其余三个凸台的创建，如图 3-84 所示。

至此，圆方弹筒零件建模完成。

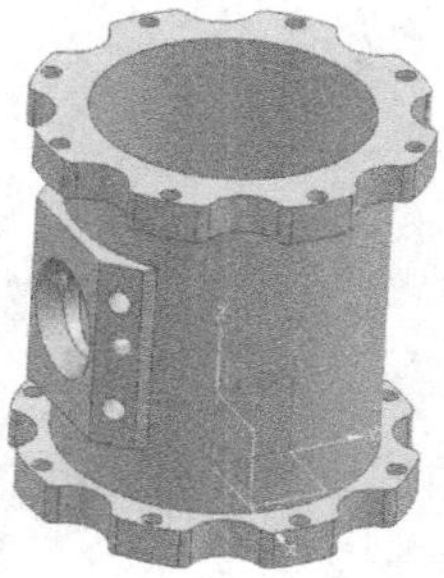

图 3-81　镜像平面

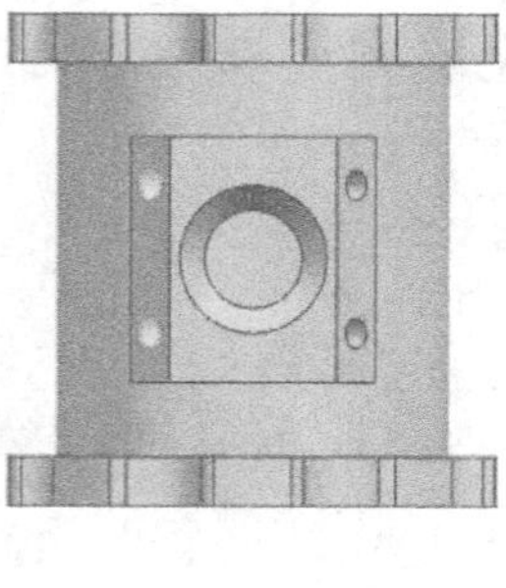

图 3-82　创建凸台左侧小孔

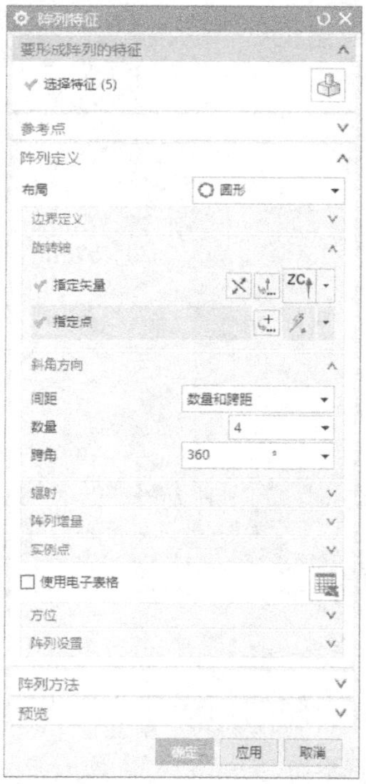

图 3-83　“阵列特征”对话框

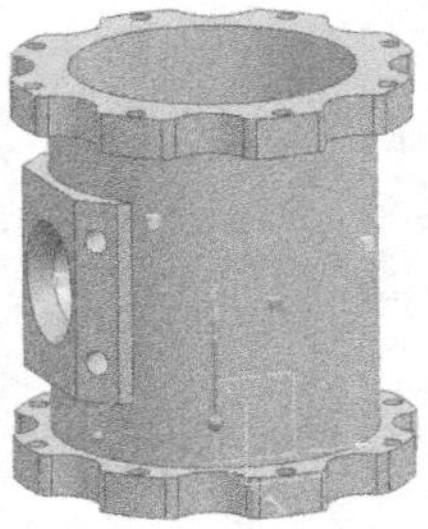

a) 创建阵列旋转轴

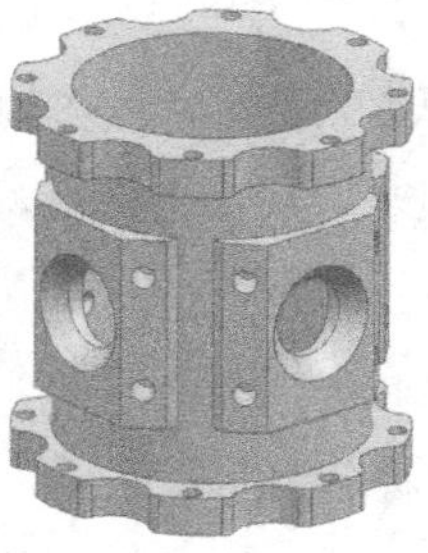

b) 阵列创建凸台

图 3-84　阵列创建三个凸台

【专家点拨】

在创建三个凸台的过程中，“阵列特征”与“阵列几何特征”两个命令均适用，两个命令的操作方法类似，“阵列几何特征”针对几何体，“阵列特征”针对单个特征。

四、知识链接

1. 阵列特征

“阵列特征”命令可以将选定的特征通过不同的布局进行排列复制。该命令的调用方式如下：

1）在功能区的“主页”选项卡中单击“特征”→“阵列特征”。

2）依次单击“菜单”→“插入”→“关联复制”→“阵列特征”。

打开的“阵列特征”对话框如图 3-85 所示，阵列的布局类型有“线性”“圆形”“多边形”“螺旋”等 8 种，常用的布局类型及其功能见表 3-17。

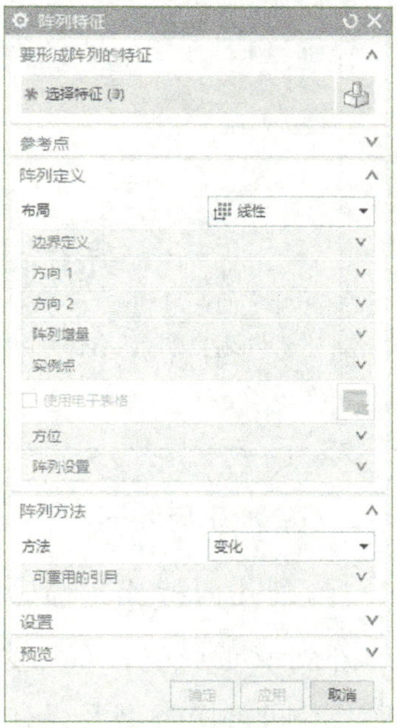

图 3-85　“阵列特征”对话框

阵列特征

表 3-17　“阵列特征”常用布局类型及功能

序号	布局类型	功能	模型图示
1	线性	选择需要阵列的特征，指定不同阵列的方向矢量，确定阵列复制的数量和特征之间的间距“节距”进行阵列，如右图所示	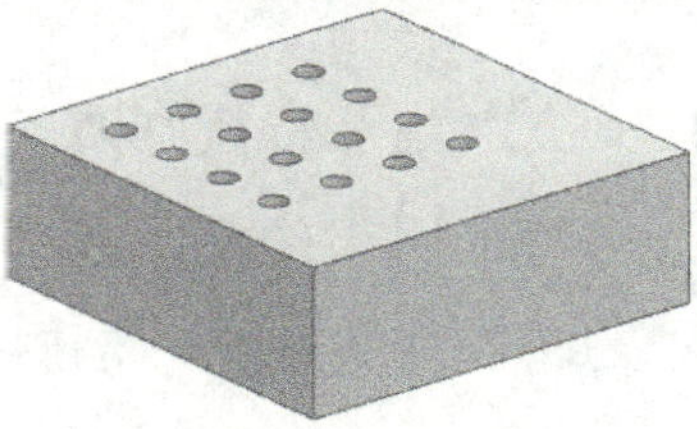
2	圆形	选择需要阵列的特征，指定矢量和点确定旋转轴，通过“数量和间隔”“数量和跨距”“节距和跨距”三种形式确定阵列间距进行阵列，如右图所示	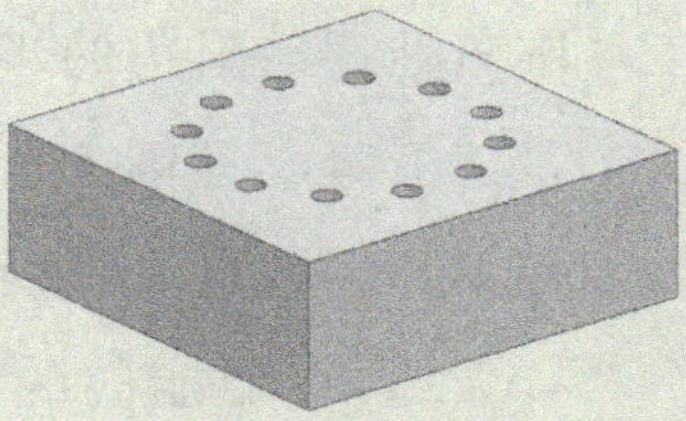
3	多边形	选择需要阵列的特征，指定矢量和点确定旋转轴，通过“每边数量”“沿边节距”两种形式确定多边形阵列间距进行阵列，如右图所示	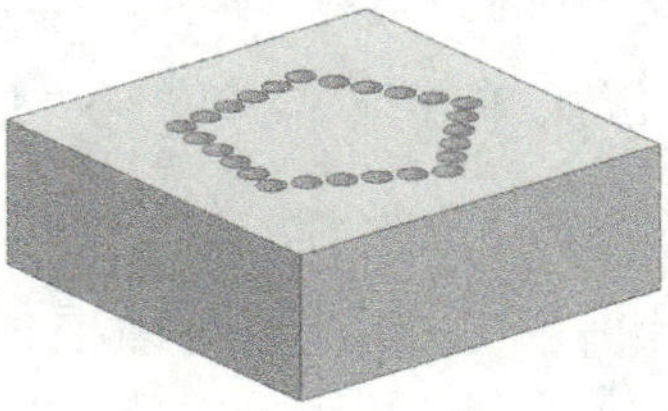

（续）

序号	布局类型	功能	模型图示
4	螺旋	选择需要阵列的特征，通过指定螺旋平面法向矢量、确定方向、圈数、径向和螺旋向节距等参数值确定出螺旋线，从而沿着螺旋线进行阵列，如右图所示	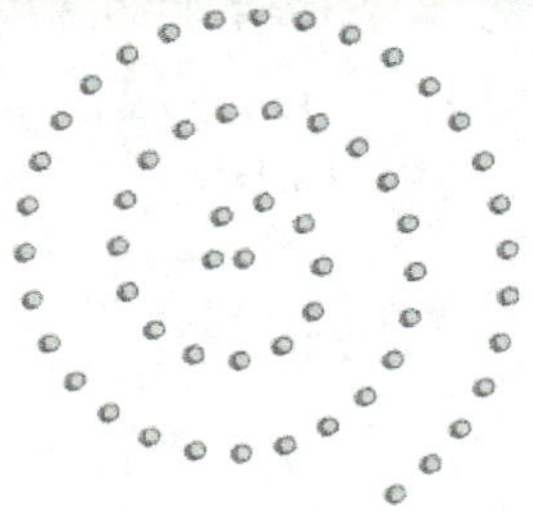
5	沿	选择需要阵列的特征，通过选择路径曲线并确定间距和位置，使特征沿着指定的路径进行阵列复制，如右图所示	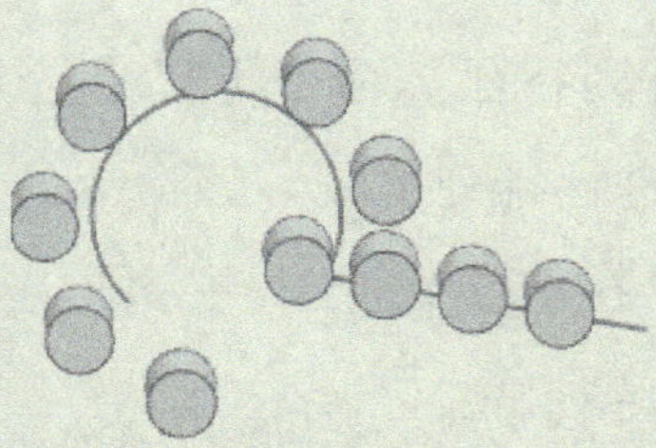

阵列几何特征——线性阵列

阵列几何特征——圆形阵列

阵列几何特征——其他阵列布局

边倒圆

2. 阵列几何特征

“阵列几何特征”命令主要是针对几何体的操作，用于将几何体复制到不同的阵列或布局中，布局类型同样包含“线性”“圆形”“多边形”“螺旋”等8种，不同布局类型及操作方式与“阵列特征”命令类似，在此不再赘述。该命令的调用方式如下：

1）在功能区的“主页”选项卡中单击“特征”→“阵列几何特征”。

2）依次单击“菜单”→“插入”→“关联复制”→“阵列几何特征”。

3. 边倒圆

细节特征有助于改善零件的加工制造工艺，UG NX 12.0中提供了多种细节特征用于建模，包括边倒圆、面倒圆、样式倒圆、美学面倒圆、桥接、倒圆拐角、样式拐角、倒斜角、拔模、拔模体等。

“边倒圆”是指对选定的面之间的锐边进行倒圆角处理，圆角的半径可以是恒定值也可以是变量，恒定半径则为等半径倒圆角，变量半径则为变半径倒圆角。“边倒圆”命令的调用方式如下：

1）在功能区的“主页”选项卡中单击“特征”→“边倒圆”。

2）依次单击“菜单”→“插入”→“细节特征”→“边倒圆”。

打开的“边倒圆”对话框如图3-86所示，其中主要选项的功能见表3-18。

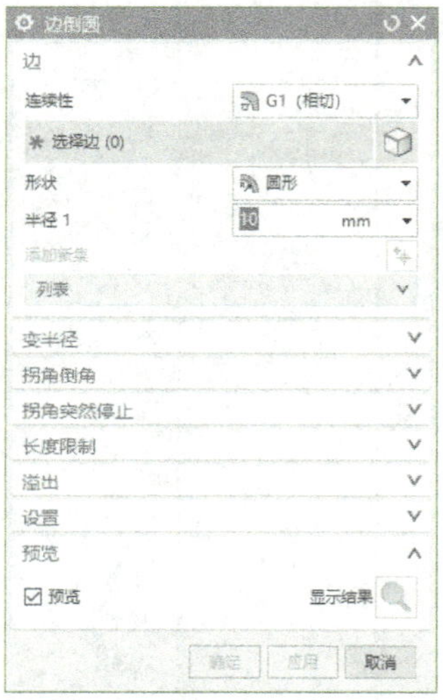

图3-86 “边倒圆”对话框

表 3-18 “边倒圆”主要选项及功能介绍

序号	选项	功能	模型图示
1	边	选定需要进行倒圆角的边，并指定圆角形状和半径进行边倒圆。在选项组中单击“添加新集”选项可以新建不同半径的圆角集，每个圆角集可以选择多条边，利用圆角集列表来管理。如右图所示的半径 1 和半径 2 分别为两个圆角集	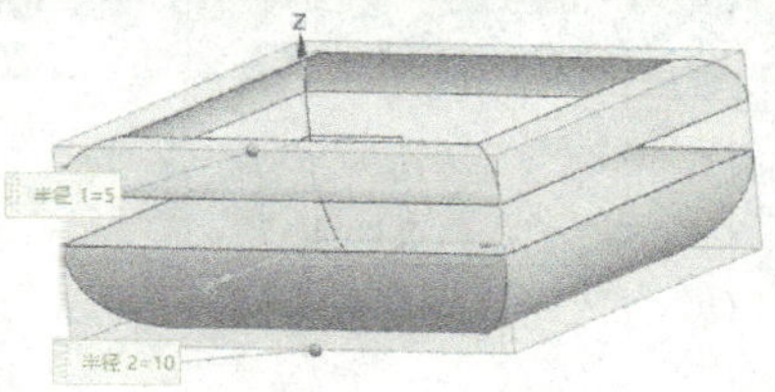
2	变半径	通过沿着选中的边指定多个点并分别确定每个点上的半径可以生成一个可变半径圆角，如右图所示	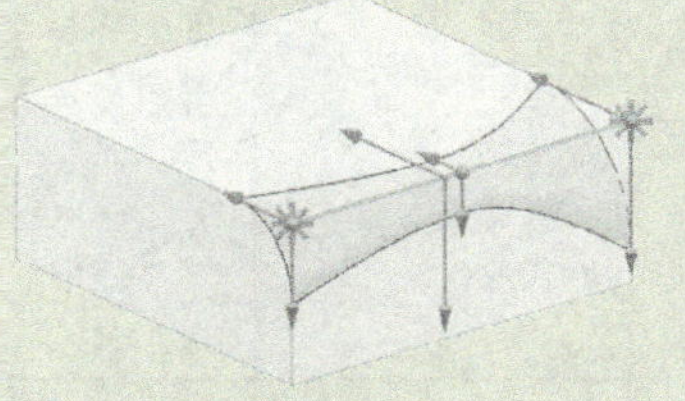
3	拐角倒角	生成一个拐角圆角，右图所示为包含拐角和分离拐角两种拐角圆角的生成情况	包含拐角 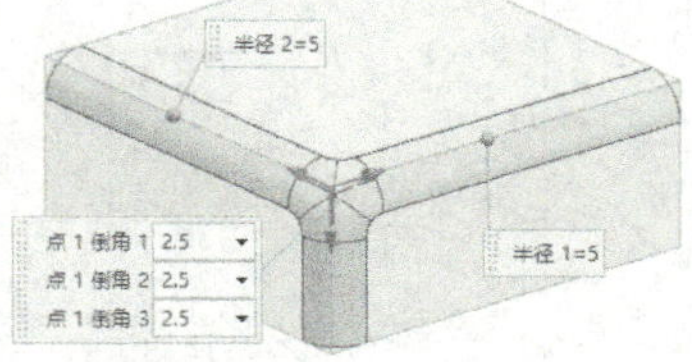 分离拐角 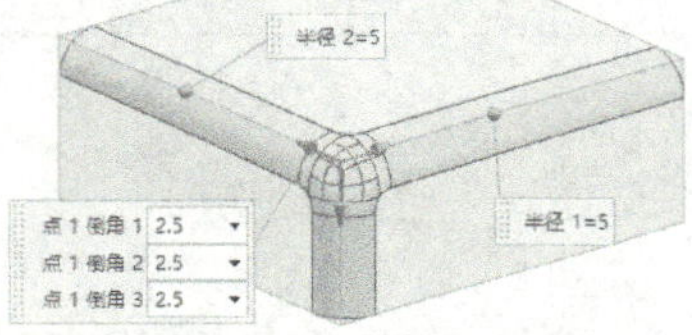
4	拐角突然停止	通过选择端点和停止位置来创建具有指定长度的边倒圆	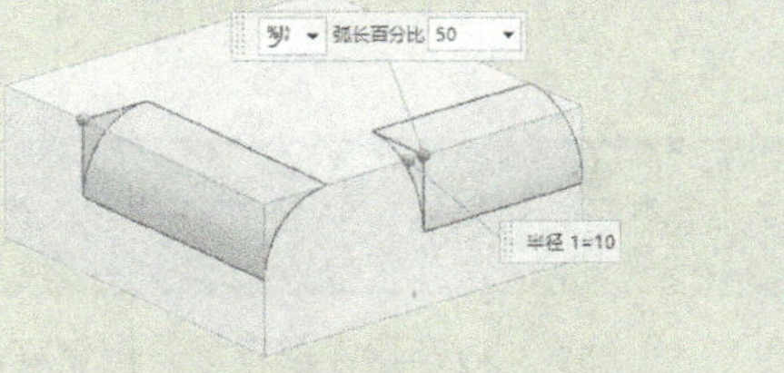

4. 面倒圆

“面倒圆”用于在选定的面组之间生成与面组相切的圆角，圆角的形状可以是圆形、二次曲线或规律控制。圆角的半径可以是恒定值也可以是变量，也可定义限制曲线来设置圆角半径。“面倒圆”命令的调用方式如下：

1）在功能区的“主页”选项卡中单击“特征”→“面倒圆”。

2）依次单击“菜单”→“插入”→“细节特征”→“面倒圆”。

打开的“面倒圆”对话框如图 3-87 所示，其中主

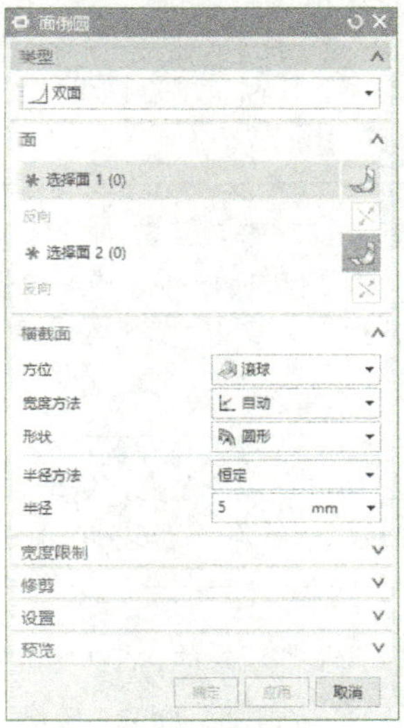

图 3-87 “面倒圆”对话框

面倒圆

要选项的功能见表 3-19。

表 3-19 “面倒圆”主要选项及功能

序号	选项		功能
1	类型		分为双面和三面两种类型,双面用于指定两个面链和半径来创建圆角,三面用于指定两个面链和中间面来完全倒圆角,三面类型如图所示 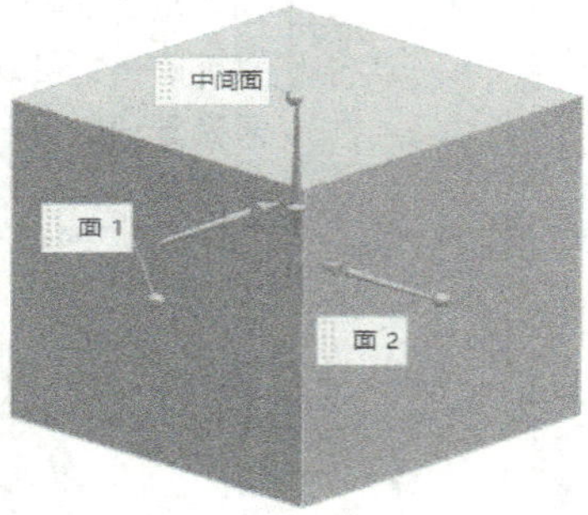
2	横截面	方位	用于确定横截面的位置,“滚球”指横截面在球沿面滚动时遵循滚球的中心,“扫掠圆盘”指横截面垂直于脊线,需要指定曲线作为脊线
		形状	用于确定圆角横截面的形状,其中“圆形”指横截面为圆形,“对称相切”指圆角具有二次曲线横截面等
		半径方法	恒定:圆角的半径恒定不变
			可变:圆角半径可变,根据不同的规律类型和参数值改变圆角半径
			限制曲线:由限制曲线定义圆角半径,该曲线在定义的面链内,与倒圆始终保持接触

五、任务评价

任务完成后，按照表 3-20 对任务实施过程开展评价，进行任务总结与反思。

表 3-20 任务三考核评价表

考核项目与权重	考核内容	评价标准	自评	互评	教师评价
专业知识(20%)	(1)掌握阵列特征的操作方法及其功能和使用(10 分)	未能掌握各相关命令的调用位置和方法,各命令误判每处扣 1 分			
	(2)掌握产品三维建模设计的基本流程和思路(10 分)	未能掌握产品三维建模设计流程,流程图绘制不合理等每处扣 1 分			
专业能力(30%)	(1)能够正确使用阵列特征、阵列几何特征、边倒圆、面倒圆等特征建模、特征操作、特征编辑等相关命令完成产品的三维建模设计(10 分)	按照任务要求,应用建模命令完成任务的特征建模,缺少一个特征酌情扣 1~2 分			
	(2)具备在多种建模方法中选择最佳方法或最优建模路径的能力(10 分)	按照任务要求绘制简要建模流程图或表,根据建模流程的合理性酌情扣分			
	(3)能根据所学的建模功能自主进行简单的创意设计(10 分)	根据所学命令,自主进行类似产品创意设计,按照设计产品的结构合理性酌情扣分			

（续）

考核项目与权重	考核内容	评价标准	自评	互评	教师评价
职业素养（20%）	（1）敬业守时、认真负责、踏实严谨、谦虚好学（5分）	迟到、早退、无故缺勤等，每次扣1分			
	（2）具有良好的团队合作精神，能热心帮助其他同学完成任务（5分）	不参加小组讨论，每次扣1分			
	（3）能准确、快速表达个人思想和见解，能灵活运用所学知识，有创造性（10分）	根据创意设计情况酌情扣分			
任务总结（30%）	（1）安全、有效地按照任务实施步骤完成圆方弹筒零件的建模任务，主要包括圆柱、孔、凸台、斜角等特征的创建（10分）	根据任务中的特征建模情况酌情扣分，每缺少一个特征扣1分			
	（2）安全、有效地按照任务实施步骤完成圆方弹筒零件的建模任务并做到尺寸准确（10分）	根据任务中的尺寸情况酌情扣分，每误做一个尺寸扣1分			
	（3）能进行归纳总结，得出规律和指导性经验，技术文件完整、规范、条理清晰，在任务结束后，反思自己的任务完成情况和质量（10分）	根据总结和反思情况酌情扣分			
合计（自评占比40%，互评占比20%，教师评价占比40%）					

任务四　舱体零件的建模

一、任务描述

按照要求完成如图3-88所示舱体零件的建模。舱体零件模型来源于我国航天新一代可重复使用载人飞船的返回舱。新一代载人飞船瞄准登陆月球的世界先进水平，特点是可重复使用，具备多种用途，载人数多。为了实现可重复使用，新一代载人飞船的返回舱使用了“金属结构+防热结构”的锥形设计，其耐热能力可达到神舟飞船的3~4倍，保障飞船安全返回地面。

二、任务分析

此零件为薄壁壳体，零件主体形状为锥形，可通过拔模特征创建，薄壁结构可采用抽壳命令完成。此外，该零件具有圆柱、孔、凸台、凹槽等结构。

三、任务实施

舱体建模

打开源文件素材包\NX 12.0\项目三\任务四\任务实施\，进行舱体零件的

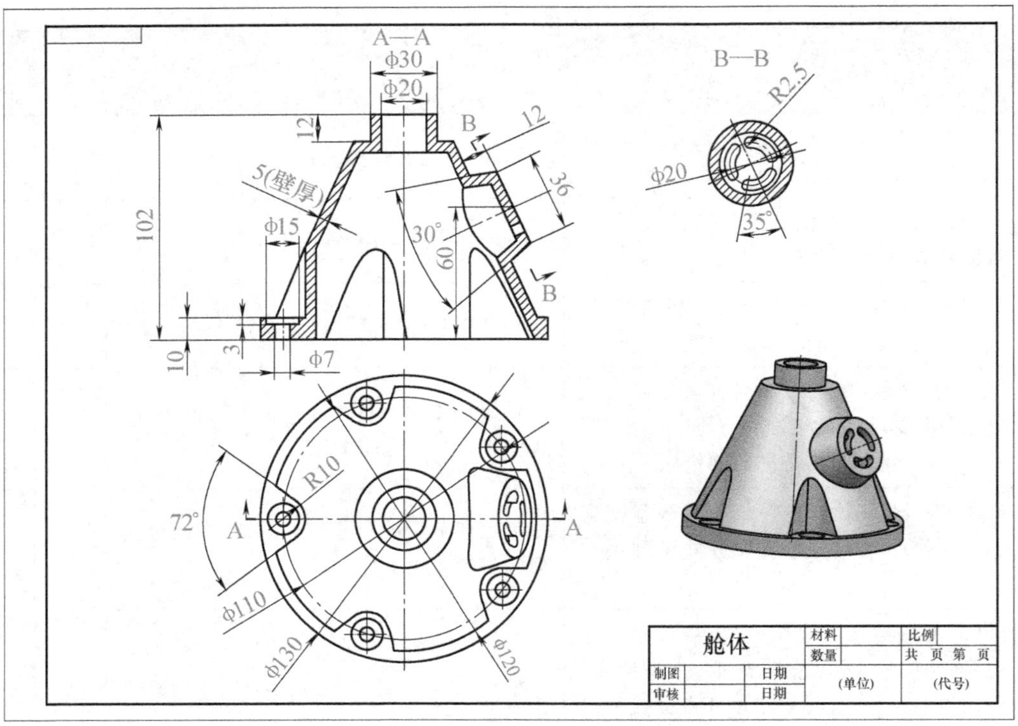

图 3-88　舱体零件图

建模，具体步骤如下。

1. 创建舱体底座

单击“主页”选项卡“特征”面板“设计特征”选项组中的“圆柱”按钮，以基准坐标系原点为底面圆心，创建直径为 φ130mm、高度为 10mm 的圆柱体。

2. 创建舱体主体

（1）创建舱体主体圆柱体

单击“主页”选项卡“特征”面板“设计特征”选项组中的“圆柱”按钮，以底座上表面中心为底面圆心，创建直径为 120mm、高度为 80mm 的圆柱体。

（2）舱体主体拔模

单击“主页”选项卡“特征”面板“细节特征”选项组中的“拔模”按钮，打开如图 3-89 所示“拔模”对话框，在“类型”选项组中选择“分型边”，选择 Z 轴正方向矢量作为“脱模方向”，选择舱体圆柱体下表面作为“固定面”，选择圆柱上表面外棱边作为 Parting Edges（分型边），输入拔模角度 25°，完成舱体拔模，如图 3-90 所示。

图 3-89　“拔模”对话框

3. 创建舱顶凸台

（1）绘制凸台草图

在舱体顶端表面绘制凸台曲线，如图 3-91 所示。

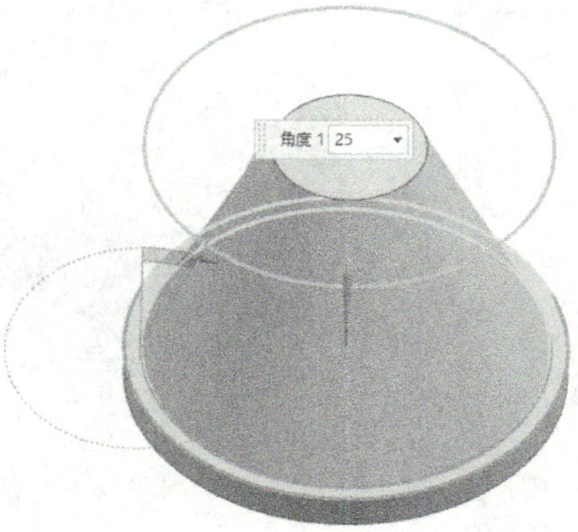

图 3-90　舱体拔模

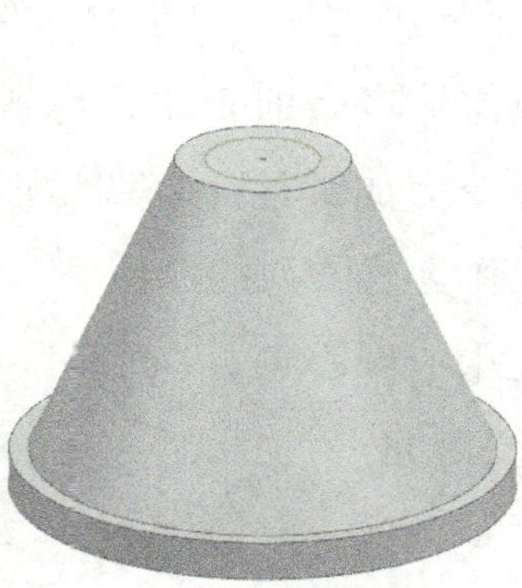

图 3-91　绘制凸台曲线

（2）创建舱顶凸台

在“主页”选项卡“特征”面板的“设计特征”中选择组中单击“凸起”按钮，打开如图 3-92 所示对话框，选择舱体顶面上的圆作为“表区域驱动”的曲线，选择舱体顶面作为“要凸起的面”，“凸起方向”指定凸台生成方向（Z 轴正方向），距离设置为 12mm，创建如图 3-93 所示凸台。

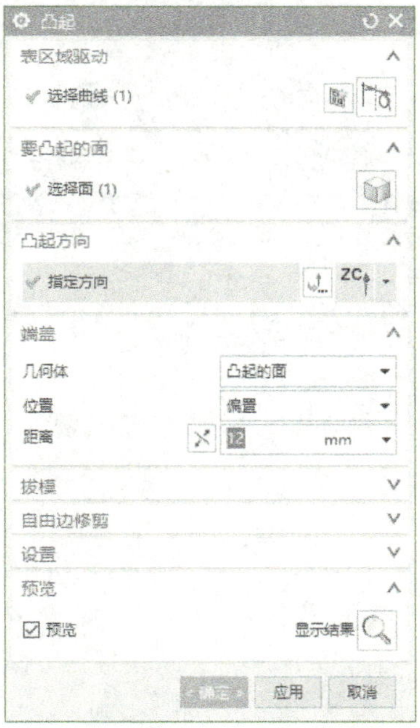

图 3-92　“凸起”对话框

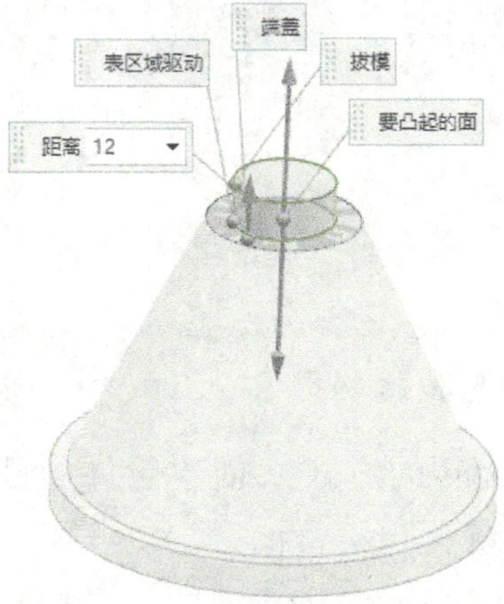

图 3-93　创建舱顶凸台

4. 创建舱体底端凹槽

通过拉伸除料的方法来创建舱体底端凹槽，首先需要绘制拉伸除料的凹槽草图。

（1）绘制凹槽草图

选择舱体底座表面作为凹槽草图放置面，进入草图，按照图样要求先绘制其中一条凹槽曲线。首先绘制 ϕ110mm 的圆作为中心定位圆，然后绘制其中一条凹槽曲线中 ϕ20mm 的小圆，绘制两条直线与小圆外切，同时约束两条直线的角度为72°。为了便于拉伸，在实体外绘制一条边界线连接两条外切直线，裁剪掉多余的直线，得到一条凹槽曲线。通过“阵列曲线”命令完成其他4个凹槽曲线的绘制，在对话框中选择凹槽曲线作为要阵列的曲线，“布局”选择“圆形”，“旋转点”指定中心圆心点，“间距”选择“数量和跨距”，“数量”为5，“跨角”为360°，完成阵列后创建如图3-94所示草图。

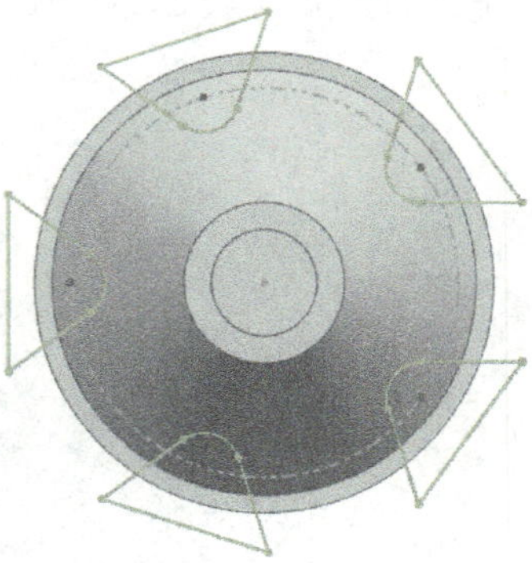

图3-94 绘制凹槽草图

（2）拉伸创建底端凹槽

单击“拉伸”按钮，打开“拉伸”对话框，在“表区域驱动”选项组中选择5个凹槽的所有曲线，如图3-95所示，矢量方向选择Z轴正方向，拉伸距离设置为50mm，“布尔”选项组选择“减去”，选择舱体主体作为布尔运算的目标体，完成拉伸后创建如图3-96所示凹槽。

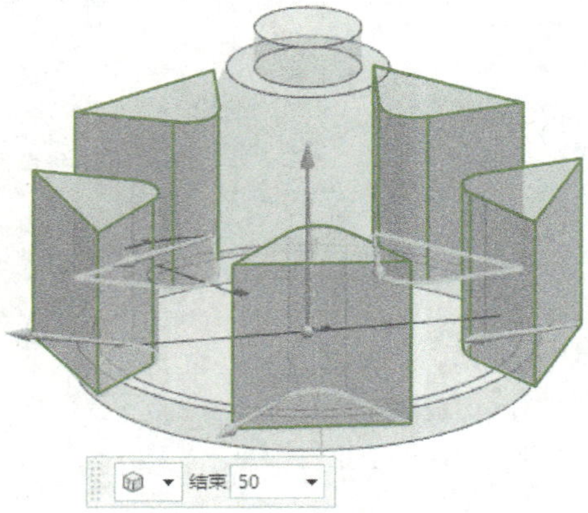

图3-95 拉伸除料过程

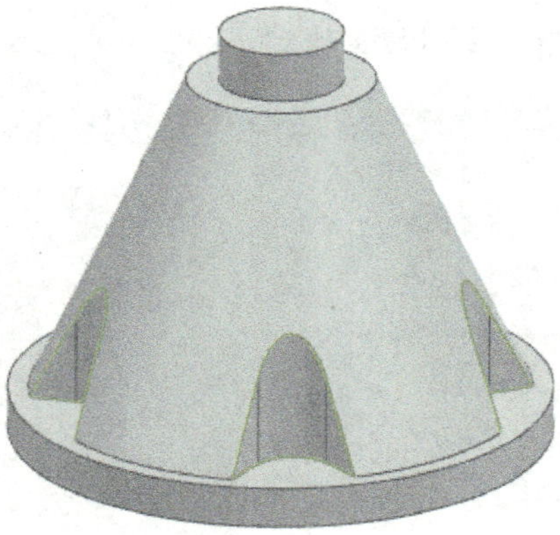

图3-96 拉伸创建凹槽

5. 创建舱体斜凸台

通过旋转的方式来创建舱体斜凸台，首先需要绘制凸台的草图。

（1）绘制凸台草图

选择基准坐标系XOZ平面作为凸台草图放置面，注意底端有5个凹槽，选择底端没有凹槽的一侧进行草图绘制。根据图样要求绘制如图3-97所示的凸台旋转截面曲线。

（2）旋转创建凸台

在“特征”面板中单击“旋转”按钮，打开“旋转”对话框，在“表区域驱动”选项组中选择凸台草图中的一组曲线作为旋转的截面曲线。如图3-98所示，选择凸台中心矢量方向作为旋转轴线，旋转角度设置为360°，“布尔”选项组选择“合并”，目标体选择舱体主体，完成凸台的旋转。

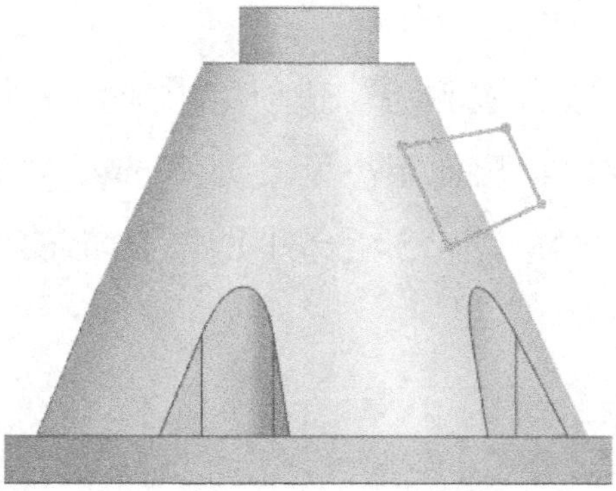
图 3-97　绘制凸台截面曲线草图

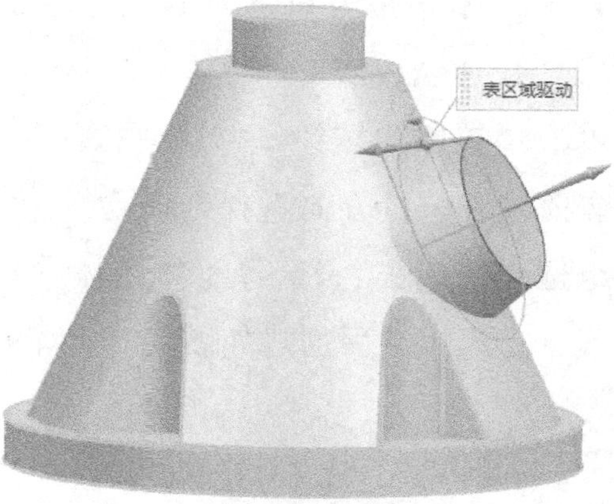

图 3-98　旋转创建凸台

6. 抽壳创建舱体薄壁

在“特征”面板中单击“抽壳”按钮，打开如图 3-99 所示“抽壳”对话框，“类型”选择“移除面，然后抽壳”，“要穿透的面”选择底座底面。根据图样可知，舱体底座表面的壁厚为 10mm，其余舱体壁厚为 5mm，因此设置“厚度”为 5mm，在“备选厚度”选项组中选择舱体底座外圆柱面，设置“厚度 1”为 10mm，单击“确定”按钮，完成抽壳操作，如图 3-100 所示创建如图 3-101 所示舱体薄壁。

图 3-99　“抽壳”对话框

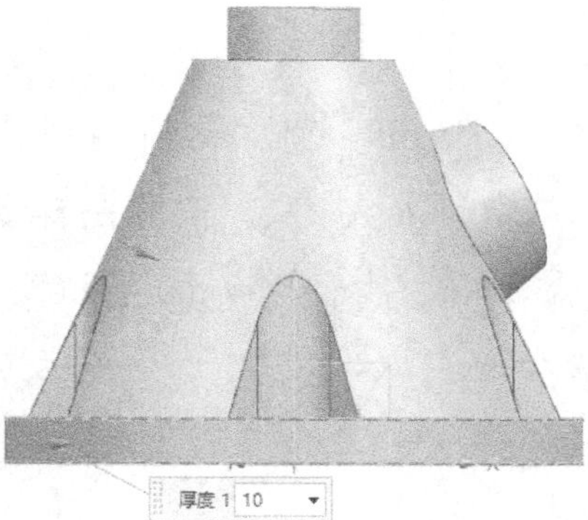

图 3-100　“抽壳”过程

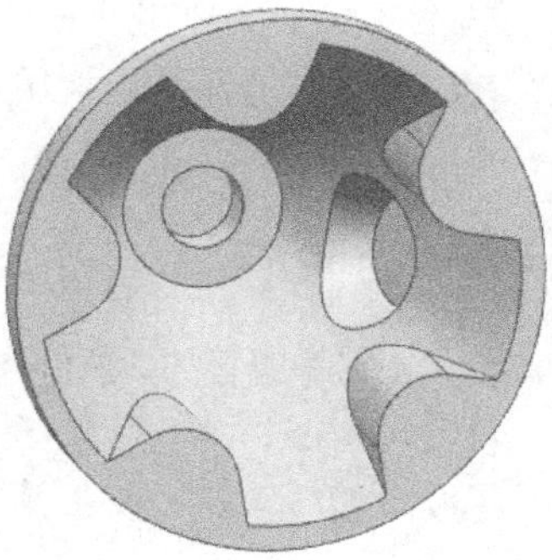
图 3-101　创建舱体薄壁

7. 拉伸创建凸台沟槽

（1）绘制沟槽草图

选择舱体斜凸台上表面作为沟槽草图放置面，进入草图，按照图样要求先绘制其中一条沟槽曲线。首先绘制 ϕ20mm 的圆作为中心定位圆，再绘制其中一条凹槽曲线。通过“阵列曲线”命令完成其他两个沟槽曲线的绘制，在对话框中选择沟槽曲线作为要阵列的曲线，“布局”选择“圆形”，“旋转点”指定中心圆心点，“间距”选择“数量和间隔”，“数量”

设置为 3，“节距角”设置为 120°，完成阵列后，创建如图 3-102 所示沟槽草图。

（2）拉伸创建底端凹槽

单击“拉伸”按钮，打开“拉伸”对话框，在“表区域驱动”选项组中选择 3 个沟槽的所有曲线，矢量方向选择与凸台顶面垂直向内的方向，拉伸距离设置为 20mm，“布尔”选项组选择“减去”，选择舱体主体（此时斜凸台与舱体主体已经合并）作为布尔运算的目标体，完成拉伸后创建如图 3-103 所示沟槽。

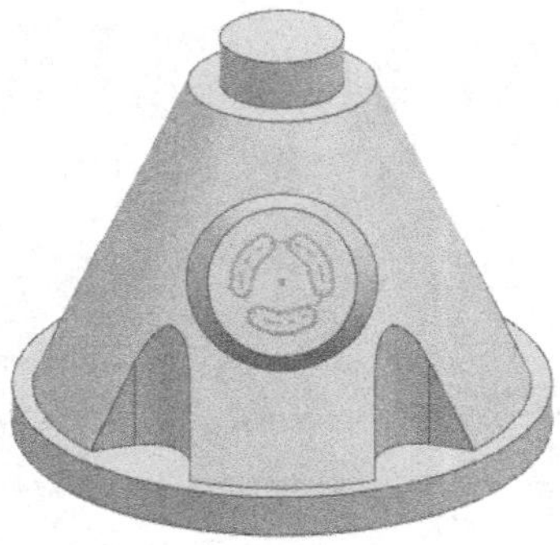

图 3-102　创建沟槽草图

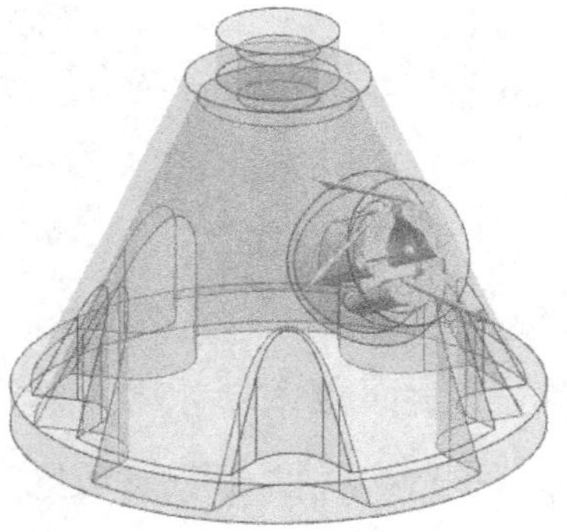

图 3-103　拉伸创建沟槽

8. 创建舱顶和舱底端孔

（1）创建舱顶凸台内孔

在“特征”面板中单击“孔”按钮，选择舱顶凸台上表面作为孔中心放置面，在“孔”对话框中选择“常规孔”中的“简单孔”，指定凸台顶面中心为孔中心点，创建直径为 20mm、深度大于凸台高度的孔。

（2）创建舱底端沉头孔

在“特征”面板中单击“孔”按钮，选择舱顶凸台上表面作为孔中心放置面，在“孔”对话框中选择“常规孔”中的“沉头孔”，按照图样要求为 5 个沉头孔定位，创建 5 个沉头直径为 15mm、沉头深度为 3mm、直径为 7mm 的沉头孔，如图 3-104 所示。

至此，完成舱体零件的建模。

四、知识链接

1. 拔模

拔模

铸造时为了从砂中取出铸件而不破坏砂型，往往在零件上设计出上大下小的锥度，即拔模斜度。UG NX 12.0 提供了在实体的边或者面上应用的“拔模”功能，其命令调用方式如下：

1）在功能区的“主页”选项卡中单击“特征”→“拔模”。

2）依次单击“菜单”→“插入”→“细节特征”→“拔模”。

打开的“拔模”对话框如图 3-105 所示，拔模的类型主要有“面”“边”“与面相切”“分型边”四种，其各自的功能见表 3-21。

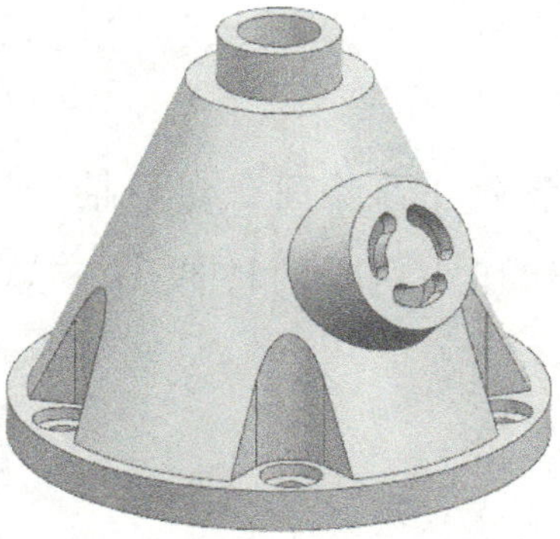

图 3-104　舱体顶端、底端孔

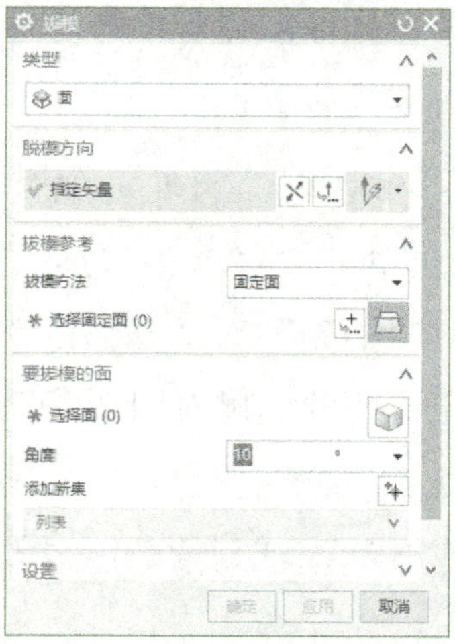

图 3-105　“拔模”对话框

表 3-21　“拔模”类型及功能

序号	类型	功能	模型图示
1	面	通过选择“要穿透的面”，指定厚度作为拔模的壁厚，拔模操作后如右图所示	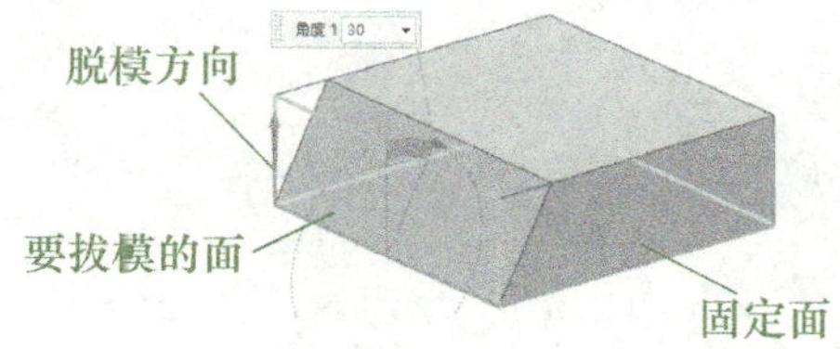
2	边	分别定义“脱模方向”“固定边”“拔模角度”等参数值，可以通过“可变拔模点”选项组构建变角度拔模	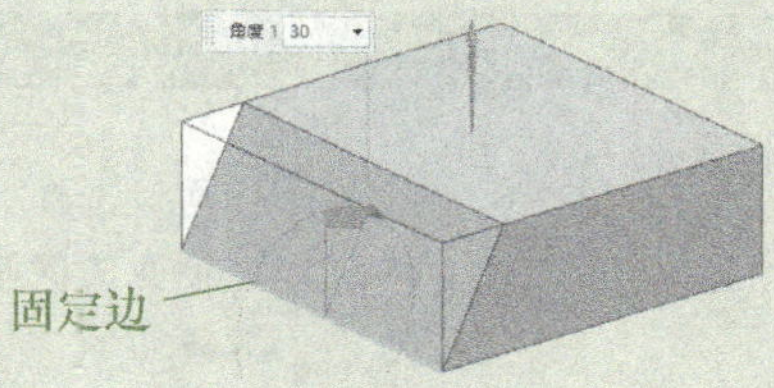
3	与面相切	用于对存在相切面的实体进行拔模，需要分别定义“脱模方向”“相切面”和“拔模角度”等参数值	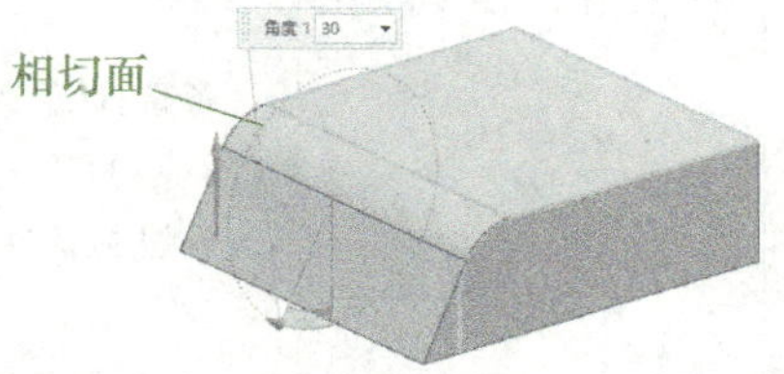
4	分型边	通过选中面上的分型边并定义“脱模方向”“固定面”和“拔模角度”来构建拔模	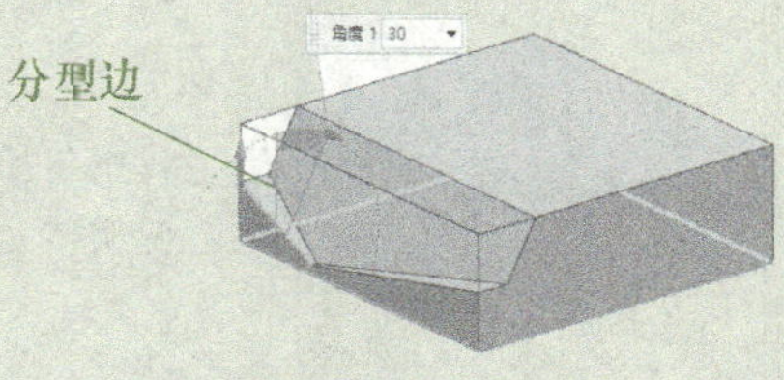

抽壳

2. 抽壳

运用“抽壳”命令可以挖空实体的内部，留下具有指定壁厚的薄壁实体。壳体可以拥有单一的壁厚，也可以为指定的面设定不同的壁厚。该命令的调用方式如下：

1）在功能区的“主页”选项卡中单击“特征”→“抽壳”。

2）依次单击“菜单”→“插入”→“偏置/缩放”→“抽壳”。

打开的“抽壳”对话框如图 3-106 所示，抽壳的类型有“移除面，然后抽壳”和“对所有面抽壳”两种。以对图 3-107 所示的模型进行抽壳操作为例，两种抽壳方式及其功能见表 3-22。

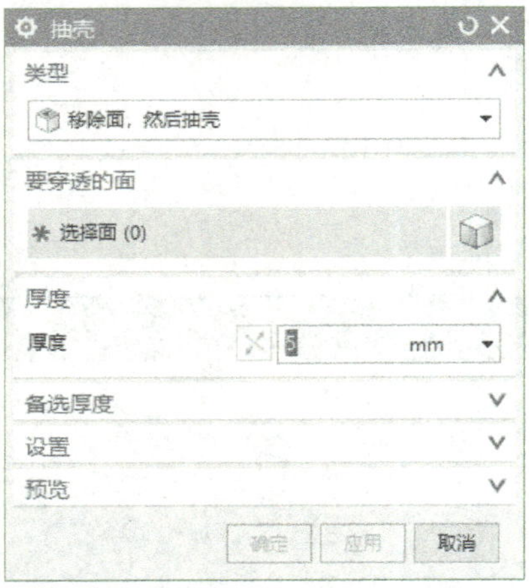

图 3-106 “抽壳”对话框

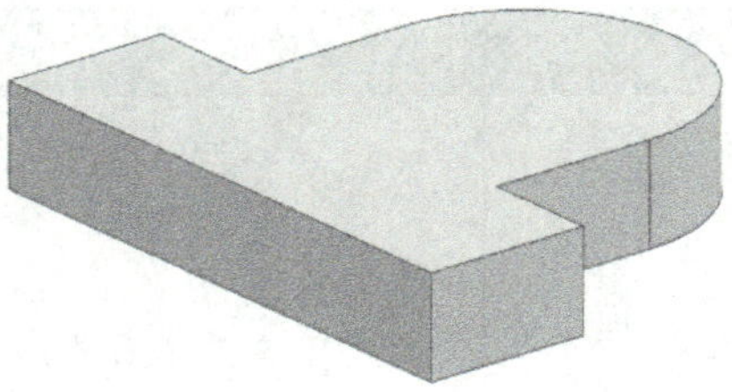

图 3-107 “抽壳”示例模型

表 3-22 “抽壳”类型及功能

序号	类型	功能	模型图示
1	移除面，然后抽壳	通过选择“要穿透的面”，指定厚度作为抽壳的壁厚，抽壳操作后形成开口的薄壁实体，如右图所示	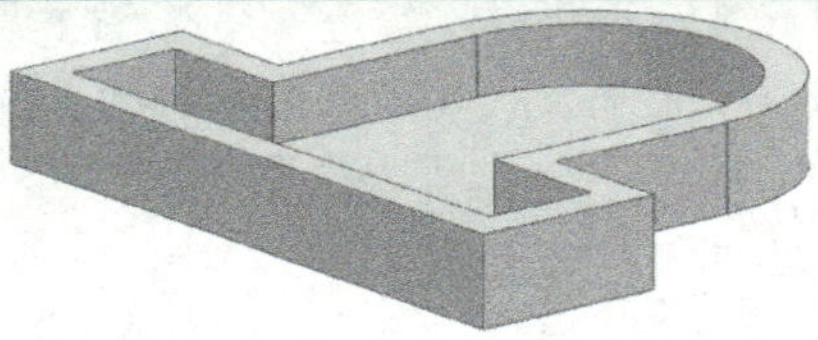
		备选厚度选项组用于为指定的面设定不同的壁厚，右图所示为指定圆弧面的壁厚为 3mm，其余为 1mm	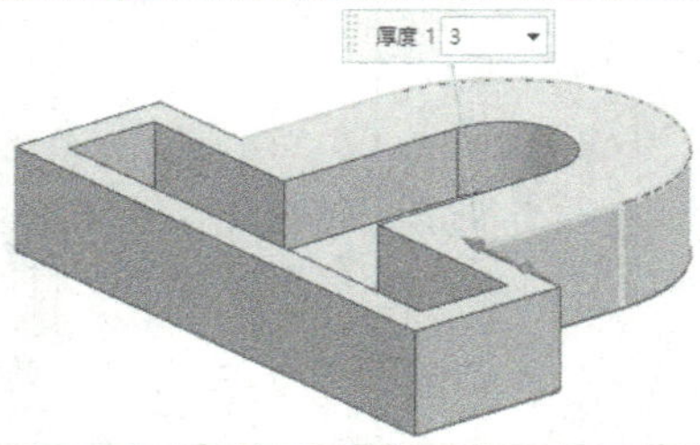
2	对所有面抽壳	通过指定抽壳壁厚，抽壳操作后形成的薄壁实体是封闭的实体，如右图所示	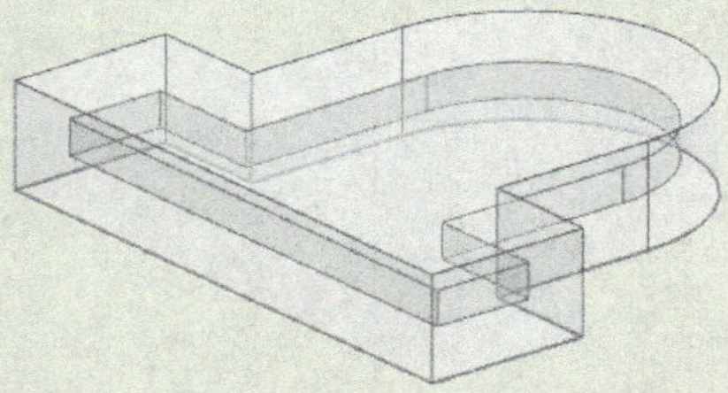

3. 特征参数编辑

“特征参数编辑”命令用于在当前模型状态下编辑特征的参数。可以在特征上单击鼠标右键打开“编辑参数”对话框。当模型上存在多个特征时，可采用以下方式调用“特征参数编辑”命令。

依次单击“菜单”→“编辑”→“特征”→“编辑参数”。

打开的“编辑参数”对话框如图 3-108 所示，选择其中的特征，将弹出特征对话框，可以编辑特征参数。

4. 可回滚编辑

“可回滚编辑”命令用于回滚到特征之前的模型状态来编辑特征的参数。可以在特征上单击鼠标右键打开“可回滚编辑”对话框。当模型上存在多个特征时，可采用以下方式调用“可回滚编辑”命令。

依次单击“菜单”→“编辑”→“特征”→“可回滚编辑”。

打开的“可回滚编辑”对话框如图 3-109 所示，选择其中的特征，将弹出特征对话框，可以编辑特征。

图 3-108　“编辑参数”对话框

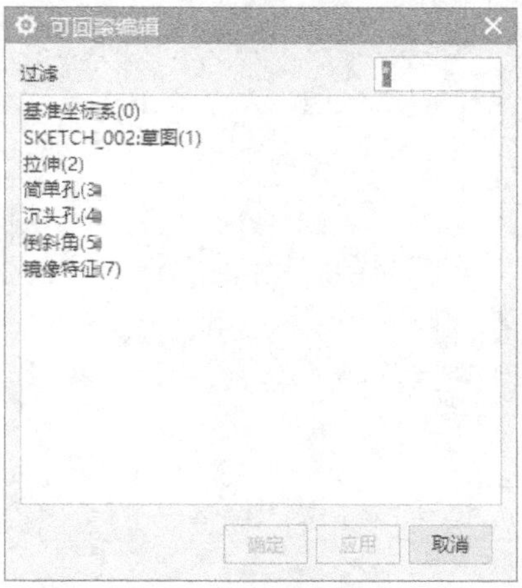

图 3-109　“可回滚编辑”对话框

5. 特征重排序

在创建模型上的特征的过程中存在排序问题，不同的排序会导致创建出不同形状的模型。应用“特征重排序”命令可以在设计过程中根据设计要求对特征进行重新排序。可采用以下方式调用“特征重排序”命令：

依次单击“菜单”→“编辑”→“特征”→“特征重排序”。

打开的“特征重排序”对话框如图 3-110 所示，在“参考特征”选项组中选择一个特征作为参考，如示例中的“简单孔（3）”特征，“选择方法”包括“之前”“之后”两种，示例中选择了“之前”，此时在“重定位特征”选项组中显示了所有原来排序在“简单孔

(3)”特征之后的特征。单击其中要放在“简单孔（3）”之前的特征，即可对模型的特征进行重新排序。如果要进行重排序的特征与“参考特征”产生了干涉，如示例中选择了“倒斜角（5）”特征进行重排序，而由于此倒斜角是创建在“简单孔（3）”之上的，所以不能重新排序在“简单孔（3）”之前，则会弹出如图 3-111 所示的警告消息对话框，说明不能进行重排序。

6. 特征抑制与取消抑制

“特征抑制”用于在模型上临时移除指定的特征，“取消抑制”用于使选定的特征回到没有被抑制的状态。可以在特征上单击鼠标右键调用“特征抑制”命令，也可以通过以下方式调用该命令。

依次单击“菜单”→“编辑”→“特征”→“特征抑制”/“取消抑制”。

打开的“抑制特征”对话框如图 3-112 所示，选定需要被抑制的特征即可。“取消抑制”命令的操作与“特征抑制”操作类似。另外，在图 3-113 所示的资源条中打开“部件导航器”，显示了模型历史记录，在选定的特征前取消勾选则抑制了该特征，勾选则取

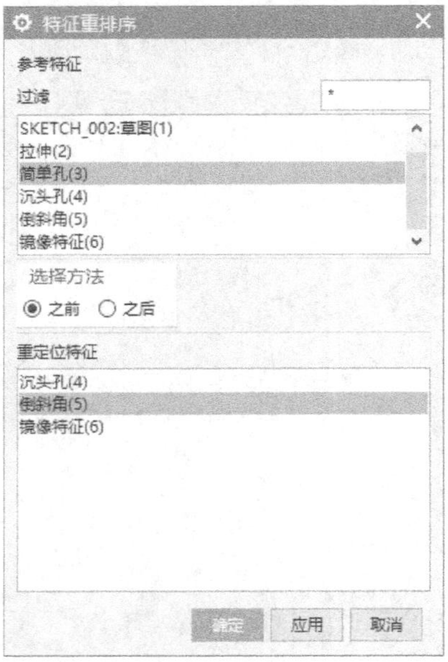

图 3-110 “特征重排序”操作示例

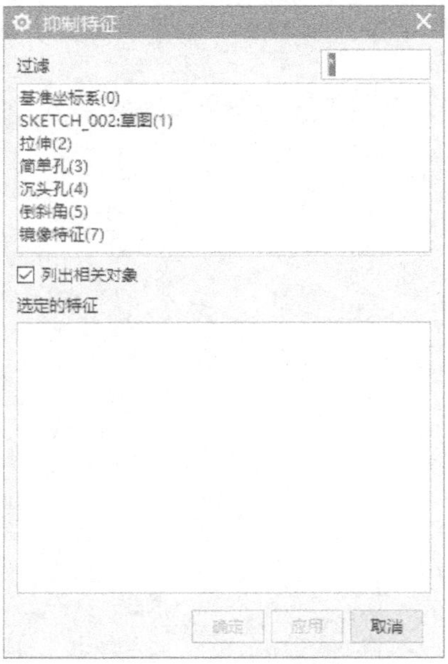

图 3-112 “抑制特征”对话框

图 3-111 “特征重排序”警告消息

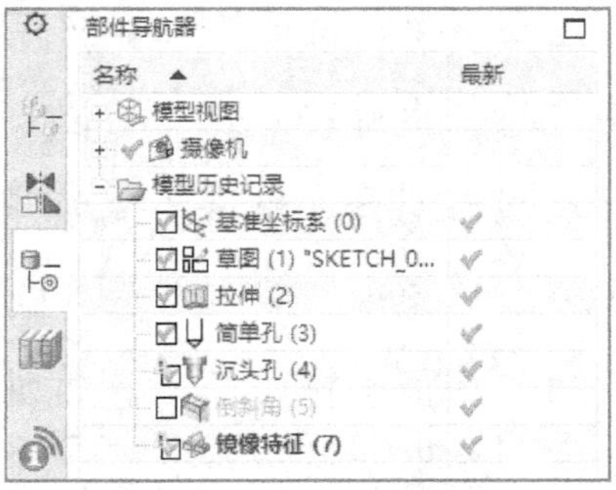

图 3-113 “部件导航器”特征抑制

消抑制该特征，如图中示例的“倒斜角（5）”特征，取消了前面的勾选，在模型上则已经抑制了该特征。

五、任务评价

任务完成后，按照表 3-23 对任务实施过程开展评价，进行任务总结与反思。

表 3-23　任务四考核评价表

考核项目与权重	考核内容	评价标准	自评	互评	教师评价
专业知识（20%）	（1）掌握拔模、抽壳特征的操作方法及特征编辑操作的功能和使用（10 分）	未能掌握各相关命令的调用位置和方法，各命令误判每处扣 1 分			
	（2）掌握产品三维建模设计的基本流程和思路（10 分）	未能掌握产品三维建模设计流程，流程图绘制不合理等，每处扣 1 分			
专业能力（30%）	（1）能够正确使用拔模、抽壳等特征建模、特征操作、特征参数编辑、可回滚编辑、特征重排序、特征抑制与取消抑制等相关命令完成产品的三维建模设计（10 分）	按照任务要求，使用建模命令完成任务的特征建模，缺少一个特征酌情扣 1~2 分			
	（2）具备在多种建模方法中选择最佳方法或最优建模路径的能力（10 分）	按照任务要求绘制简要建模流程图或表，根据建模流程的合理性酌情扣分			
	（3）能根据所学的建模功能自主进行简单的创意设计（10 分）	根据所学命令，自主进行类似产品创意设计，按照设计产品的结构合理性酌情扣分			
职业素养（20%）	（1）敬业守时、认真负责、踏实严谨、谦虚好学（5 分）	迟到、早退、无故缺勤，等每次扣 1 分			
	（2）具有良好的团队合作精神，能热心帮助其他同学完成任务（5 分）	不参加小组讨论，每次扣 1 分			
	（3）能准确、快速地表达个人思想和见解，能灵活运用所学知识，有创造性（10 分）	根据创意设计情况酌情扣分			
任务总结（30%）	（1）安全、有效地按照任务实施步骤完成舱体零件的建模任务，主要包括锥体、孔、凸台、凹槽等特征的创建（10 分）	根据任务中的特征建模情况酌情扣分，每缺少一个特征扣 1 分			
	（2）安全、有效地按照任务实施步骤完成舱体零件的建模任务并做到尺寸准确（10 分）	根据任务中的尺寸情况酌情扣分，每误做一个尺寸扣 1 分			
	（3）能进行归纳总结，得出规律和指导性经验，技术文件完整、规范、条理清晰，在任务结束后，反思自己的任务完成情况和质量（10 分）	根据总结和反思情况酌情扣分			
合计（自评占比 40%，互评占比 20%，教师评价占比 40%）					

任务五　弯管零件的建模

一、任务描述

按照要求完成如图 3-114 所示弯管零件的建模。弯管零件一般是采用成套弯曲模具进行弯曲制成的。弯管主要用于输油、输气、输液等，其规格一般用壁厚和直径来表示。

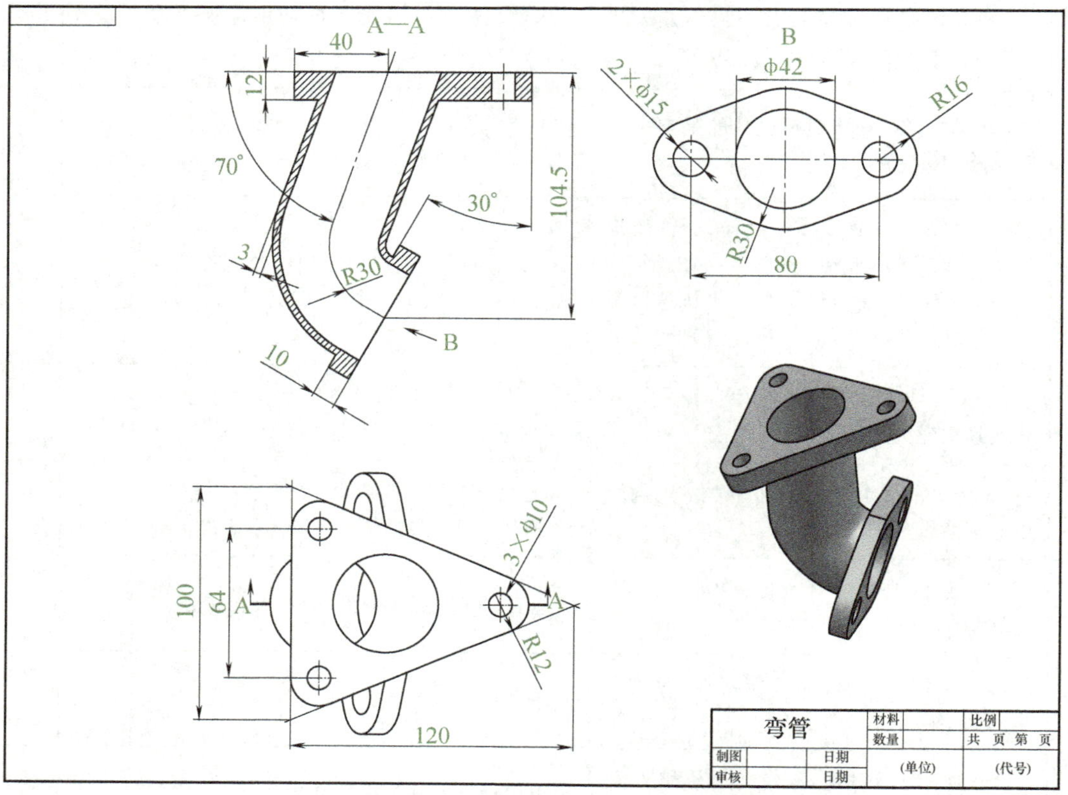

图 3-114　弯管零件图

二、任务分析

此零件为薄壁弯管，零件主体形状可通过“管”命令构建，或采用“扫掠”命令构建，上、下两端可采用“拉伸”命令完成。本任务主要采用“管”“扫掠”两个命令建模。

弯管零件建模

三、任务实施

打开源文件素材包\NX 12.0\项目三\任务五\任务实施\，进行弯管零件的建模，具体步骤如下。

1. 创建弯管顶板

（1）创建顶板草图

选择基准坐标系 XOY 平面作为顶板草图放置面，进入草图绘制环境，按照图样要求绘制如图 3-115 所示草图。首先绘制等腰三角形，底边边长为 100mm，高为 120mm。用“角焊”命令对三角形的三个顶角倒圆角，圆角半径为 12mm，修剪掉多余的曲线。以三个圆角中心为圆心，绘制三个 ϕ10mm 的小圆。

（2）拉伸创建顶板

在“特征”面板中单击“拉伸”按钮，打开“拉伸”对话框，“表区域驱动”选择顶板草图曲线作为拉伸截面曲线，方向指定 Z 轴负向，拉伸距离设置为 12mm，创建如图 3-116 所示顶板。

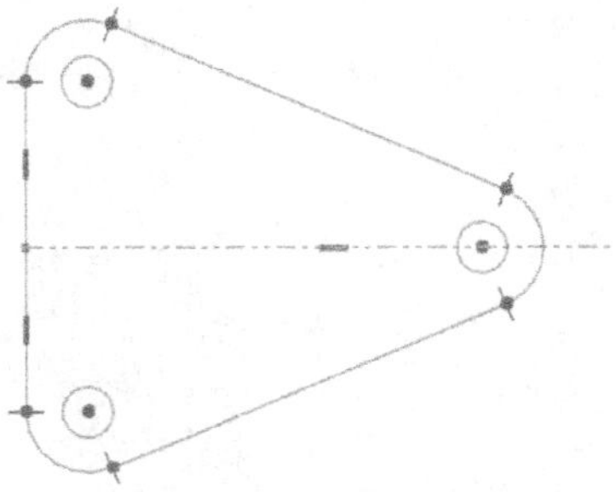

图 3-115　绘制顶板草图

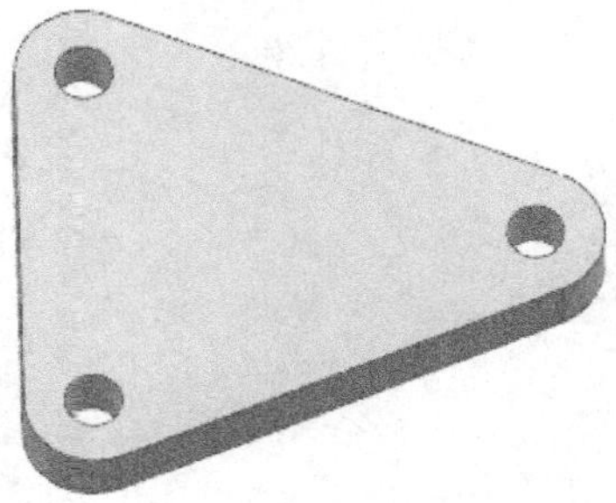

图 3-116　创建顶板

2. 创建弯管主体

弯管的创建有两种方法，分别是采用“扫掠”和“管”命令。

（1）应用“扫掠”命令创建弯管主体

1）创建引导线。选择基准坐标系 XOZ 平面作为引导线草图放置面，进入草图绘制环境，根据图样要求创建如图 3-117 所示的引导线。为了扫掠能够顺利完成，可使引导线上端超过顶板上表面。

2）创建扫掠截面所在的基准面。在“特征”面板中单击“基准平面”按钮，打开“基准平面”创建对话框，“类型”选择“曲线上”，“曲线”选择引导线最下面一段，“位置”选择引导线的下方端点，创建基准面。

3）创建扫掠截面。选择上一步骤中创建的基准面作为扫掠截面草图放置面，进入草图绘制环境，根据图样要求，创建如图 3-118 所示的扫掠截面。

4）分别扫掠弯管内外壁。在“特征”面板“扫掠”选项组中单击“扫掠”按钮，打开如图 3-119 所示“扫掠”对话框，“截面”选择 ϕ42mm 的圆，“引导线”选择创建的三段曲线，“截面位置”选择“沿引导线任何位置”，“体类型”选择“实体”，扫掠完成后得到如图 3-120 所示的弯管内壁实体。采用同样的方法，选择 ϕ48mm 的圆作为“截面”，再次扫掠，创建弯管外壁实体。

5）采用布尔运算中的“减去”创建弯管。选择布尔运算中的“减去”命令，选择扫掠的外壁实体作为“目标体”，内壁实体作为“工具体”，在“设置”选项组中取消勾选“保存目标”和“保存工具”，完成操作后，创建如图 3-121 所示的弯管主体。

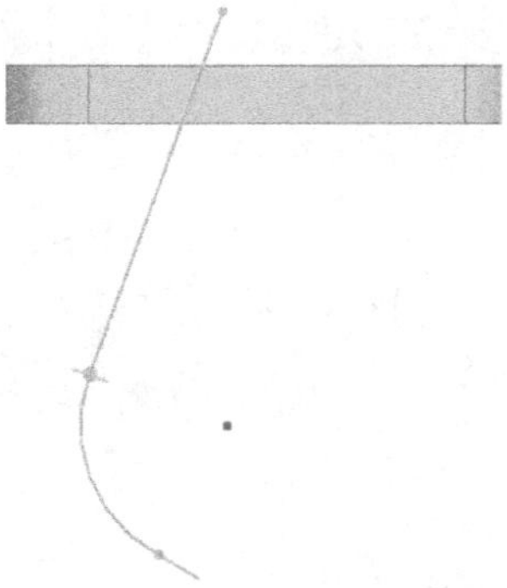

图 3-117　创建引导线

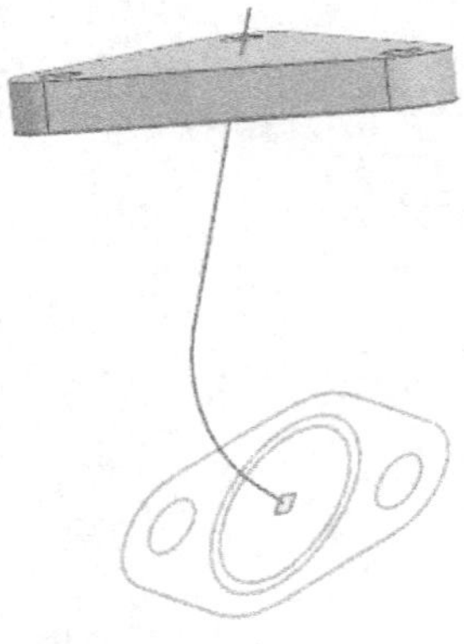

图 3-118　创建扫掠截面

图 3-119　“扫掠”对话框

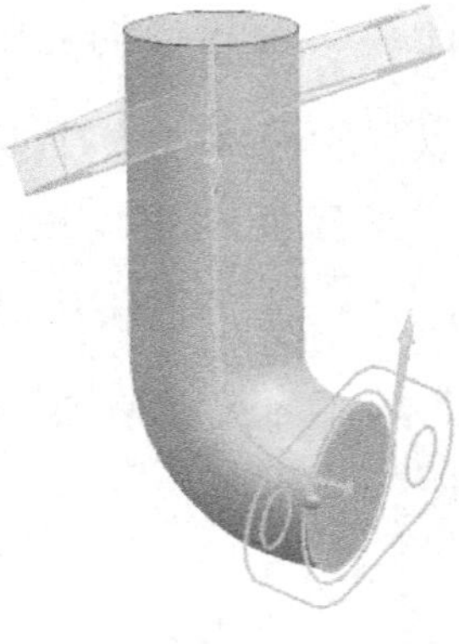

图 3-120　扫掠创建弯管内壁实体

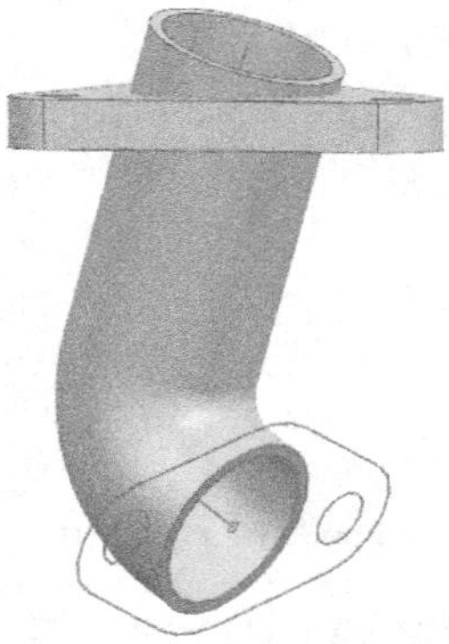

图 3-121　创建弯管主体

（2）应用“管”命令创建弯管主体

单击“扫掠”选项组中的“管”按钮，打开如图 3-122 所示“管”对话框，“路径”选择三段引导线，“横截面”设置“外径”为 48mm，“内径”为 42mm，即可创建弯管主体。

图 3-122　“管”对话框

3. 修剪多余的弯管

在“特征”面板“修剪”选项组中单击“修剪体”按钮，打开对话框，选择弯管主体作为“目标体”，“工具选项”选择“面或平面”，选择顶板上表面作为“工具面”，完成第一步，修剪掉多余的弯管；再次单击“修剪体”按钮，选择顶板作为“目标体”，“工具选项”选择“面或平面”，选择弯管内壁作为“工具面”，修剪后得到如图 3-123 所示的弯管。

4. 合并

选择布尔运算中的“合并”命令，将弯管主体和顶板合并为一体。

5. 拉伸创建弯管底板

在“特征”面板中单击“拉伸”按钮，打开“拉伸”对话框，“表区域驱动”选择如图 3-124 所示底板草图曲线作为拉伸截面曲线，方向为垂直于截面指向管内，拉伸距离设置为 10mm，“布尔”运算选项选择“合并”，目标体为弯管主体，完成后创建如图 3-125 所示弯管模型。

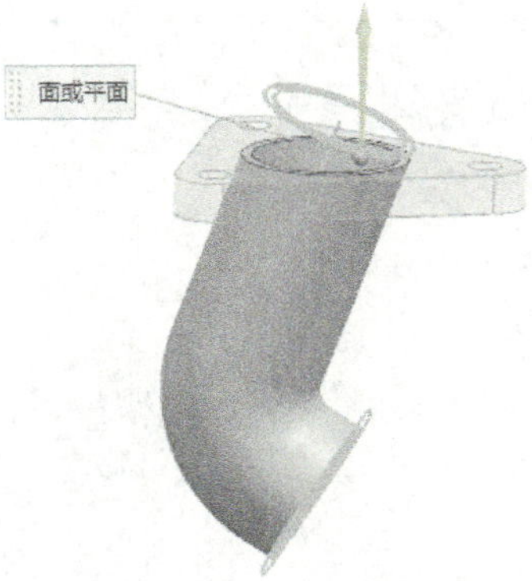

图 3-123　修剪多余弯管

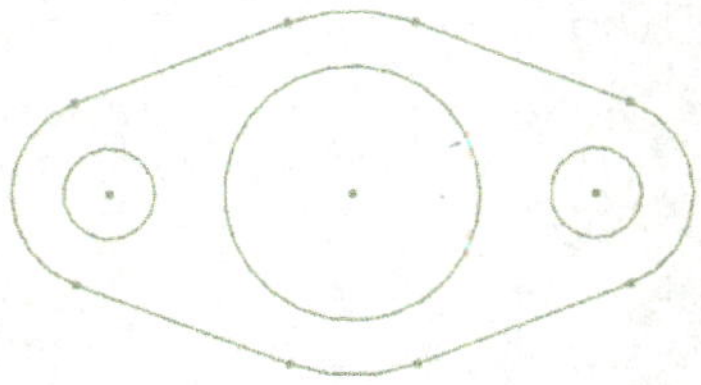

图 3-124　底板草图

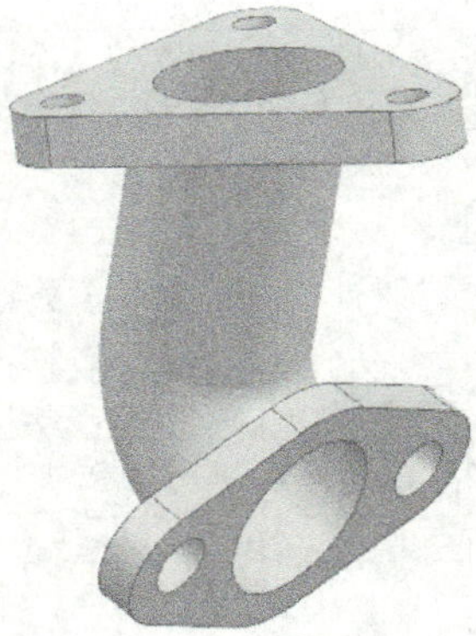

图 3-125　弯管模型

四、知识链接

1. 沿引导线扫掠

UG NX 12.0 中提供了“扫掠”选项组，包括“扫掠”“沿引导线扫掠”“变化扫掠”“管”“扫掠体”五个命令，各命令的功能见表 3-24。本书中重点介绍“沿引导线扫掠”和“管”两个命令。

表 3-24　“扫掠”选项组各命令的功能

序号	命令	功能	命令对话框
1	扫掠	通过沿一条或者多条引导线扫掠截面来创建体，可使用多种方法控制沿引导线的形状	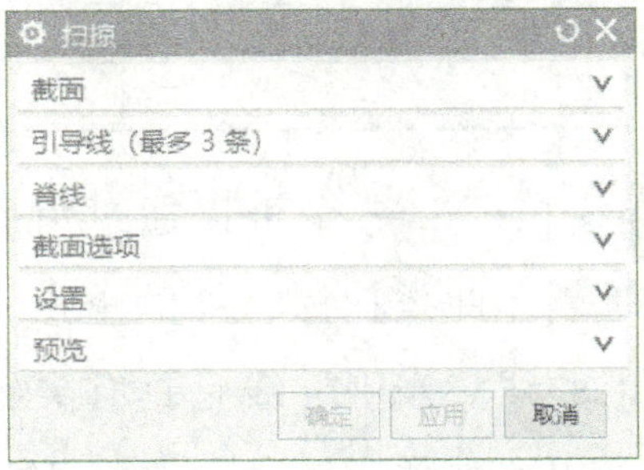

（续）

<table>
<tr><th>序号</th><th>命令</th><th>功能</th><th>命令对话框</th></tr>
<tr><td>2</td><td>沿引导线扫掠</td><td>通过沿引导线扫掠截面来创建体</td><td>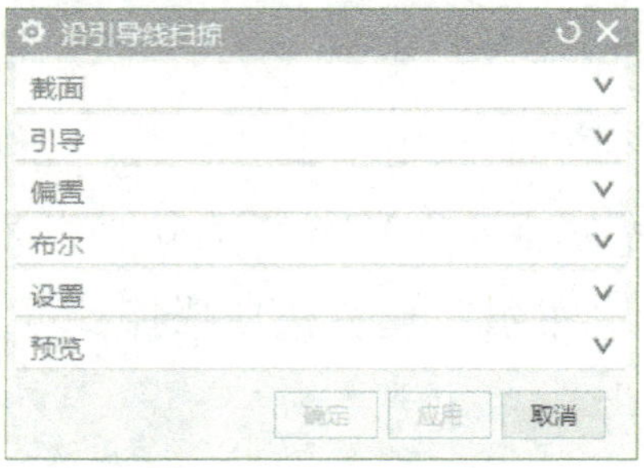
</td></tr>
<tr><td>3</td><td>变化扫掠</td><td>通过沿路径扫掠横截面来创建体，此时横截面形状沿路径改变</td><td>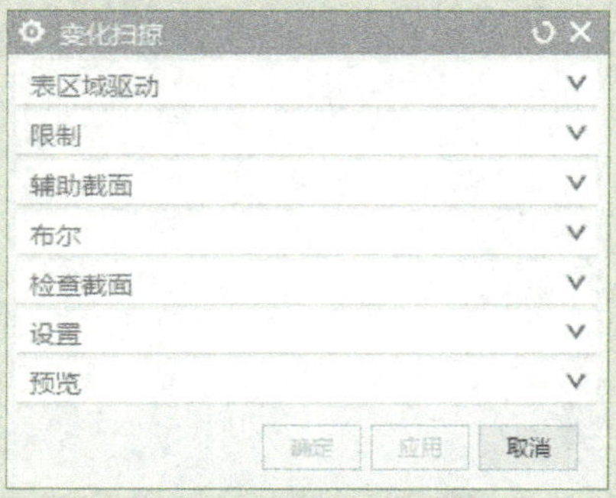
</td></tr>
<tr><td>4</td><td>管</td><td>通过沿曲线扫掠圆形横截面创建实体，可以选择外径和内径</td><td>
</td></tr>
<tr><td>5</td><td>扫掠体</td><td>使用各种选项沿路径扫掠一个工具实体，来控制工具相对于路径的方向，然后从目标中减去它或将其与目标体相交</td><td>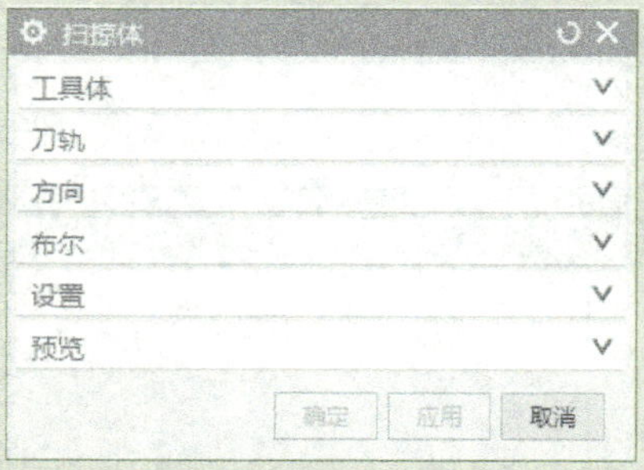
</td></tr>
</table>

“沿引导线扫掠”命令可以通过沿引导线扫掠截面或者曲线来创建实体或曲面片体。选择引导线是创建此类扫掠特征的重点，引导线可以是多段光滑连接的曲线，也可以是具有尖锐拐角的曲线。当引导线是具有尖锐拐角的曲线时，截面线串应放置到远离尖锐拐角的位置，避免扫掠失败。该命令的打开方式如下：

1）在功能区的“主页”选项卡中单击“特征”→“沿引导线扫掠”。

2）依次单击“菜单”→“插入”→“扫掠”→“沿引导线扫掠”。

2. 创建管

“管”命令用于以圆形横截面沿曲线扫掠来创建实心或空心的管状实体。创建“管”特征时无须绘制截面曲线，只需绘制引导线，引导线可以是一段曲线，也可以是多段曲线链。该命令的调用方式如下：

1）在功能区的“主页”选项卡中单击“特征”→“管”。

2）依次单击“菜单”→“插入”→“扫掠”→“管”。

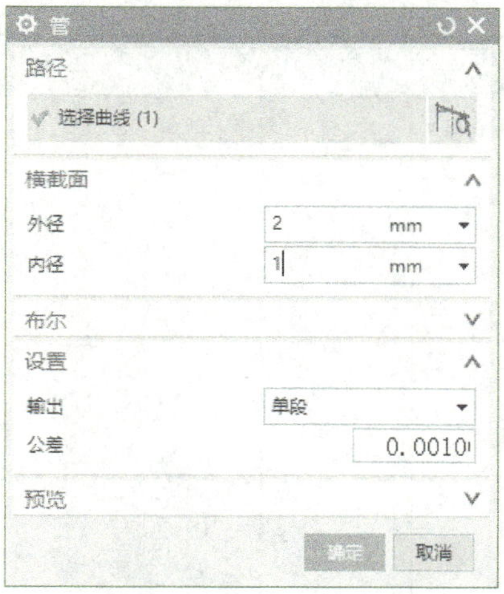

图 3-126　“管”对话框

打开如图 3-126 所示“管”命令对话框，各选项组的功能见表 3-25。

3. 修剪体

修剪体

采用“修剪体”命令可以使用平面或几何体修剪目标实体，通过法向矢量的方向来确定目标体要保留的部分。该命令的调用方式如下：

1）在功能区的“主页”选项卡中单击“特征”→“修剪体”。

2）依次单击“菜单”→“插入”→“修剪”→“修剪体”。

打开如图 3-127a 所示“修剪体”对话框，以图 3-127b 所示的模型为例进行修剪操作。选择圆柱体作为目标体，选择球面作为工具体，图 3-128a 所示矢量方向显示了目标体要保留的部分，选择反向，如图 3-128c 所示，则更换目标体要保留的部分。

表 3-25　“管”选项组及功能

序号	选项组	功能	模型图示
1	路径	通过选择曲线来确定管生成的路径	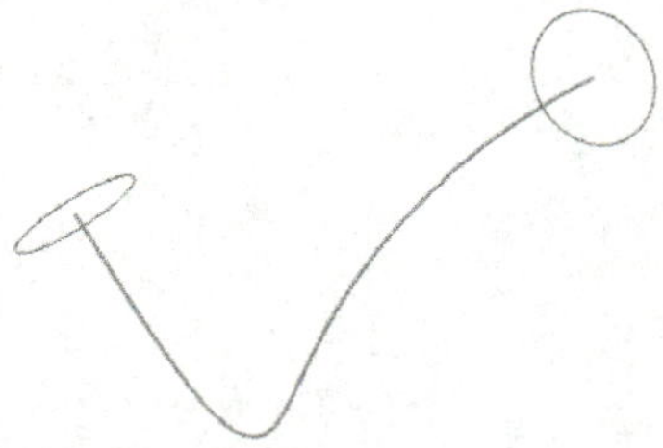
2	横截面	通过输入外径和内径参数值来确定管的内外径，外径不能为 0，当内径为 0 时，管为实心管，如右图所示	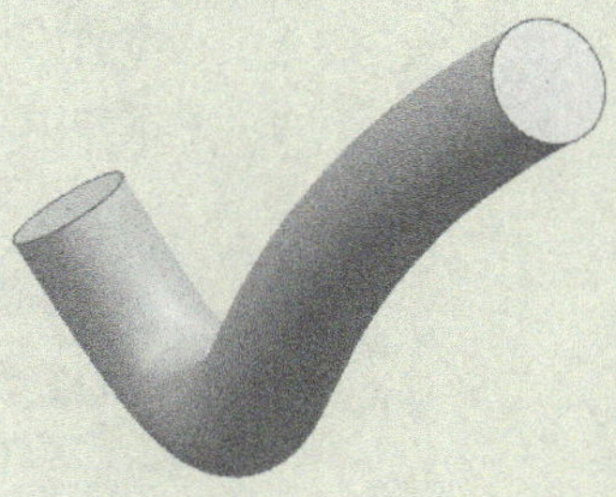

（续）

序号	选项组	功能		模型图示
3	设置	可通过“输出”选项确定输出为“单段”管或者“多段”管	单段	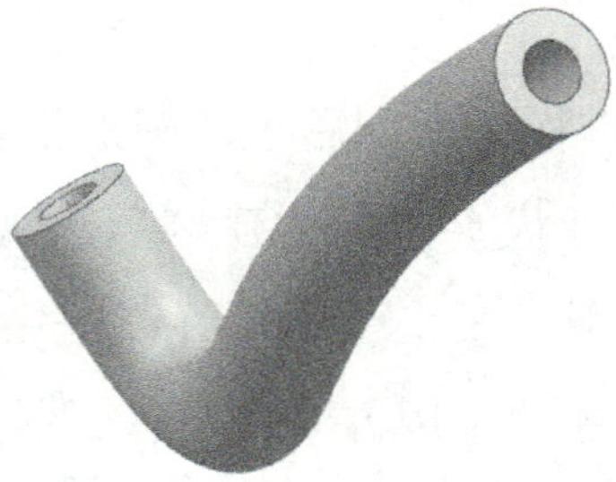
			多段	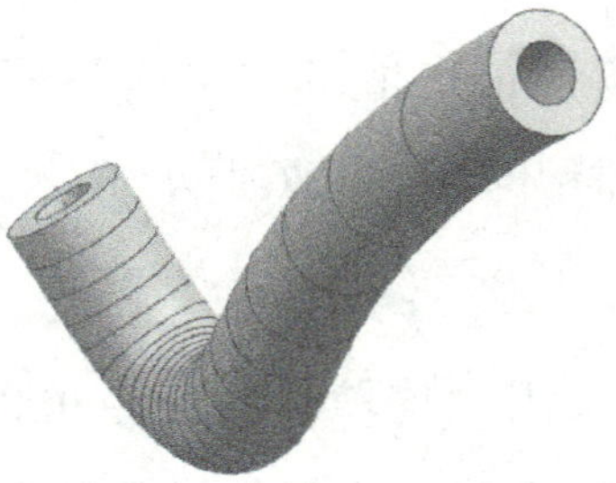

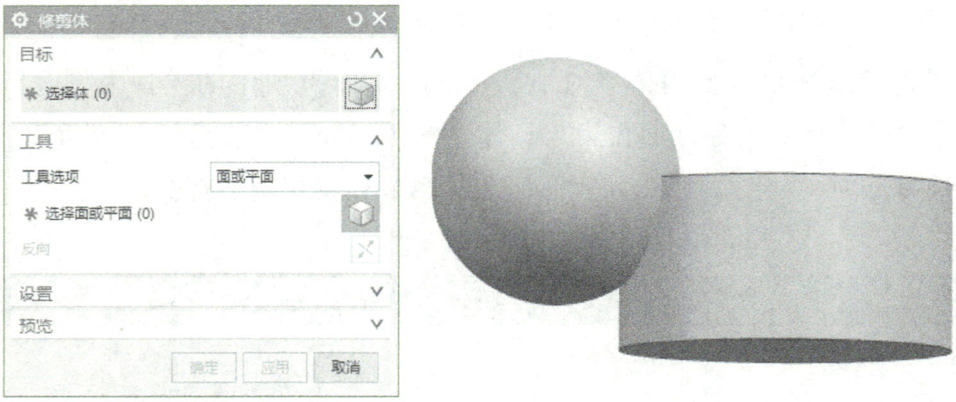

a)“修剪体”对话框　　b) 修剪体示例模型

图 3-127 “修剪体”操作示例

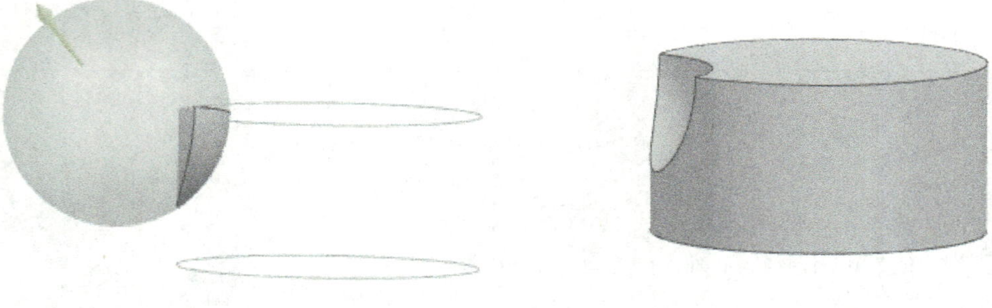

a) 修剪前　　b) 修剪后

图 3-128 “修剪体”操作过程

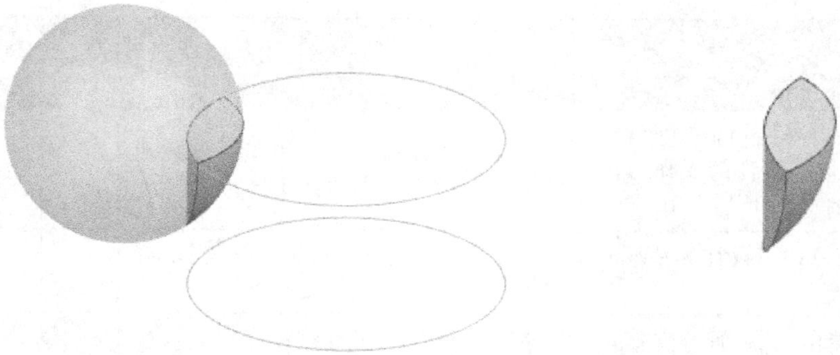

c) 反向修剪前　　d) 反向修剪后

图 3-128 “修剪体”操作过程（续）

4. 拆分体

图 3-129 “拆分体”对话框

采用“拆分体”命令可以使用平面或几何体分割目标实体，通过法向矢量的方向来确定目标体要保留的部分，其操作方法与“修剪体”类似。该命令的调用方式如下：

1）在功能区的“主页”选项卡中单击“特征”→“拆分体”。

2）依次单击“菜单”→“插入”→“修剪”→“拆分体”。

打开如图 3-129 所示“拆分体”对话框，以图 3-130 所示的模型为例进行拆分体操作。选择轴承座作为目标体，选择基准坐标系的 XC-YC 平面作为工具平面，输入偏置距离，将 XC-YC 平面平移至需要拆分的位置，如图 3-130a 所示，拆分后的实体如图 3-130b 所示。

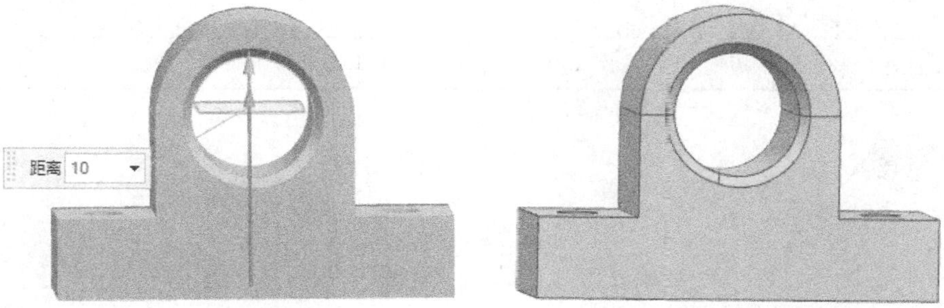

a) 拆分前　　b) 拆分后

图 3-130 “拆分体”操作示例

五、任务评价

任务完成后，按照表 3-26 对任务实施过程开展评价，进行任务总结与反思。

表 3-26　任务五考核评价表

考核项目与权重	考核内容	评价标准	自评	互评	教师评价
专业知识（20%）	（1）掌握用“沿引导线扫掠”和“管”特征创建薄壁弯管等零件的操作方法及特征编辑操作的功能和使用（10 分）	未能掌握各相关命令的调用位置和方法，各命令误判每处扣 1 分			
	（2）掌握产品三维建模设计的基本流程和思路（10 分）	未能掌握产品三维建模设计流程，流程图绘制不合理等，每处扣 1 分			
专业能力（30%）	（1）能够正确使用扫掠、管等特征建模、修剪体、拆分体等特征编辑相关命令完成产品的三维建模设计（10 分）	按照任务要求，使用建模命令完成任务的特征建模，缺少一个特征酌情扣 1~2 分			
	（2）具备在多种建模方法中选择最佳方法或最优建模路径的能力（10 分）	按照任务要求绘制简要建模流程图或表，根据建模流程的合理性酌情扣分			
	（3）能根据所学的建模功能自主进行简单的创意设计（10 分）	根据所学命令，自主进行类似产品创意设计，按照创意设计产品的结构合理性酌情扣分			
职业素养（20%）	（1）敬业守时、认真负责、踏实严谨、谦虚好学（5 分）	迟到、早退、无故缺勤等，每次扣 1 分			
	（2）具有良好的团队合作精神，能热心帮助其他同学完成任务（5 分）	不参加小组讨论，每次扣 1 分			
	（3）能准确、快速表达个人思想和见解，能灵活运用所学知识，有创造性（10 分）	根据创意设计情况酌情扣分			
任务总结（30%）	（1）安全、有效地按照任务实施步骤完成弯管零件的建模任务，主要包括薄壁弯管、凸台、拉伸等特征（10 分）	根据任务中的特征建模情况酌情扣分，每缺少一个特征扣 1 分			
	（2）安全、有效地按照任务实施步骤完成弯管零件的建模任务并做到尺寸准确（10 分）	根据任务中的尺寸情况酌情扣分，每误做一个尺寸扣 1 分			
	（3）能进行归纳总结，得出规律和指导性经验，技术文件完整、规范、条理清晰，在任务结束后，反思自己的任务完成情况和质量（10 分）	根据总结和反思情况酌情扣分			
合计（自评占比 40%，互评占比 20%，教师评价占比 40%）					

拓展阅读

中国天和核心舱——扬我国威，壮我中华

2021 中国空间站天和核心舱在海南文昌航天发射场由长征五号 B 遥二运载火箭搭载，发射升空。2021~2022 年，中国将接续实施 11 次飞行任务，包括 3 次空间站舱段发射、4 次货运飞船以及 4 次载人飞船发射，于 2022 年完成空间站在轨建造，实现中国载人航天工程“三步走”发展战略第三步的任务目标。天和核心舱的研发和发射向全世界展示了我国蓬勃发展的航天事业和日趋强大的综合国力。

巩固提高

1. 钻平底孔时，“顶锥角”应设为（　　）。

A. 0°　　B. 180°　　C. 90°　　D. 45°

2. 对倒角的描述，下列（　　）是错误的。

A. 增料倒圆与减料倒角不宜共同进行，应分别进行

B. 共点的边界圆角一定要同时进行

C. 倒变半径圆角时，其半径 R 可定义为 0

D. 倒圆角可以与两侧向相切，也可相交

3. 有简单倒角和用户自定义倒角两种倒角方法，如果只能用一种方法，应该用（　　）。

A. 用户自定义，因为它适用于任何情况

B. 用户自定义，因为它需要较少的数据输入

C. 简单倒角，因为其弧和线选取比较容易

D. 简单倒角，因为它能适用于所有场合

4. 用基准面裁剪一个实体时，矢量方向所指的那部分目标体将被（　　）。

A. 隐藏　　B. 保留　　C. 移除　　D. 放置于另外的层

5. 以下（　　）特征属于“扫描特征”。

A. 拉伸实体　　B. 延伸体

C. 沿一条引导线扫掠　　D. 通过面扫掠

6. （　　）特征可以作为基本体素特征。

A. 长方体　　B. 凸台　　C. 腔体　　D. 垫块

7. 下面不属于关联复制的命令是（　　）。

A. 镜像几何体　　B. 阵列特征　　C. 镜像面　　D. 偏置面

8. 用水平或垂直定位尺寸定位一个孔，选择目标边缘前必须指定（　　）。

A. 一条平行的边　　B. 一个平行或正交参考

C. 一个垂直或水平参考　　D. 工具边

9. 下面不能用于建立圆柱体的操作是（　　）。

A. 拉伸圆　　B. 用体素特征操作

C. 回转直线　　D. 对直线进行扫掠

10. 下列只能安放在平面上的特征有（　　）。

A. 凸起　　B. 凸垫　　C. 孔　　D. 沟槽

11. 完成如图 3-131 所示阀座零件的建模。

12. 完成如图 3-132 所示皂盒零件的建模。要求：单位为公制，保留全部建模特征，文件名自定。图中：A=100mm，B=30°，C=70mm，D=60mm，E=1.5mm。

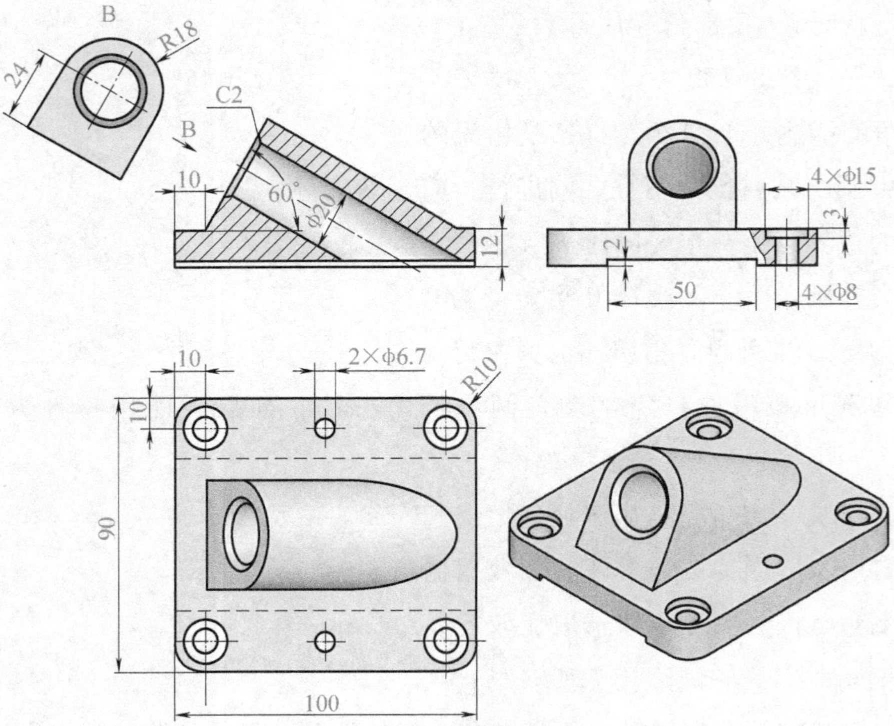

图 3-131　阀座零件图

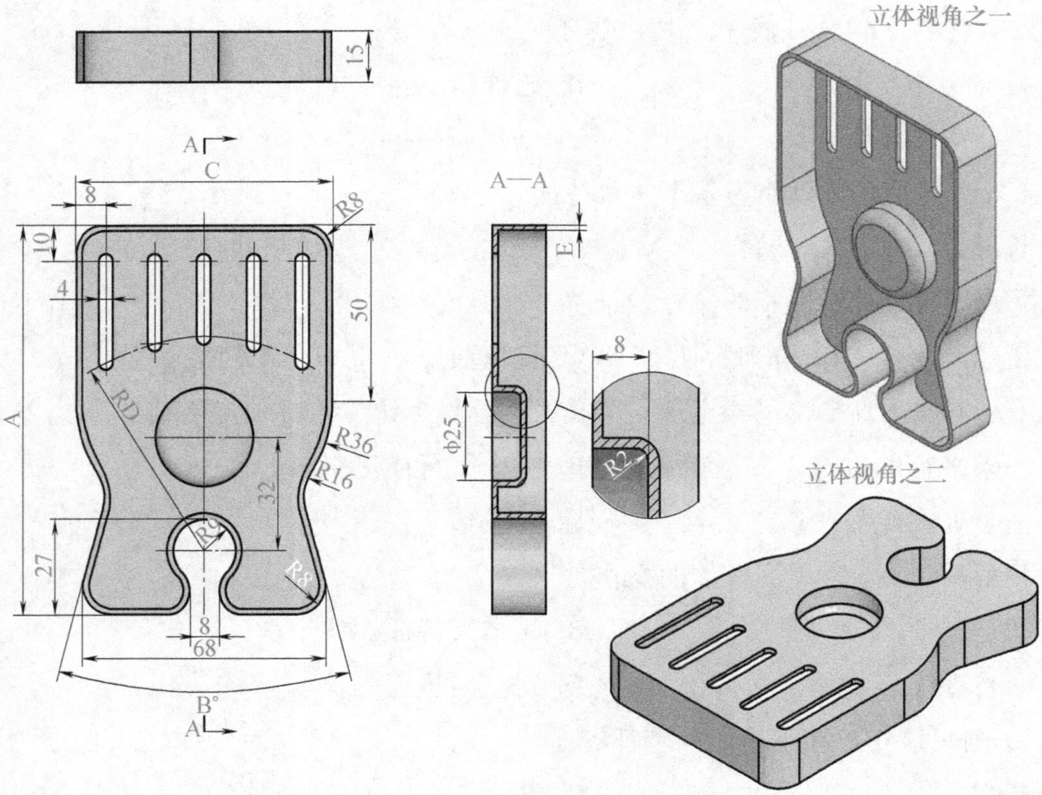

图 3-132　皂盒零件图

项目四　自由曲面建模设计

项目导读

在一般的三维建模设计中，曲面的存在可使模型更加活泼，有装饰性。在生活中，随处可见的办公用品、电子产品等设计中都体现着曲面设计的重要性。

本项目以三个曲面设计案例作为学习任务，具体介绍利用 UG NX 12.0 软件进行自由曲面初步设计的过程。通过任务案例的曲面设计训练，读者可理解在 UG NX 12.0 软件中设计曲面的基本思路，掌握 UG NX 12.0 软件中曲面的基本创建方法及编辑功能，通过曲面设计完成复杂形状的构建。

学习目标

知识目标

1）掌握直纹面、通过曲线组等曲面的各种创建方法。

2）掌握偏置、修剪等曲面的编辑方法。

能力目标

1）能够根据需要选择适当的曲面创建方法创建曲面。

2）能够根据需要选择适当的曲面编辑方法完成曲面、造型设计。

素养目标

1）了解曲面创建及编辑方法，在实践中体会简单曲面设计的基本规律。

2）能够综合应用实体模型与曲面编辑命令，独立完成简单的个性化曲面模型设计，激发学习兴趣。

任务一　伞帽的曲面设计

一、任务描述

完成图 4-1 所示伞帽的曲面设计。

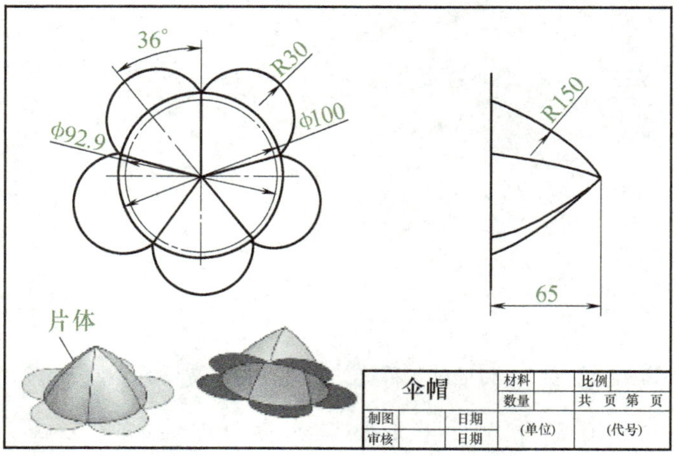

图 4-1　伞帽零件图

二、任务分析

伞帽的曲面设计中，存在两种不同的曲面，帽檐曲面为平面，伞面曲面为弧面。一片帽檐曲面和一片伞面曲面为一组，整体伞帽模型由五组相同的曲面组构成。在曲面设计中，重复曲面模型可采用分别创建曲面的方式构建模型，也可采用创建一组曲面再复制的方式构建模型。而由封闭曲面创建简单曲面，可考虑选择有界平面或 N 边曲面。此任务选择 N 边曲面创建伞面曲面，选择有界平面创建帽檐曲面。为避免重复创建曲面的操作，在创建一组伞面和帽檐曲面后，复制曲面组，完成伞帽模型的创建。

伞帽的曲面设计

三、任务实施

打开源文件素材包\NX 12.0\项目四\任务一\任务实施\，进行伞帽曲面模型的建模，步骤如下。

1. 创建伞帽骨架

1）绘制半径为 50mm 的圆。利用“圆弧/圆”命令，选择“从中心开始的圆弧/圆”方式，以坐标原点为圆心，在 XC-YC 平面上绘制半径为 50mm 的整圆，如图 4-2 所示。

2）绘制半径为 150mm 的圆弧。利用“圆弧/圆”命令，选择“三点画圆弧”方式，在 XC-ZC 平面上绘制半径为 150mm 的圆弧，圆弧的终点位于坐标原点正上方 65mm 处，如图 4-3 所示。

3）阵列圆弧曲线。利用“阵列特征”命令，“圆形”阵列方式，节距角设置为 72°，绘制第二条半径为 150mm 的圆弧，如图 4-4 所示。

2. 创建帽檐骨架

利用“圆弧/圆”命令，选择“三点画圆弧”方式，在 XC-YC 平面上分别以 R150mm 的两圆弧与 R50mm 整圆的交点为起点、端点，绘制半径为 30mm 的圆弧，如图 4-5 所示。

3. 创建伞面曲面

利用“N 边曲面”命令，创建伞面曲面。选择两条半径为 150mm 的圆弧和两圆弧之间半径为 50mm 的圆弧为外环线，创建伞帽的某一伞面，如图 4-6 所示。

4. 创建帽檐曲面

利用“有界平面”命令，创建帽檐曲面。选择半径为 30mm 的圆弧和圆弧两端点间的圆弧线为平截面，创建帽檐曲面，如图 4-7 所示。

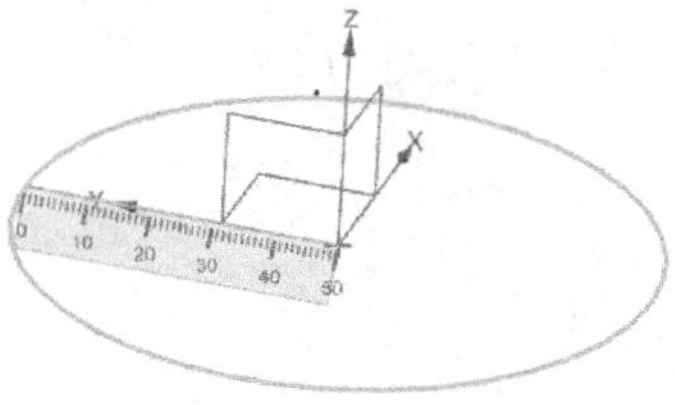

图 4-2　绘制 R50mm 的整圆

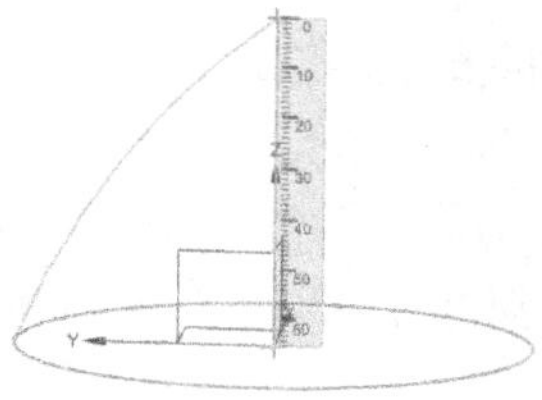

图 4-3　绘制 R150mm 的圆弧

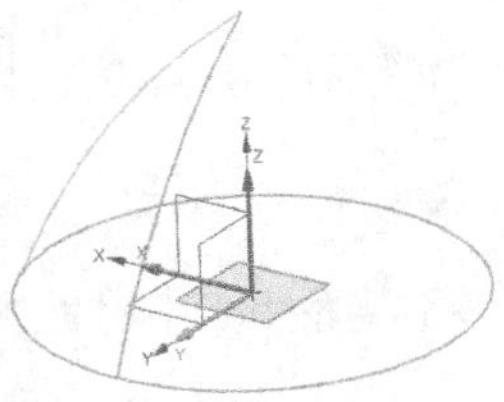

图 4-4　阵列 R150mm 的圆弧

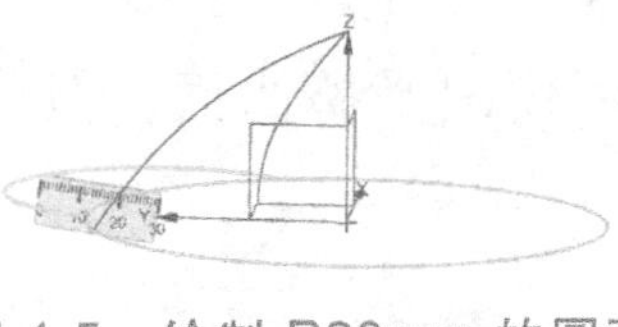

图 4-5　绘制 R30mm 的圆弧

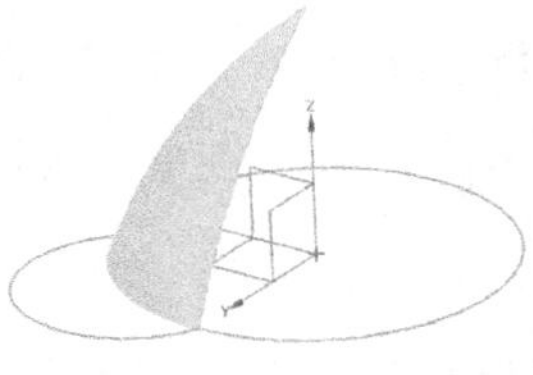

图 4-6　创建伞面曲面

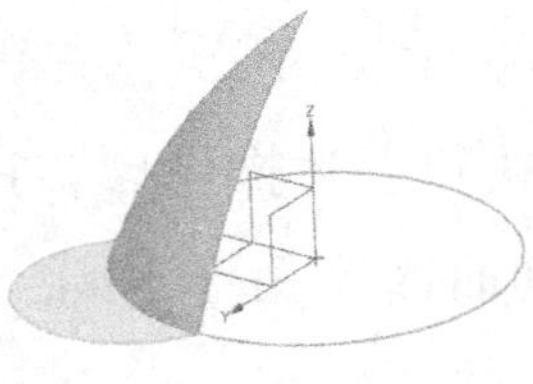

图 4-7　创建帽檐曲面

5. 旋转复制曲面

利用“阵列特征”命令，选择两个曲面为阵列特征，选择“圆形”方式，选择 ZC 轴为指定矢量，选择坐标原点为指定点，以“数量和间隔”方式复制创建五组节距角为 72° 的两个曲面。

思考：是否有其他方式可完成其余伞面曲面和帽檐曲面的复制？

6. 完成伞帽建模

隐藏曲线与基准，完成伞帽建模，如图 4-1 所示。

四、知识链接

1. 曲面基本概念

实体、片体和曲面的概念与区别见表 4-1。

表 4-1　实体、片体、曲面的概念与区别

项目	概念含义	区别对比
实体	由封闭表面包围而成	有厚度、有体积
片体	只有表面	0 厚度，无重量
曲面	任何片体、片体与片体的组合及实体的所有表面	含一个或多个独立片体

简单曲面创建命令

（1）曲面连续性（图 4-8）定义

Gn 表示两个几何对象之间的实际连续程度。

G0 表示两对象相连或两个对象的位置相连。

G1 表示两对象光滑连接，一阶微分连续或相切连续。

G2 表示两对象光滑连接，二阶微分连续或两对象的曲率连续。

G3 表示两对象光滑连接，三阶微分连续。

（2）曲面的 UV 方向

在数学角度上，曲面由两个方向的参数定义，U 定义行方向，V 定义列方向。

2. 有界平面

将共面的封闭曲线用平面填充起来，即得有界平面。

该命令的打开方式如下：

1）依次单击“曲面”→“曲面”→“更多”→“曲面”→“有界平面”。

2）依次单击“菜单”→“插入”→“曲面”→“有界平面”。

执行上述操作后，打开如图 4-9 所示对话框。“有界平面”可创建平整曲面，但其与“拉伸曲面”命令不同，见表 4-2。

表 4-2　“有界平面”与“拉伸曲面”的对比

命令	有界平面	拉伸曲面
说明	只能创建没有深度参数的二维曲面	可创建有深度参数的二维或三维曲面
图示		

3. 直纹面

利用一系列直线连接两条曲线轮廓生成的片体或实体，即为直纹面。该命令的打开方式如下：

依次单击“曲面”→“曲面”→“更多”→“网络曲面”→“直纹面”。

执行上述操作后，打开如图 4-10 所示对话框。

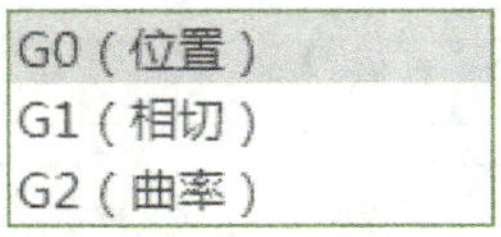

图 4-8　曲面连续性

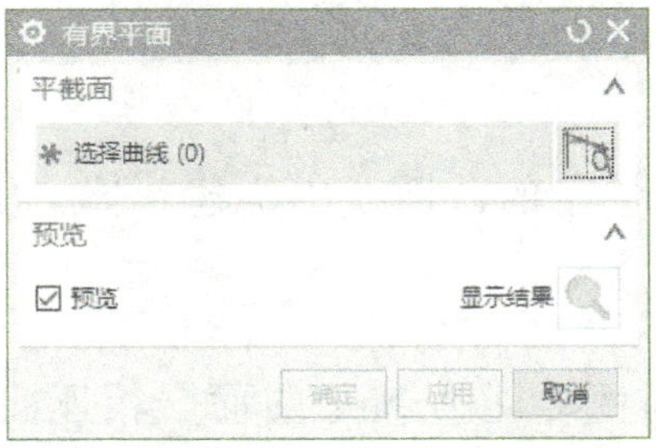

图 4-9　“有界平面”对话框

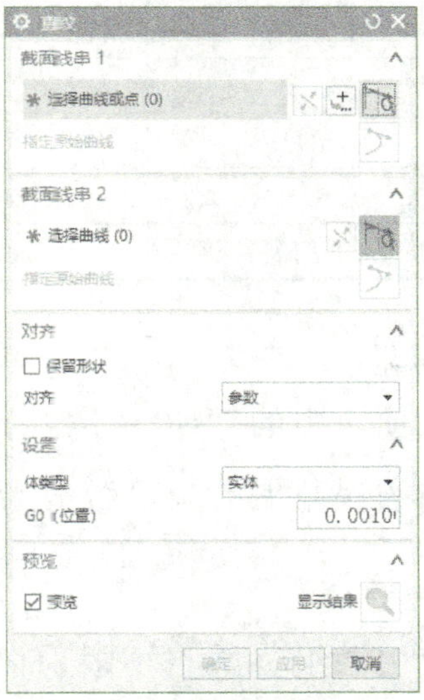

图 4-10　“直纹”对话框

（1）截面线串

截面线串可以由单个或者多个对象组成。对象可以是曲线、实边或实面。“截面线串 1”可以选择点。若选定的截面线串均为封闭曲线，则可生成实体。

注意：在选定两个截面线串时，两个线串的方向必须一致。若选定的线串方向相反，则将生成扭曲的曲面，见表 4-3。

表 4-3　线串方向选择及结果对比

线串方向	一致	相反
图示	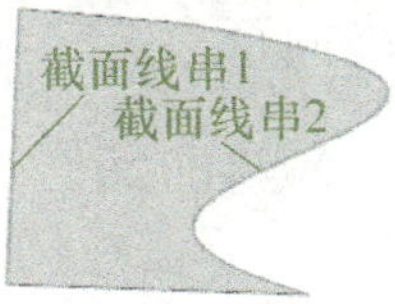	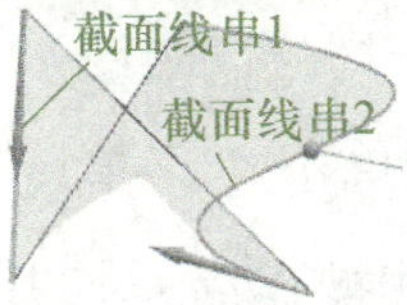

（2）对齐

“对齐”用于设置曲面的构建方法，见表 4-4。在创建直纹面时，可取消“对齐”区域中的“保留形状”复选框。若选中“保留形状”复选框，则对齐选项组下拉列表中的部分选项不可用。

表 4-4　“对齐”选项及功能

序号	选项	功能
1	参数	沿曲线以等参数间隔分隔曲线连接点，以局部分段形式创建曲面，一般用于两截面线串数量一致且形状相似的情况
2	弧长	沿截面以等弧长间隔分隔曲线连接段，以整体分段形式创建曲面，一般用于两截面线串内部曲线相切的情况

（续）

序号	选项	功能
3	根据点	将不同形状截面线串间的点对齐，一般用于两截面线串数量不一致且有锐边的情况
4	距离	在指定矢量上将点沿每条曲线以等距离隔开
5	角度	在所指定的轴线周围将曲线以相等角度隔开
6	脊线	把点放在选择的曲线和正交于输入曲线的平面的交点上
7	可拓展	可定义起始和终止填料曲面类型

（3）设置

设置选项组中的“G0（位置）”选项是指距离公差，可设置选定截面线串与生成片体或实体之间的误差值。当设置值为 0 时，将完全沿着所选定的截面线串构建片体或实体。

4. N 边曲面

通过使用一组（数目不限）的相连曲线或边建立曲面，即为 N 边曲面。相连曲线可以是平面曲线，也可以是空间曲线，可封闭也可不封闭，见表 4-5。

表 4-5　不同曲线状态 N 边曲面对比

曲线状态	未封闭	封闭
曲线图示		
N 边曲面图示		

该命令的打开方式如下：

1）依次单击“曲面”→“曲面”→“更多”→“网络曲面”→“N 边曲面”。

2）依次单击“菜单”→“插入”→“网络曲面”→“N 边曲面”。

执行上述操作后，打开如图 4-11 所示对话框。

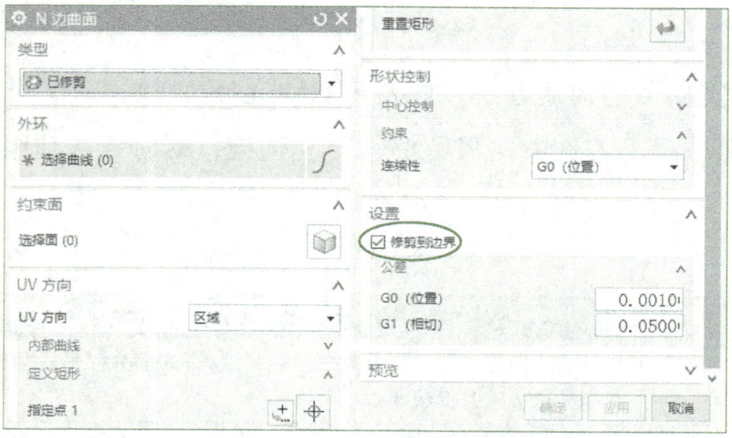

图 4-11　“N 边曲面”对话框

（1）类型

“N 边曲面”创建类型有“已修剪”和“三角形”两种，见表 4-6。

表 4-6　“N 边曲面”不同创建“类型”对比

类型选项	已修剪		三角形
	☐修剪到边界	☑修剪到边界	
图示	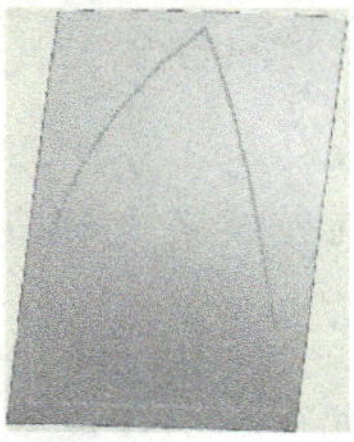	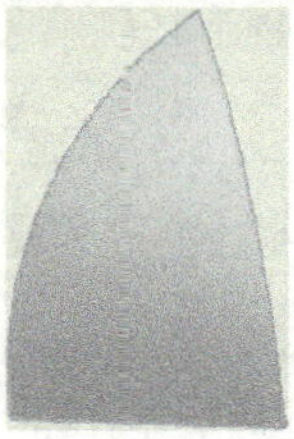	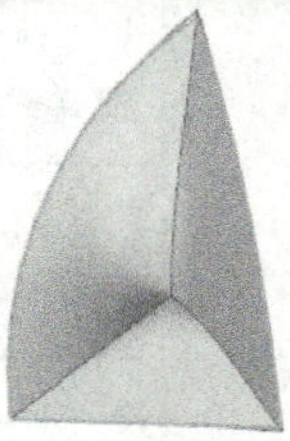

（2）外环

选择曲线链作为曲面轮廓。

（3）约束面

选择面来定义相切约束。

（4）UV 方向

“类型”选项为“已修剪”时，选择不同“UV 方向”的对比，见表 4-7。

表 4-7　“N 边曲面”不同“UV 方向”对比

UV 方向	说明	图示
脊线	选取脊线虚线定义曲面 V 方向	
矢量	通过“矢量”定义曲面 V 方向	
区域	通过对角点定义 WCS 平面上曲面的 UV 方向	

五、任务评价

任务完成后，按照表 4-8 对任务实施过程开展评价，进行任务总结与反思。

表 4-8　任务一考核评价表

考核项目与权重	考核内容	评价标准	自评	互评	教师评价
专业知识（20%）	（1）掌握拉伸、旋转、扫掠、有界平面、直纹面等简单曲面创建命令的使用方法（10 分）	未能掌握命令的调用位置及方法，无法创建所需曲面，酌情扣分			
	（2）掌握简单曲面造型设计的流程及思路（10 分）	未能正确选择命令，无法完成曲面创建，酌情扣分			

（续）

考核项目与权重	考核内容	评价标准	自评	互评	教师评价
专业能力（30%）	（1）能够正确使用拉伸、旋转、扫掠、有界平面、直纹面简单曲面创建命令，完成简单曲面创建（10分）	未能正确使用简单曲面创建命令完成要求曲面的创建，酌情扣分			
	（2）能够选择恰当的曲面创建命令，完成简单曲面设计（10分）	未能按要求完成简单曲面的设计，酌情扣分			
	（3）能够按照要求完成曲面造型设计（10分）	未能按要求完成造型设计，酌情扣分			
职业素养（20%）	（1）敬业守时、认真负责、踏实严谨、谦虚好学（5分）	迟到、早退、无故缺勤等，每次扣1分			
	（2）具有良好的团队合作精神，能热心帮助其他同学完成任务（5分）	不参加小组讨论，每次扣1分			
	（3）能根据工作任务对资源合理分配，能正确控制、激励、协调小组工作全过程（5分）	根据对小组的引导、小组完成任务情况酌情扣分			
	（4）能准确、快速地表达个人思想和见解，能灵活运用所学知识，有创造性（5分）	根据所学知识进行创意设计情况酌情扣分			
任务总结（30%）	（1）按照任务实施步骤完成伞帽的曲面设计任务，主要包括有界平面、直纹面的创建及编辑（10分）	根据任务完成情况酌情扣分			
	（2）能进行归纳总结，得出规律和指导性经验，技术文件完整、规范、条理清晰，在任务结束后，反思自己的任务完成情况和质量（20分）	根据总结和反思情况酌情扣分			
合计（自评占比40%，互评占比20%，教师评价占比40%）					

任务二　烛像的曲面设计

一、任务描述

完成如图4-12a所示烛像的曲面设计，其零件图如图4-12b所示。

二、任务分析

在烛像的曲面设计中，需在曲面创建的基础上，对所创建的曲面模型进行一定的曲面编辑，从而得到理想的烛像模型。因此，在模型创建的过程中，除涉及直纹面、有界平面、扫掠等曲面创建方法外，对“缝合”“修剪体”等曲面编辑命令的应用要求较高。

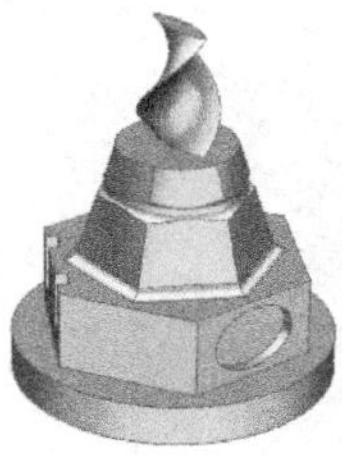

a) 烛像

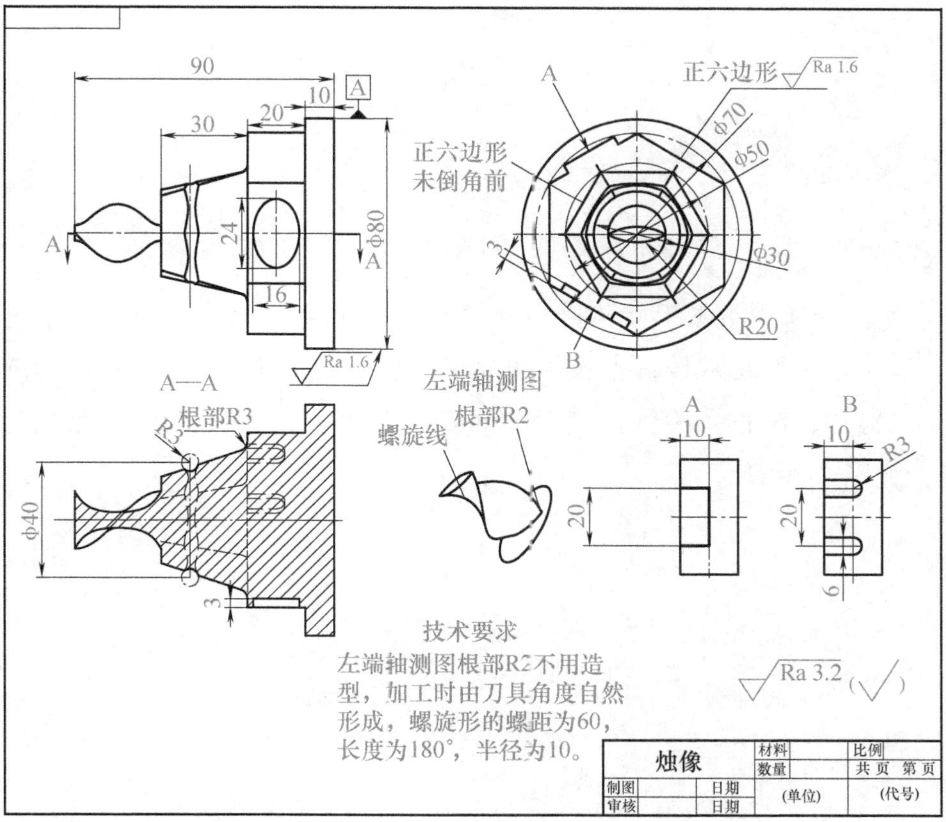

b) 烛像零件图

图 4-12　烛像及其零件图

三、任务实施

烛像的曲面设计

打开源文件素材包 \ NX 12.0 \ 项目四 \ 任务二 \ 任务实施 \ ，进行烛像模型的建模，操作步骤如下。

1. 创建烛像底座

1）绘制如图 4-13 所示烛像底座草图。在 XOY 平面上，以坐标原点为圆心，绘制半径为 40mm 的圆。

2）以 ZC 轴为指定矢量，沿 ZC 轴正方向拉伸 10mm，得到如图 4-14 所示烛像底座。

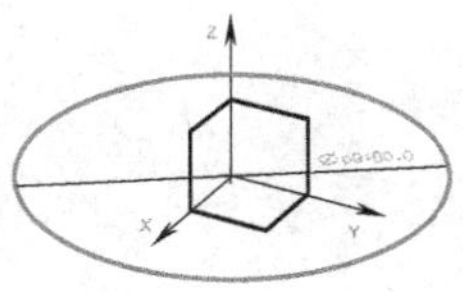

图 4-13　烛像底座草图

2. 创建烛台基座

1）以圆柱体顶面为基准面，绘制如图 4-15 所示烛台基座草图。绘制以圆柱体顶面圆心为中心、外接圆半径为 35mm 的正六边形。

2）以 ZC 轴为指定矢量，沿 ZC 轴正方向拉伸 20mm，得到如图 4-16 所示正六棱台。

3. 绘制烛台截面曲线

1）在正六棱台上表面绘制与正六棱台夹角为 30°，边长为 25mm 的正六边形，如图 4-17 所示。

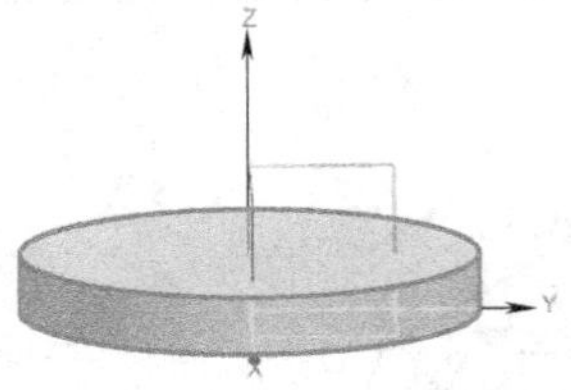

图 4-14 拉伸创建烛像底座

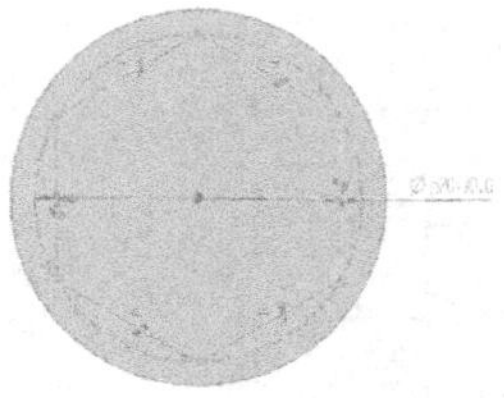
图 4-15 绘制烛台基座草图

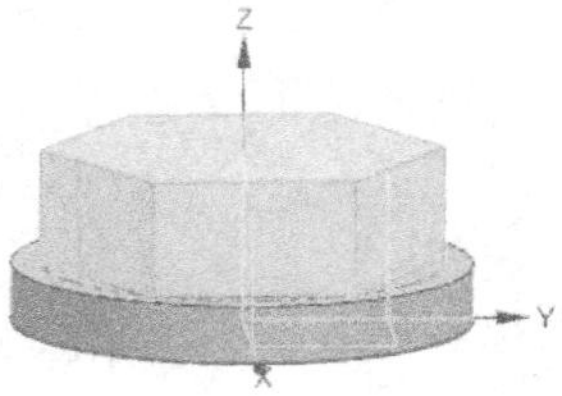

图 4-16 创建烛台基座

思考：是否有其他方法绘制如图 4-17 所示正六边形？

2）在距离正六棱台上表面 20mm 的平面上绘制半径为 20mm 的圆，如图 4-18 所示。

3）在距离正六棱台上表面 30mm 的平面上，绘制六条半径为 15mm、角度为 60°的圆弧，如图 4-19 所示。

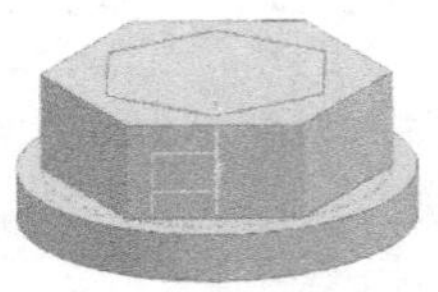
图 4-17 绘制正六边形

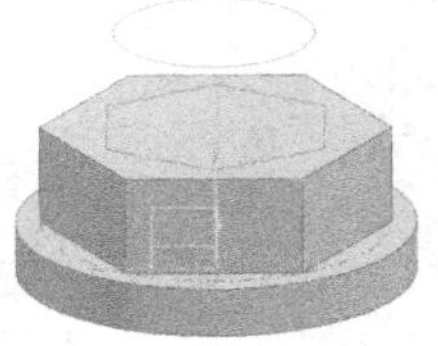
图 4-18 绘制圆

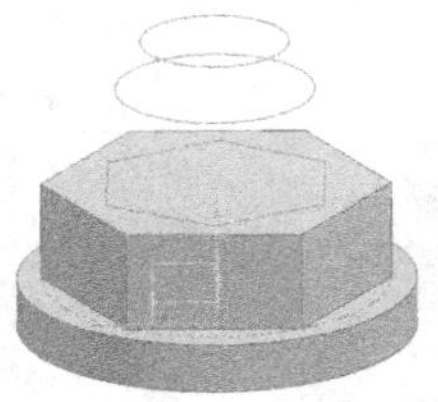
图 4-19 绘制圆弧

注意：每一条圆弧与正六边形角度对应，六条圆弧首尾相连，形成圆形，但不可直接绘制圆形。

4. 创建烛台侧面

利用“直纹面”命令，创建烛台各侧面。分别选择正六边形的一条边及与之相对应的半径为 15mm 的圆弧为截面线串 1 和 2，创建基座的六个侧面，如图 4-20 所示。

5. 创建烛台顶面和底面

采用“有界平面”命令，创建烛台顶面和底面，如图 4-21 所示。

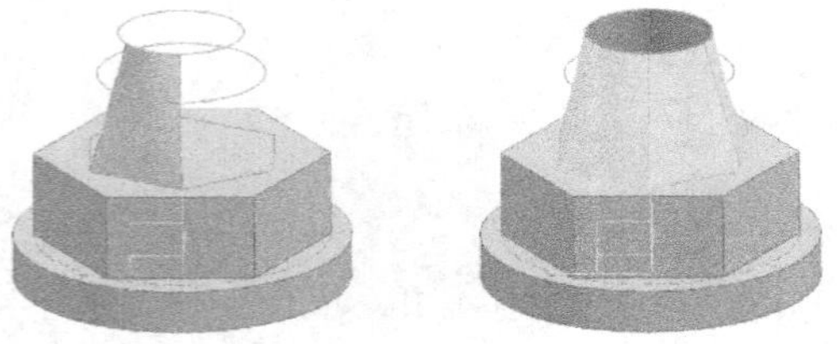
a) 直纹面　b) 烛台侧面

图 4-20 创建烛台侧面

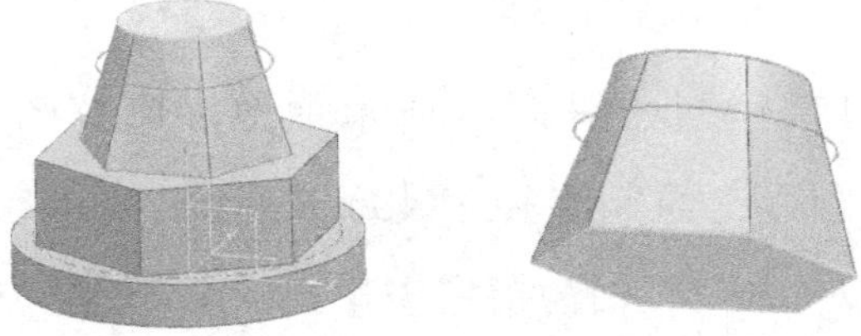
a) 创建顶面　b) 创建底面

图 4-21 创建烛台顶面和底面

6. 创建烛台实体

缝合烛台侧面、底面、顶面，创建烛台实体。采用“缝合”命令，选择某一直纹面为“目标”片体，依次选择其余五片直纹面、顶面以及底面为“工具”片体，进行片体缝合，完成烛台实体的创建。

思考：“缝合”片体时，是否可以选择烛台顶面或底面为“目标”片体？

7. 装饰烛台与基座

1）采用“合并”命令，将底座、基座、烛台合并成为一个整体。

2）采用“管”命令，创建外径为6mm的凹槽。单击“管”按钮，选择半径为20mm的圆曲线为路径曲线，设置外径为6mm，布尔运算选择“减去”，在烛台实体表面创建管形凹槽，如图4-22所示。

3）采用“拉伸”命令，创建烛台基座上的凹槽及凸台装饰。（为便于表述及理解，首先对正六棱台状的烛台基座的六个侧面进行编号：将基座正六棱台的任一侧面标记为a，其余各面沿顺时针方向依次标记为b、c、d、e、f，如图4-23所示。）

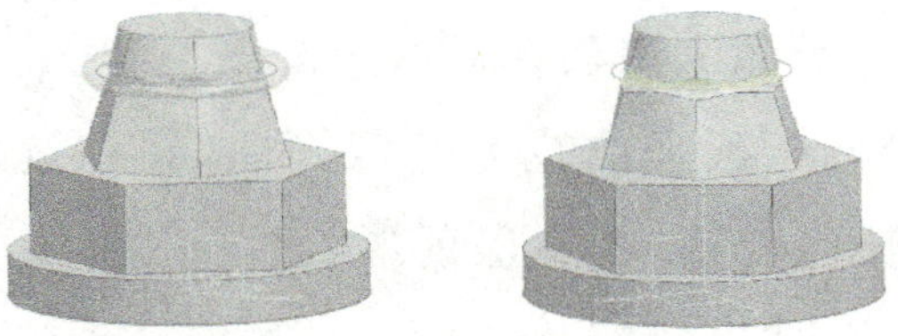

a) 采用“管”命令　　b) 创建管形凹槽

图4-22　创建管形凹槽

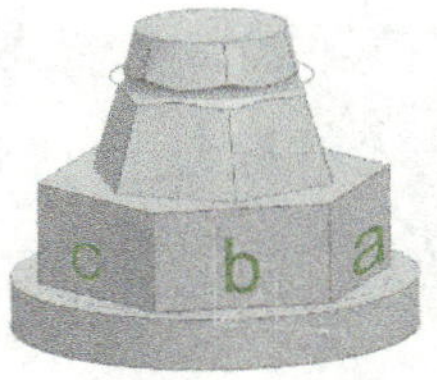

图4-23　正六棱台侧面编号

4）选择a面为基准面，绘制如图4-24所示的短轴为16mm、长轴为24mm、旋转角度为90°的椭圆草图。采用“拉伸”命令，选择草图中的椭圆曲线，选择垂直基准面并指向正六棱台的方向为指定矢量，布尔运算选择“减去”，在正六棱台表面创建深度为3mm的凹槽，如图4-25所示。

5）选择c面为基准面，绘制如图4-26所示草图。采用“拉伸”命令，选择草图中的凹槽曲线，选择垂直基准面且指向正六棱台的方向为指定矢量，布尔运算选择“减去”，在正六棱台表面创建深度为3mm的凹槽，如图4-27所示。

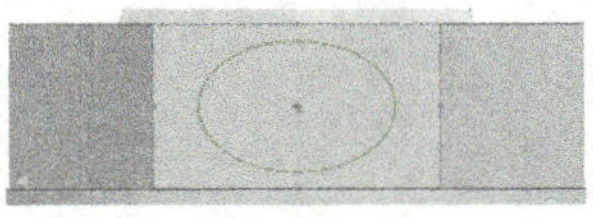

图4-24　绘制椭圆草图

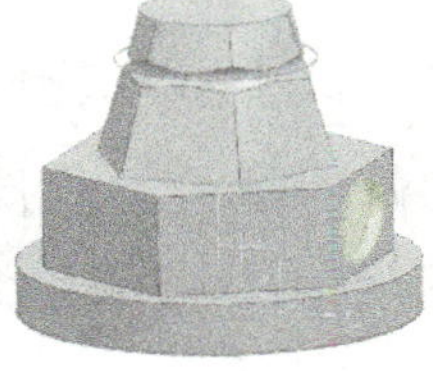

图4-25　创建椭圆装饰

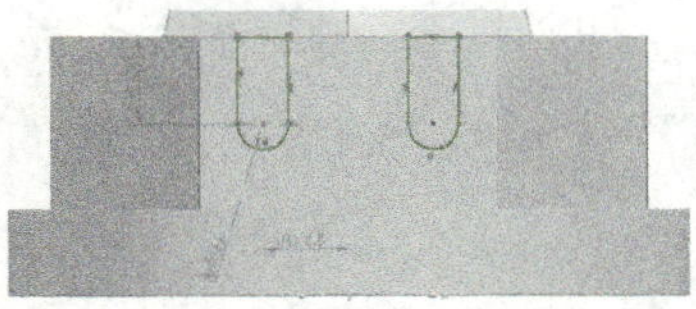

图4-26　绘制凹槽装饰草图

6）选择e面为基准面，绘制如图4-28所示草图。采用“拉伸”命令，选择草图中的凸台曲线，选择垂直基准面且背向正六棱台的方向为指定矢量，布尔运算选择“合并”，在正六棱台表面创建凸起高度为3mm的凸台，如图4-29所示。

8. 创建烛纹

1）采用“螺纹”命令，创建烛纹轮廓螺旋线。选择“沿矢量”方式，选择“X轴、Y轴、原点”，以烛台顶面中心为圆心指定坐标系，“半径”设置为恒定值10mm，“螺距”设置为恒定值 60mm，以“圈数”定义螺旋线长度，圈数设置为 1，“旋转方向”设置为“右旋”，绘制螺旋线，如图 4-30 所示。

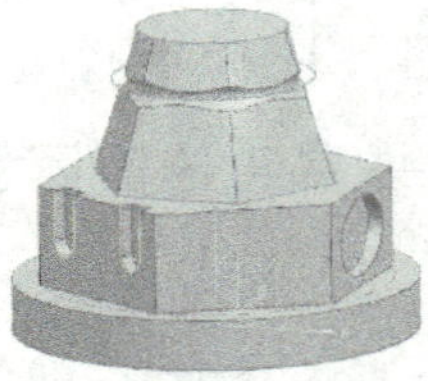
图 4-27　创建凹槽装饰

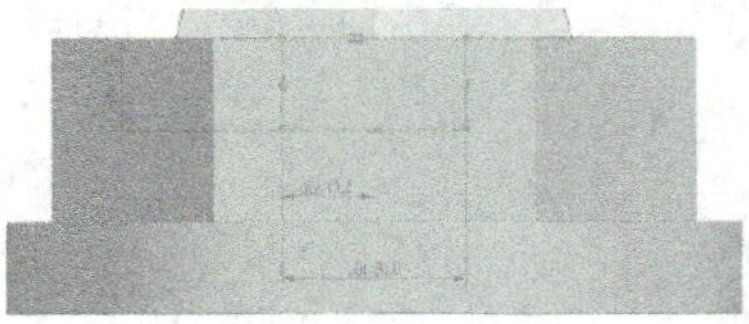
图 4-28　绘制凸台装饰草图

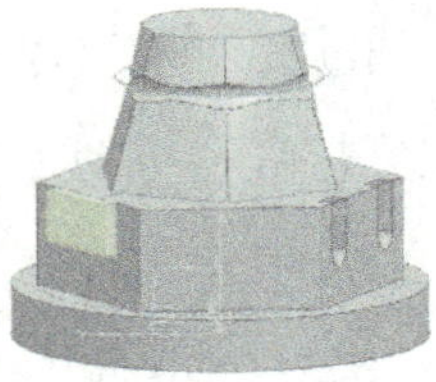
图 4-29　创建凸台装饰

2）以烛台顶面为基准面，绘制如图 4-31 所示草图。选择“三点定圆弧”方式绘制两条等半径圆弧，坐标原点为两圆弧两端交点的中点，与两交点相距 10mm。

注意：两条圆弧为等半径约束，两交点与坐标原点之间距离相等。

采用“扫掠”命令创建烛纹。选择草图中两条圆弧曲线为“截面曲线”，选择螺旋线为“引导线”，“截面位置”选择“沿引导线任何位置”，不保留形状，“对齐”方式选择弧长，“定向方法”选项组中“方向”选择面的法向，“面”选择烛台顶面，创建的烛纹如图 4-32 所示。

图 4-30　绘制螺旋线

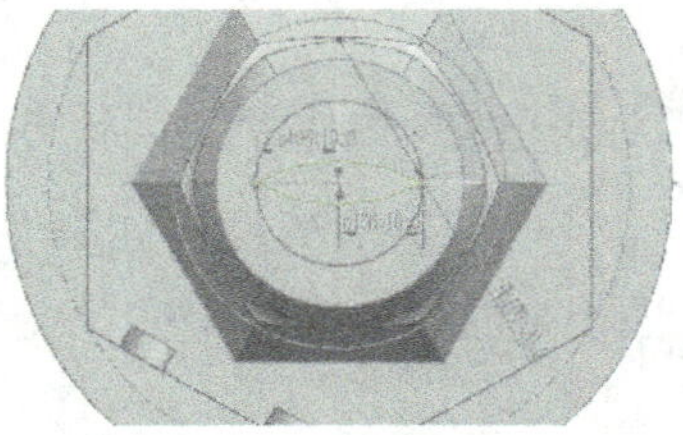
图 4-31　绘制烛纹草图

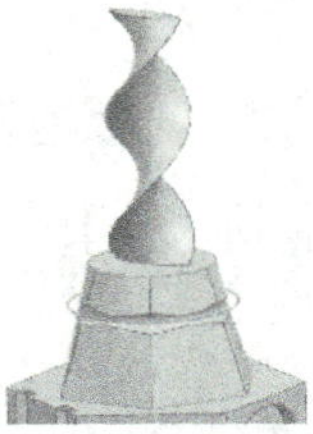
图 4-32　创建烛纹

9. 修剪烛纹

1）沿 ZC 轴正方向，在距离 XOY 平面 90mm 处创建一个基准平面。

2）采用“修剪体”命令修剪烛纹。“目标”选择烛纹，“工具”选择步骤 1）中创建的基准平面，修剪烛纹，如图 4-33 所示。

图 4-33　修剪烛纹

10. 创建组合体

合并烛纹、烛台、基座、底座，隐藏所有草图、基准及曲线，得到如图 4-12a 所示的烛像模型。

通过曲线组和通过曲线网格

四、知识链接

1. 通过曲线组

通过同一方向的一系列截面线串创建片体或实体，即得到通过曲线组曲面。截面线串可以是单个曲线或实体边，也可以是多个曲线或实体边。

该命令的打开方式如下：

1）依次单击“曲面”→“曲面”→“通过曲线组”。

2）依次单击“菜单”→“插入”→“网格曲面”→“通过曲线组”。

执行上述操作后，打开如图 4-34 所示对话框。

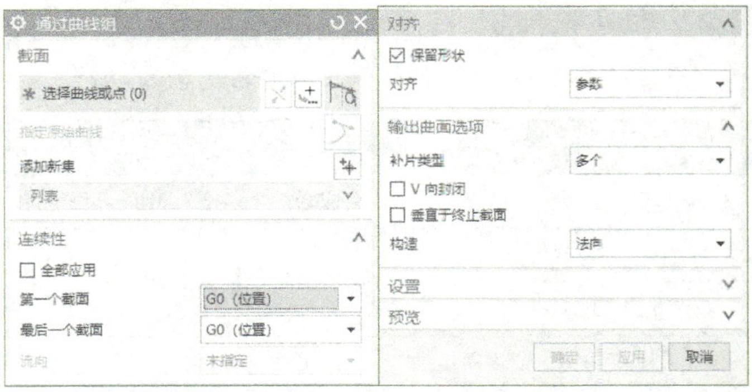

图 4-34　“通过曲线组”对话框

（1）截面

在选取截面线串时，必须按照顺序依次选取。每一条截面线串选定后，需要单击鼠标中键以确认，直至所选择的截面线串出现在如图 4-35 所示的列表中。可以对列表中的所选线串进行上移、下移或删除等操作。

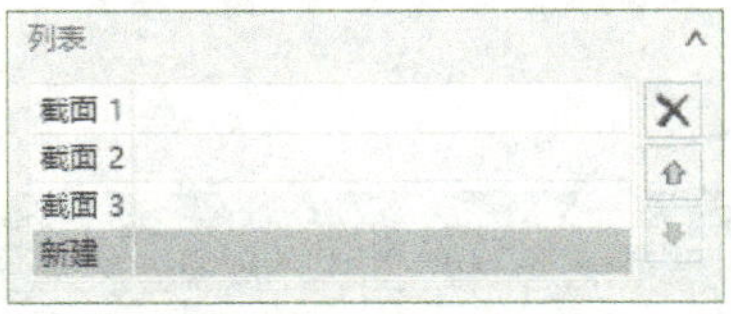

图 4-35　“截面”选项组列表

（2）连续性

连续性选项组用于生成曲面和指定曲面之间的边界过渡方式。只有“输出曲面选项”选项组中的“垂直于终止截面”复选框未被勾选时，才可以对“连续性”进行操作。“连续性”选项组中有三种约束方式，见表 4-9。

表 4-9　连续性选项组中各选项及其功能

序号	选项	功能	图示
1	G0(位置)	生成面与指定面之间点连续，无约束关系	
2	G1(相切)	生成面与指定面相切，两面之间的切线斜率连续	
3	G2(曲率)	生成面与指定面相切，两面之间的曲率连续	

（3）对齐

对齐选项组的选项与“直纹面”命令中的“对齐”选项类似，有“参数”“弧长”“根据点”“距离”“角度”“脊线”“根据段”七个选项。

（4）输出曲面选项

该选项组中各选项及功能见表 4-10。

表 4-10 “输出曲面选项”组中各选项及功能

序号	选项		功能
1	补片类型		生成单个、多个补片或匹配线串的曲面
2	V 向封闭		见表 4-11
3	垂直于终止截面		
4	构造	法向	多用此选项使用标准方法构建曲面
		样条点	使用输入曲线的点即其相切值构建曲面
		简单	利用最少数目的补片创建尽可能简单的曲面

表 4-11 “V 向封闭”与“垂直于终止截面”选项功能

序号	复选框状态	功能	图示
1	☑ V 向封闭	当生成“多个”补片时，可连接起始截面和终止截面，使图形封闭	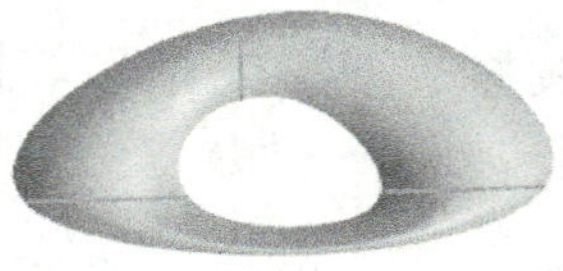
2	☐ 垂直于终止截面 ☐ V 向封闭	—	
3	☑ 垂直于终止截面	使生成曲面垂直于截面线串（此时“连续性”无效）	

2. 通过曲线网格

通过曲线网格用于通过两个不同方向的截面线串创建曲面，其中一个方向的截面线串设定为主曲线，另一个方向的截面线串设定为交叉曲线。“通过曲线网格”命令从两个不同方向控制曲线、定义曲面，可以很好地控制曲面形状。“通过曲线网格”是最常用的创建曲面的方法之一，其命令的打开方式如下：

1）依次单击“曲面”→“曲面”→“通过曲线网格”。

2）依次单击“菜单”→“插入”→“网格曲面”→“通过曲线网格”。

执行上述操作后，打开如图 4-36 所示对话框。

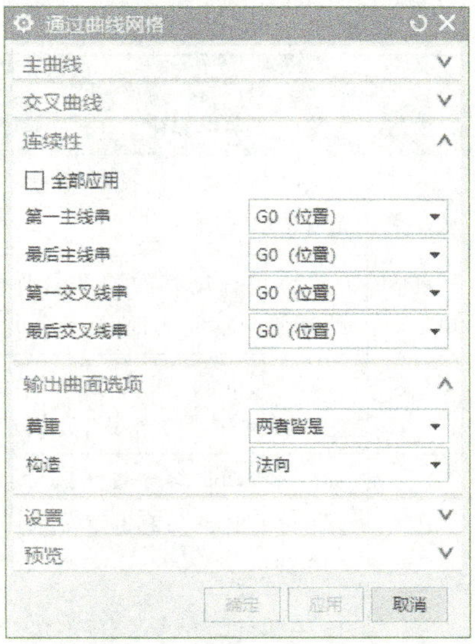

图 4-36　“通过曲线网格”对话框

（1）主曲线

选定主曲线时，第一个主曲线和最后一个主曲线可以是点。

（2）交叉曲线

选择与主曲线不同方向的截面线串为交叉曲线。

注意：在选择主曲线与交叉曲线时，主曲线 1 与交叉线串 1 方向共顶点，其余所选择的主曲线与交叉曲线方向需要有交叉，否则生成的曲面会扭曲。

（3）连续性

其选项与“通过曲线组”相同，有“G0（位置）”“G1（相切）”“G2（曲率）”三个选项。

（4）输出曲面选项

其选项及功能见表 4-12。

表 4-12　“输出曲面选项”及功能

序号	选项组	功能
1	着重	设置对生成曲面的形状影响最大的为主曲线、交叉曲线或两者皆是
2	构造	与“通过曲线组”选项相同，有“法向”“栏条点”“简单”三个选项

五、任务评价

任务完成后，按照表 4-13 对任务实施过程开展评价，进行任务总结与反思。

表 4-13　任务二考核评价表

考核项目与权重	考核内容	评价标准	自评	互评	教师评价
专业知识（20%）	（1）掌握通过曲线组、通过曲线网格命令的使用方法（10 分）	未能掌握命令的调用位置及方法，无法创建所需曲面，酌情扣分			
	（2）掌握曲面造型设计的流程及思路（10 分）	未能正确选择命令，无法完成曲面创建，酌情扣分			
专业能力（30%）	（1）能够正确使用通过曲线组、通过曲线网格命令，完成简单曲面的创建（10 分）	未能正确使用曲面命令按要求完成曲面的创建，酌情扣分			
	（2）能够选择恰当的曲面创建命令，完成所需曲面设计（10 分）	未能按要求完成曲面的设计，酌情扣分			
	（3）能够按照要求完成曲面造型的设计（10 分）	未能按要求完成造型设计，酌情扣分			

（续）

考核项目与权重	考核内容	评价标准	自评	互评	教师评价
职业素养（20%）	(1)敬业守时、认真负责、踏实严谨、谦虚好学(5分)	迟到、早退、无故缺勤等，每次扣1分			
	(2)具有良好的团队合作精神，能热心帮助其他同学完成任务(5分)	不参加小组讨论，每次扣1分			
	(3)能准确、快速地表达个人思想和见解，能灵活运用所学知识，有创造性(10分)	根据创意设计情况酌情扣分			
任务总结（30%）	(1)按照任务实施步骤完成烛像的曲面设计任务，主要包括烛纹、基座等曲面的创建(10分)	根据任务完成情况酌情扣分			
	(2)能进行归纳总结，得出规律和指导性经验，技术文件完整、规范、条理清晰，在任务结束后，反思自己的任务完成情况和质量(20分)	根据总结和反思情况酌情扣分			
合计（自评占比40%，互评占比20%，教师评价占比40%）					

任务三　风轮模型的3D设计

一、任务描述

完成如图4-37所示风轮模型的3D设计，其零件图如图4-38所示。

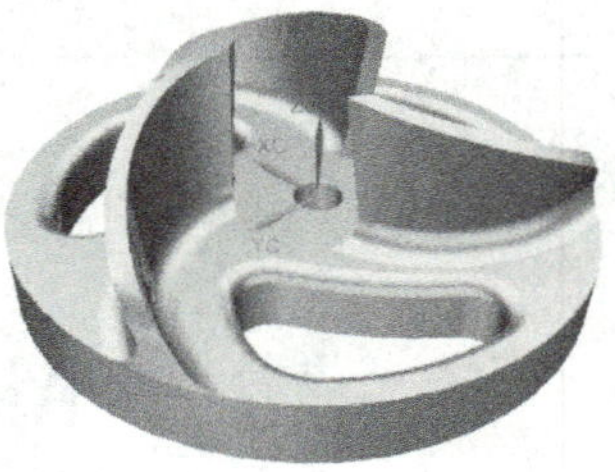

图4-37　风轮3D模型

二、任务分析

曲面设计与草图、曲线绘制紧密相关。在风轮的曲面设计中，涉及草图绘制、曲线的绘制，以及旋转、N边曲面、通过曲线网格、阵列、缝合等多项曲面创建与曲面编辑命令的综合应用。

三、任务实施

风轮的曲面设计

打开源文件素材包\NX 12.0\项目四\任务三\任务实施\，进行风轮模型的3D设计，操作步骤如下。

1. 创建风轮底座

创建草图，拉伸得到风轮底座。

1）在XOY平面上绘制如图4-39所示草图。

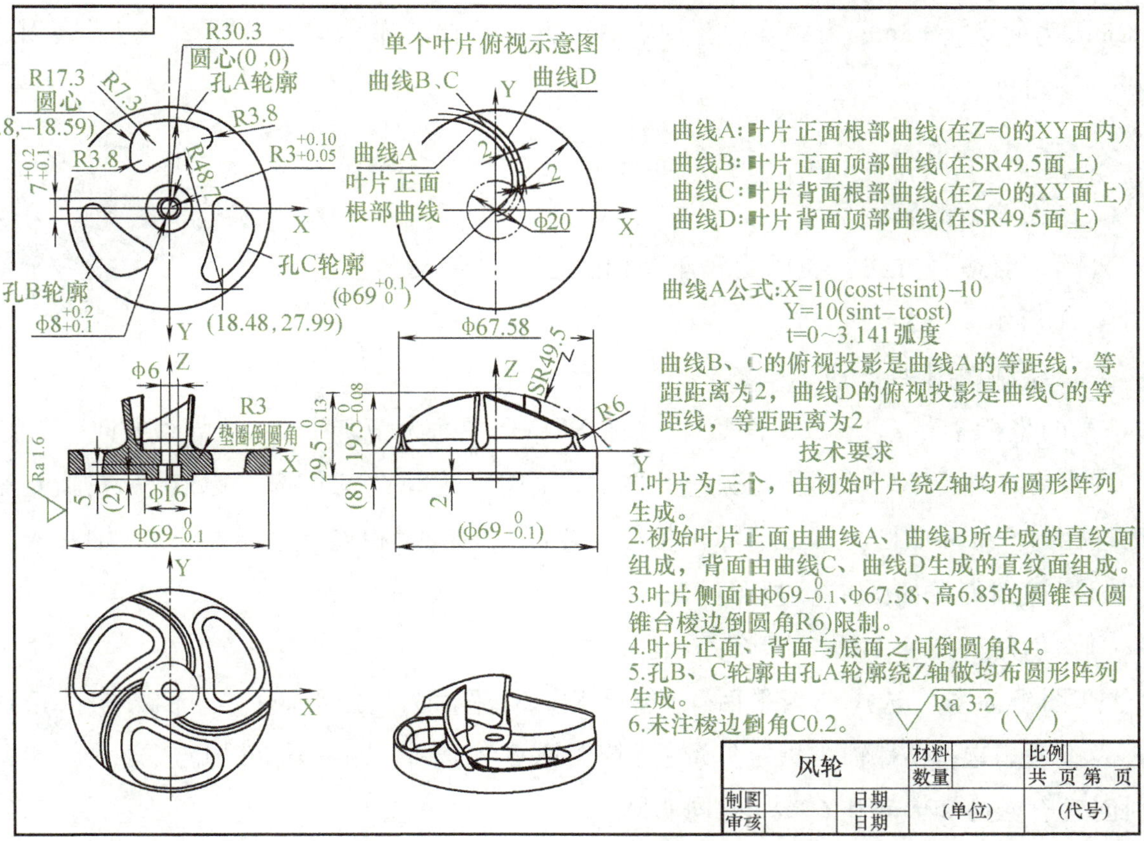

图 4-38　风轮零件图

注意： 直径为 8mm 的圆并非整圆，而是由左右两条圆弧以及上、下距离 X 轴 3.5mm 的水平线段构成的封闭图形。

2）拉伸得到如图 4-40 所示风轮底座。

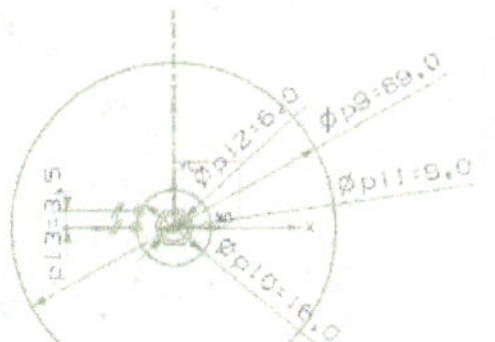

图 4-39　绘制风轮底座草图

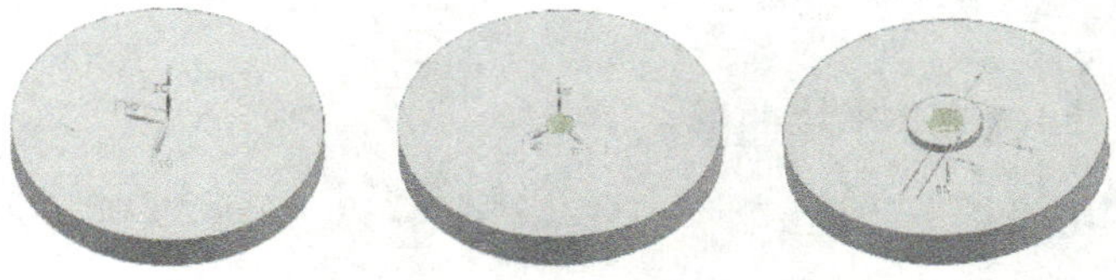

a)　　b)　　c)

图 4-40　创建风轮底座

① 选择直径为 69mm 的圆的草图曲线为截面线，以 ZC 轴为指定矢量，沿 ZC 轴正方向拉伸 8mm 得到圆柱体。

② 选择直径为 16mm 的圆的草图曲线为截面线，以 ZC 轴为指定矢量，沿 ZC 轴负方向拉伸 2mm，布尔运算选择与①中创建的圆柱体“合并”。

③ 选择直径为 6mm 的圆的草图曲线为截面线，以 ZC 轴为指定矢量，以 −14mm 为起点，+13mm 为终点，沿 ZC 轴正方向拉伸，布尔运算选择“减去”，创建如图 4-40b 所示的孔。

④ 选择直径为 8mm 的圆弧与直线段形成的封闭图形为截面线，以 ZC 轴为指定矢量，以-2mm 为起点，+3mm 为终点，沿 ZC 轴正方向拉伸，布尔运算选择“减去”，创建如图 4-40c 所示的孔。

2. 创建风轮叶片

(1) 创建新的坐标系

选择“动态”方式，在风轮底座顶面上创建“绝对坐标系”，如图 4-41 所示。

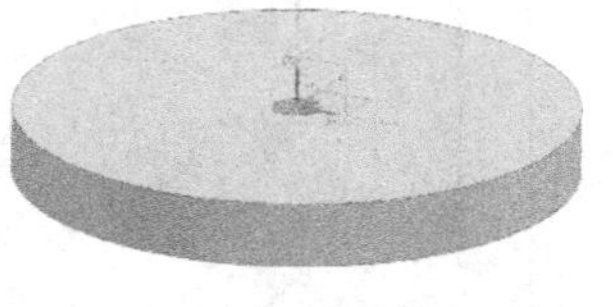

图 4-41 创建新的坐标系

(2) 绘制如图 4-42 所示草图

“草图坐标系”选择“新平面”，选择 XC-YC 平面为指定平面；“草图方向”选择“水平”为参考，选择 XC 轴为指定矢量；“草图原点”选择“工作部件原点”。在指定平面上创建直径为 99mm 的圆，圆心与原坐标原点之间用直线段相连，直线段与 ZC 轴共线。

(3) 旋转创建如图 4-43 所示的球

(4) 创建如图 4-44 所示草图

“草图坐标系”选择“新平面”，选择 XC-ZC 平面为指定平面；“草图方向”选择“水平”为参考，选择 XC 轴为指定矢量；“草图原点”选择“工作部件原点”。在指定平面上分别创建直径为 20mm 和 69mm 的同心圆。

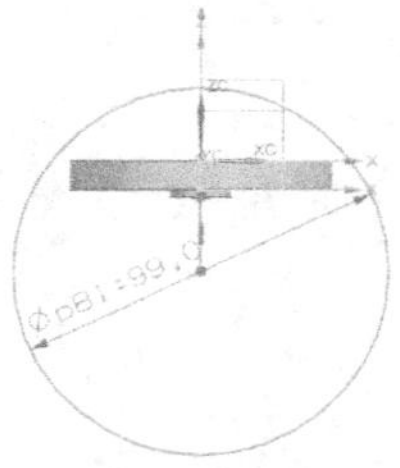

图 4-42 绘制草图

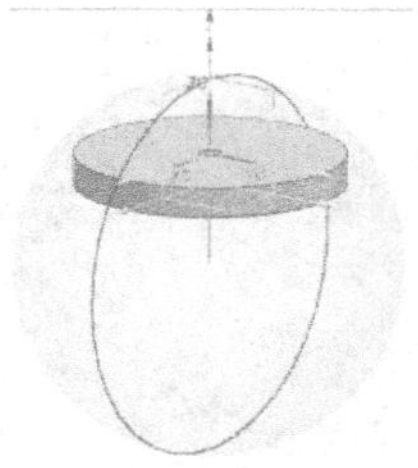

图 4-43 创建球

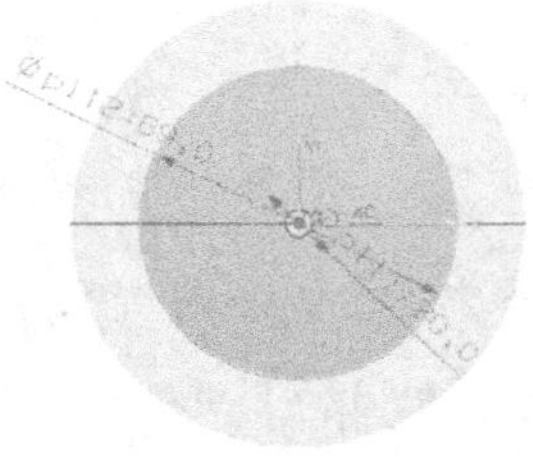

图 4-44 绘制同心圆

(5) 创建叶片曲线

1) 在“表达式”中编辑图 4-38 所示零件图中描述叶片曲线的方程式：$t=1$；$x=10(\cos(180t)+3.14t\sin(180t)-10)$；$y=10(\sin(180t-3.14t\cos(180t))$；$z=0$。

2) 利用“规律曲线”命令，在“X 规律”“Y 规律”“Z 规律”选项组中均选择“根据方程”方式，设置参数为 t，函数分别设置为 x、y、z，调整坐标系，使曲线的两个端点分别在直径为 20mm 与 69mm 的圆的轮廓线上，如图 4-45 所示。

3) 利用“偏置曲线”命令，在距离原曲线前、后各 2mm 处创建两条偏置曲线。

4) 利用“投影曲线”命令，将下方两条规律曲线投影至球表面，如图 4-46 所示。

5) 如图 4-47 所示，用直线依次连接各条曲线，绘制叶片图形轮廓。

(6) 创建叶片实体

1) 利用“N 边曲面”命令，创建叶片四周内表面，如图 4-48 所示。

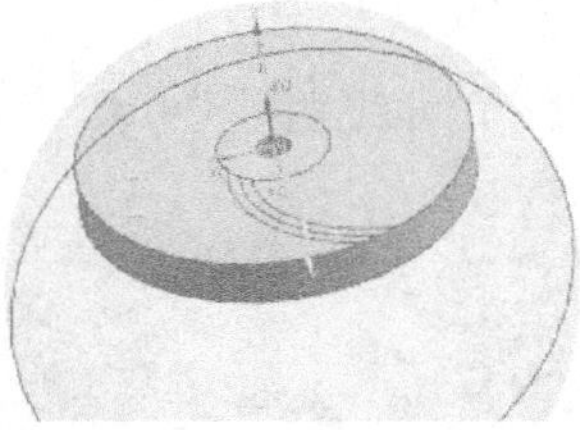

图 4-45 绘制叶片轮廓

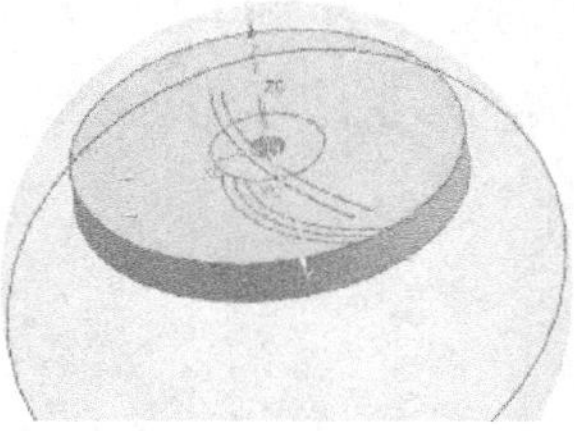

图 4-46 投影曲线

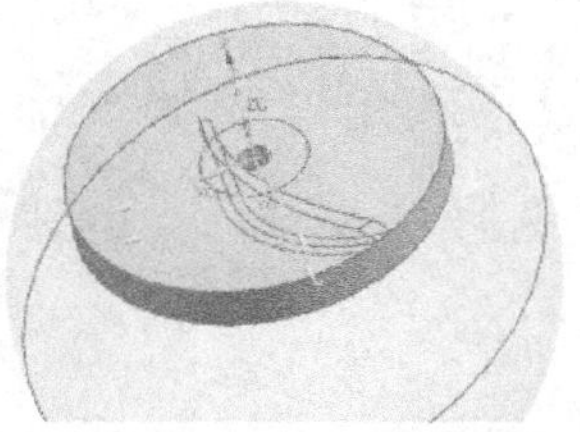

图 4-47 创建叶片轮廓

2）利用“通过曲线组”命令，创建叶片四周、顶面及底面。选择投影曲线为主曲线，选择直线为交叉曲线，创建叶片顶面。选择叶片内侧上、下曲线为主曲线，选择左、右直线为交叉曲线，创建叶片外侧表面，如图 4-49 所示。按相同操作创建叶片其余四个表面。

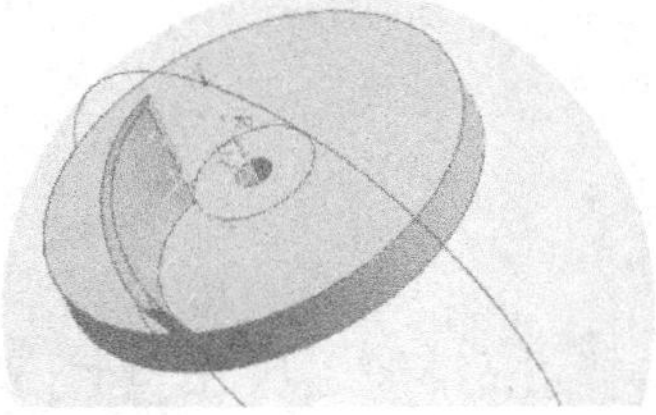

图 4-48 创建叶片内表面

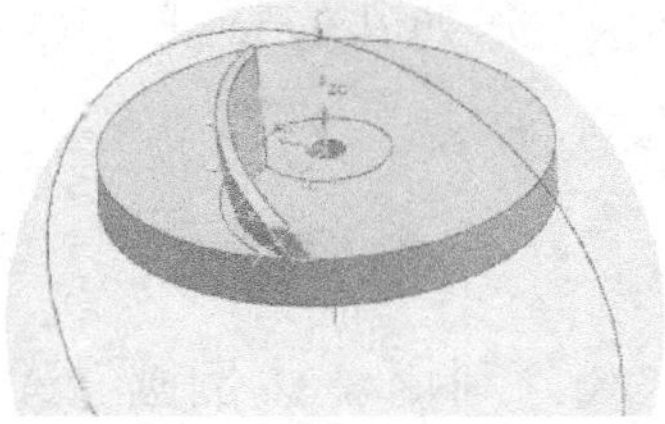

图 4-49 创建叶片外表面

3）利用“缝合”命令，依次将叶片各表面进行缝合，创建叶片实体。

4）“草图坐标系”选择“新平面”，选择 YC-ZC 平面为指定平面；“草图方向”选择“水平”为参考，选择 YC 轴为指定矢量；“草图原点”选择“工作部件原点”，绘制如图 4-50a 所示草图，图 4-50b 中细节处为修饰叶片形状，无尺寸要求。

5）利用“旋转”命令，选择图 4-50b 中的曲线为截面线，ZC 轴为指定矢量，旋转 360°，布尔运算选择“减去”，完成对叶片的细节编辑，如图 4-50c 所示。

6）利用“移动对象”命令，选择“角度”为 120°，复制创建另外两个叶片实体，完成叶片实体的创建，如图 4-51 所示。

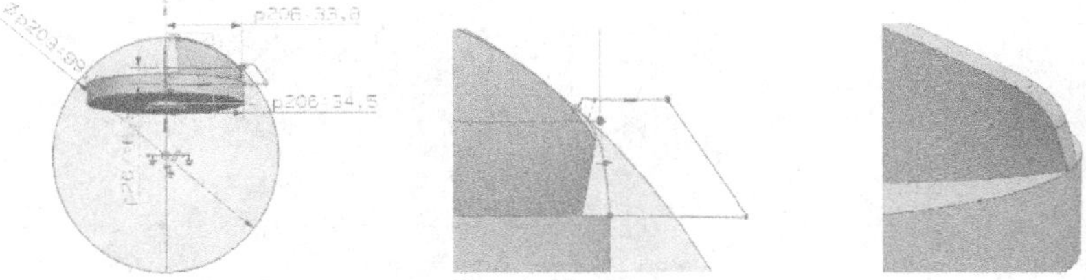

a) b) c)

图 4-50 编辑叶片细节

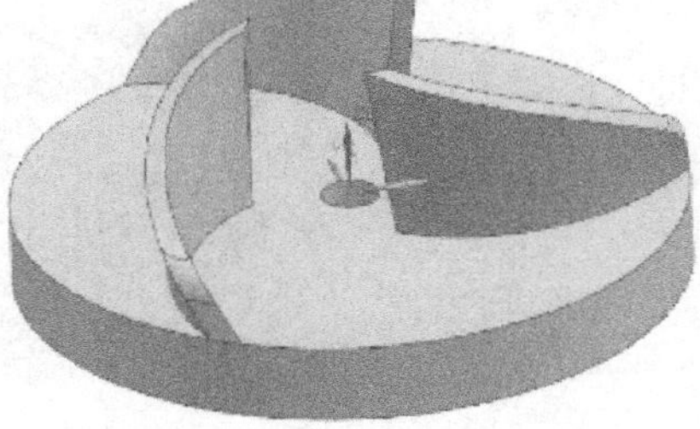

图 4-51 创建余下两个叶片

思考：是否有其他方法复制另外两个叶片实体？

3. 绘制孔轮廓

1）绘制孔轮廓草图。“草图坐标系”选择“新平面”，选择 XC-YC 平面为指定平面；“草图方向”选择“水平”为参考，选择 YC 轴为指定矢量；“草图原点”选择“工作部件原点”，绘制如图 4-52 所示草图，完成孔轮廓草图的绘制，如图 4-53 所示。

2）利用“拉伸”命令，选择孔轮廓曲线为截面线，沿 ZC 轴正方向拉伸 20mm，布尔运算选择“减去”，创建孔轮廓，如图 4-54 中所示。

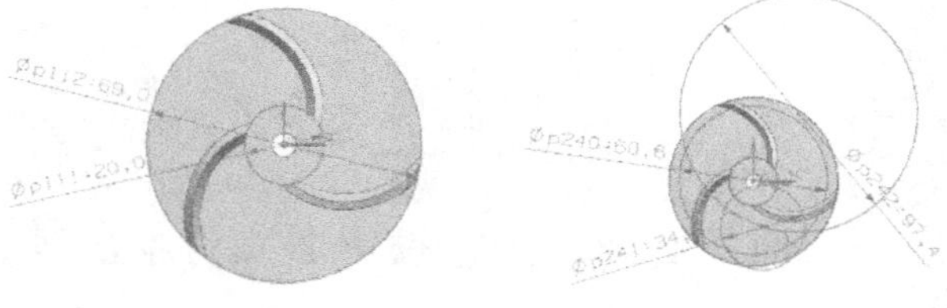

a) b)

图 4-52 绘制草图

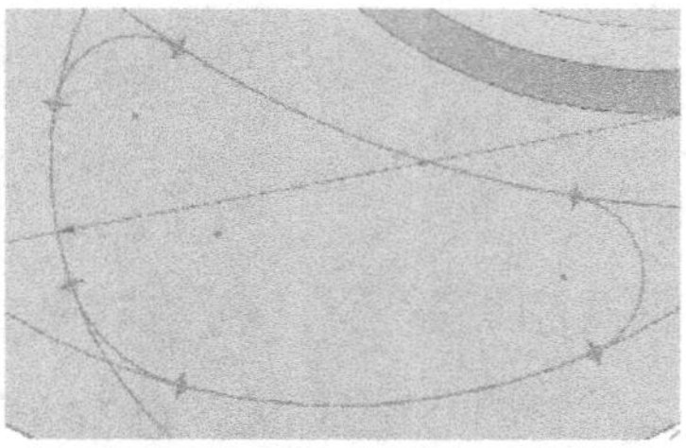

图 4-53 绘制孔轮廓草图

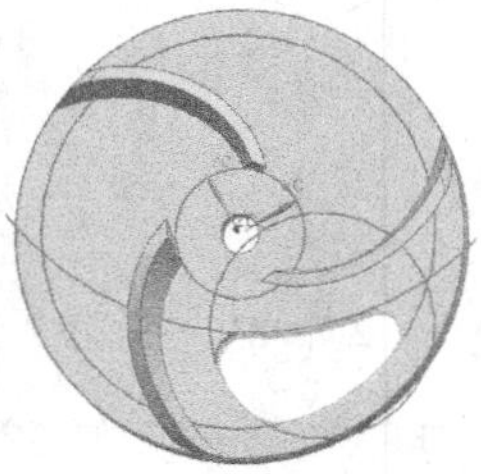

图 4-54 创建孔

3）利用“阵列几何特征”命令，选择“圆形”阵列类型，完成另外两个孔轮廓的创建，如图 4-55 所示。

曲面的编辑

4. 细节修饰

利用“边倒圆”命令，修饰倒角。依次选择孔轮廓、叶片与底座交线，创建半径为 3mm 的边倒圆，如图 4-56 所示。

5. 创建组合体

合并叶片与底座，隐藏所有草图、基准及曲线，得到如图 4-37 所示风轮 3D 模型。

图 4-55 阵列孔

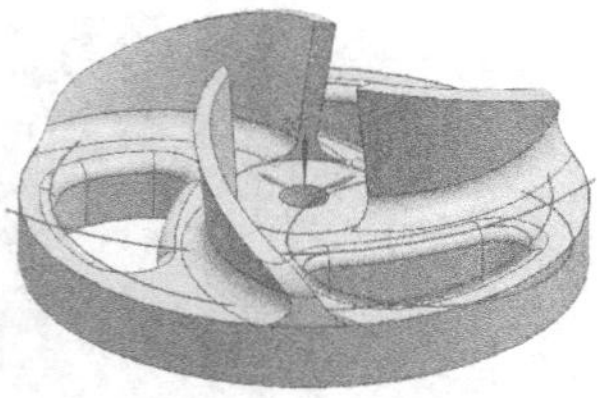

图 4-56 边倒圆

图 4-57 “偏置曲面”对话框

四、知识链接

1. 曲面的偏置

利用曲面偏置命令可以将一个或者几个现有的曲面生成偏置曲面，也可以将现有的曲面进行偏移。

（1）偏置曲面

利用偏置曲面命令可将现有曲面偏置生成与原曲面相似的曲面，其命令的打开方式如下：

1）依次单击“曲面”→“曲面操作”→“偏置曲面”。

2）依次单击“菜单”→“插入”→“偏置/缩放”→“偏置曲面”。

执行上述操作后，打开如图 4-57 所示对话框，各选项功能见表 4-14。

表 4-14　“偏置曲面”各选项组及功能

序号	选项组	功能
1	面	选择需要偏置的已有面为“基面”，可选择一个面，也可选择多个面
2	偏置 1	可设定偏置距离，“反向”选项可改变偏置方向
3	特征	在“输出”选项中有“为每个面创建一个特征”与“为所有面创建一个特征”两个选项，可定义各个生成偏置面之间的独立性，见表 4-15

表 4-15　“输出”选项功能

序号	选项	功能	图示
1	为每个面创建一个特征	偏置曲面之间保持独立	
2	为所有面创建一个特征	偏置曲面之间建立同原有面相似的联系	

（2）偏置面

偏置面用于将现有曲面进行偏移。

该命令的打开方式如下：

依次单击“菜单”→“插入”→“偏置/缩放”→“偏置面”。

执行上述操作后，打开如图 4-58 所示对话框，选定需要偏移的现有曲面，设定偏置距离，单击“确定”按钮，即可将已有曲面进行偏移，得到偏置面，见表 4-16。

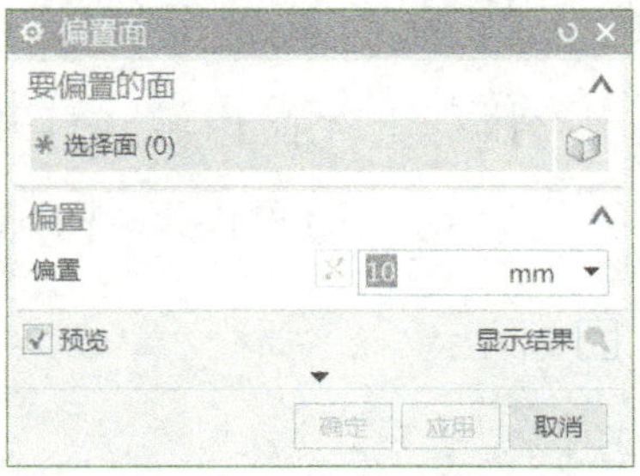

图 4-58　“偏置面”对话框

表 4-16　“偏置面”命令图示

偏置面	偏置前	偏置后
图示		

2. 曲面的抽取

曲面的抽取用于从实体或者片体中抽取已存在的曲面来创建片体，是一个曲面复制的过程。

（1）抽取独立曲面

从实体或片体中选定曲面，单击“抽取”按钮，可抽取独立曲面。

该命令的打开方式如下：

1）依次单击“曲面”→“曲面操作”→“抽取几何特征”。

2）依次单击“菜单”→“插入”→“关联复制”→“抽取几何特征”。

执行上述操作后，打开如图 4-59 所示对话框，抽取特征选择“面”，“面选项”选择“单个面”，即可实现对实体或片体中独立面的抽取，见表 4-17。

表 4-17 “独立面抽取”命令图示

独立面抽取	抽取前	抽取后
图示		

（2）抽取区域曲面

利用抽取区域曲面命令可通过选定种子曲面和边界曲面来抽取两曲面之间的所有曲面（包括种子曲面，不包括边界曲面）。

该命令的打开方式如下：

1）依次单击“曲面”→“曲面操作”→“抽取几何特征”。

2）依次单击“菜单”→“插入”→“关联复制”→“抽取几何特征”。

执行上述操作后，打开如图 4-60 所示对话框，抽取特征选择“面区域”，定义“种子面”以及“边界面”，即可实现对种子面与边界面之间区域曲面的抽取，见表 4-18。

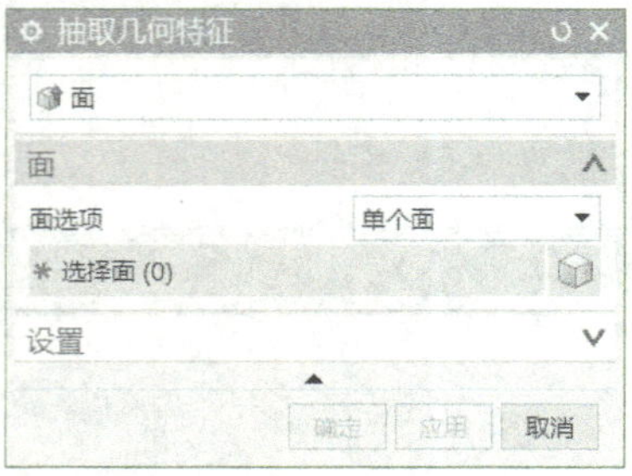

图 4-59 “抽取几何特征”对话框

图 4-60 “抽取区域曲面”命令对话框

表 4-18 “抽取区域曲面”命令图示

区域曲面抽取	抽取前	抽取后
图示		

3. 曲面的修剪

曲面的修剪用于从指定曲面上去除某一部分。

（1）一般的曲面修剪

在执行“拉伸”或“旋转”等命令时，可利用布尔求差运算完成指定曲面上某一部分的去除，见表 4-19。

表 4-19 “一般的曲面修剪”命令图示

一般的曲面修剪	修剪前	修剪中	修剪后
图示			

（2）修剪片体

利用该命令可通过曲线、面或基准平面对指定曲面进行修剪。该命令的打开方式如下：

1）依次单击“曲面”→“曲面操作”→“修剪片体”。

2）依次单击“菜单”→“插入”→“修剪”→“修剪片体”。

执行上述操作后，打开如图 4-61 所示对话框，对话框各选项组的功能见表 4-20。

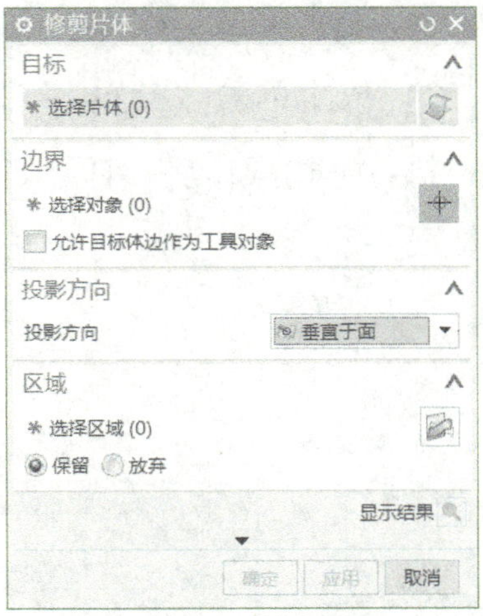

图 4-61 “修剪片体”对话框

（3）分割面

通过“分割面”命令可利用曲线、边缘、面、基准平面或实体等多个分割对象，将现有体的一个面或多个面进行分割。该命令的打开方式如下：

1）依次单击“曲面”→“曲面操作”→“更多”→“分割面”。

2）依次单击“菜单”→“插入”→“修剪”→“分割面”。

执行上述操作后，打开如图 4-62 所示对话框，分割结果图示见表 4-21。

（4）修剪和延伸

该命令用于修剪或延伸一组边或面，使之与另一组边或面相交。

表 4-20 “修剪片体”各选项组功能及图示

序号	选项组		功能	图示
1	目标		选定需要修剪的目标	
2	边界		选定修剪的边界对象，可为面、边、曲线或基准平面	
3	投影方向	垂直于面	选定修剪边界投影方向垂直于选定曲面	
		垂直于曲线平面	选定修剪边界投影方向垂直于曲线所在平面	
		沿矢量	选定修剪边界投影方向沿选定的矢量方向	
4	区域	保留	勾选此项，则保留选定区域	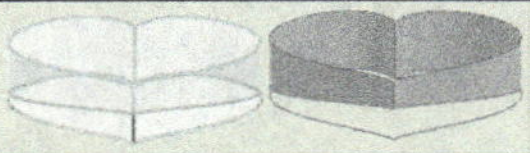
		放弃	勾选此项，则舍弃选定区域	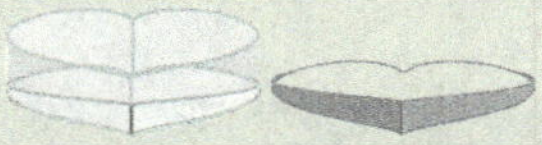

表 4-21 “分割面”命令图示

分割面	分割前	分割后
图示		

该命令的打开方式如下：

1）依次单击“曲面”→“曲面操作”→“修剪和延伸”。

2）依次单击“菜单”→“插入”→“修剪”→“修剪和延伸”。

执行上述操作后，打开如图 4-63 所示对话框，对话框中各选项组功能见表 4-22，命令图示见表 4-23。

图 4-62 “分割面”对话框

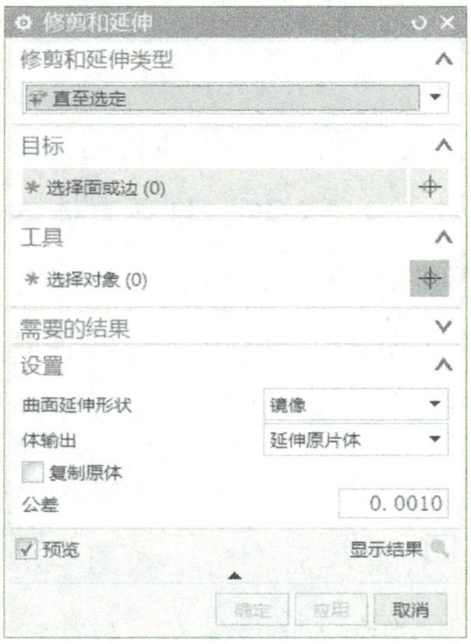

图 4-63 “修剪和延伸”对话框

表 4-22　“修剪和延伸”各选项组功能

序号	选项组		功能
1	修剪和延伸类型	直至选定	延伸目标曲面，与工具曲面相交，工具曲面无变化
		制作拐角	延伸目标曲面，与工具曲面相交，工具曲面保留相交部分
2	目标		选择需要目标曲面的边或目标体的面
3	工具		选择工具曲面
4	曲面延伸形状	自然曲率	延伸曲面，使边界处曲率连续，随后相切至曲面区域外
		自然相切	延伸一个从边界开始相切的曲面
		镜像	通过对曲面的曲率连续形状进行镜像，延伸一个曲面
5	体输出	延伸原片体	只延伸选定的目标曲面
		延伸为新面	创建一个新面附加到原面上，而不是与原面合并
		延伸为新片体	创建一个新片体，与原片体分开

表 4-23　“修剪和延伸”命令图示

修剪和延伸	修剪和延伸前	修剪和延伸后	
		直至选定	制作拐角
图示			

4. 曲面的缝合

曲面的缝合用于通过公共边或公共面将多个片体连接形成一个组合体。

该命令的打开方式如下：

1）依次单击“曲面”→“曲面操作”→“缝合”。

2）依次单击“菜单”→“插入”→“组合”→“缝合”。

执行上述操作后，打开如图 4-64 所示对话框，选择需要缝合的“目标”，通过与各目标相接的“工具”面将其连接，形成一个整体。

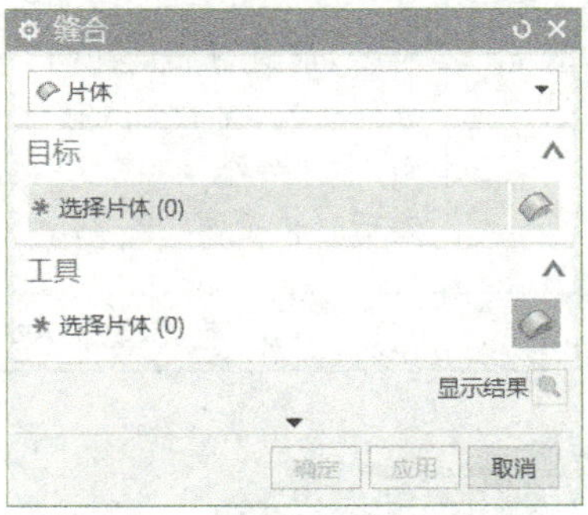

图 4-64　“缝合”对话框

五、任务评价

任务完成后，按照表 4-24 对任务实施过程开展评价，进行任务总结与反思。

表 4-24　任务三考核评价表

考核项目与权重	考核内容	评价标准	自评	互评	教师评价
专业知识（20%）	（1）掌握曲面编辑命令的使用方法（10 分）	未能掌握命令的调用位置及方法，无法按要求完成曲面编辑，酌情扣分			
	（2）掌握曲面造型设计的流程及思路（10 分）	未能正确选择命令，无法完成曲面编辑，酌情扣分			

（续）

考核项目与权重	考核内容	评价标准	自评	互评	教师评价
专业能力（30%）	（1）能够正确使用曲面编辑命令完成曲面编辑（10分）	未能正确使用命令按要求完成曲面的编辑，酌情扣分			
	（2）能够选择恰当的曲面编辑命令完成所需曲面设计（10分）	未能按要求完成曲面的设计，酌情扣分			
	（3）能够按照要求完成曲面造型设计（10分）	未能按要求完成造型设计，酌情扣分			
职业素养（20%）	（1）敬业守时、认真负责、踏实严谨、谦虚好学（5分）	迟到、早退、无故缺勤等，每次扣1分			
	（2）具有良好的团队合作精神，能热心帮助其他同学完成任务（5分）	不参加小组讨论，每次扣1分			
	（3）能准确、快速表达个人思想和见解，能灵活运用所学知识，有创造性（10分）	根据创意设计情况酌情扣分			
任务总结（30%）	（1）按照任务实施步骤完成风轮的曲面设计任务，主要包括风轮叶片各曲面的创建与编辑（10分）	根据任务完成情况酌情扣分			
	（2）能进行归纳总结，得出规律和指导性经验，技术文件完整、规范、条理清晰，在任务结束后，反思自己的任务完成情况和质量（20分）	根据总结和反思情况酌情扣分			
合计（自评占比40%，互评占比20%，教师评价占比40%）					

拓展阅读

国之重器——歼-20

歼-20（J-20）绰号“威龙”，是由中国航空工业集团有限公司成都飞机设计研究所研制的最新一代双发重型隐形战斗机。在歼-20的研制过程中，首次建立了全域覆盖的飞机数字化协同设计制造系统、虚拟仿真和试验验证环境；在国内首次实现了全三维模型贯穿新机研制全过程，推近全生命周期无纸化、无实物样机、数字量传递、数字化管理。其设计手段、研发体系的创新，大大缩短了歼-20的研发周期，创造了在超短研发周期内实现首飞的“奇迹”。

巩固提高

1. 下列（　　）不是抽取特征类型。

A. 线　　B. 面　　C. 面区域　　D. 体

2. 在曲面造型的过程中，通常有连接性的使用。“G1 连续”所表示的意义是（　　）。

A. 相接连接　　B. 相切连接　　C. 曲率连接　　D. 流连接

3. 使用通过曲线特征时，选择所有的截面曲线完成曲面的构造。如果选择的曲线的方向不在近似相同方向，则（　　）。

A. 将创建一个扭曲的形状　　B. 系统提示一个错误信息

C. 什么也不出现　　D. 系统崩溃

4. 下列创建曲面的方式中，仅能由两条截面线串创建曲面的命令是（　　）。

A. 直纹面　　B. 通过曲线网格　　C. 通过曲线组　　D. 扫掠

5. “修剪和延伸”命令存在多种操作类型，下列不属于延伸方法的是（　　）。

A. 自然曲面　　B. 自然相切　　C. 镜像的　　D. 曲率连续

6. 下列（　　）不属于“直纹面”命令中的对齐方式。

A. 参数　　B. 距离　　C. 等弧长　　D. 脊线

7. 使用“通过曲线组”命令创建曲面时，曲面与基本曲面的连续性有（　　）、（　　）和（　　）。【多选】

A. 相接相连　　B. 相切相连　　C. 曲率相连　　D. 流连接

8. 使用“修剪的片体”命令时，选择的区域有（　　）和（　　）两种类型。【多选】

A. 垂直于面　　B. 沿矢量　　C. 保留　　D. 放弃

9. “通过曲线网格”命令创建曲面时，其主线串和交叉线串必须共点，否则不能创建曲面。（　　）

A. 对　　B. 错

10. 根据图 4-65 所示图形创建曲面造型。

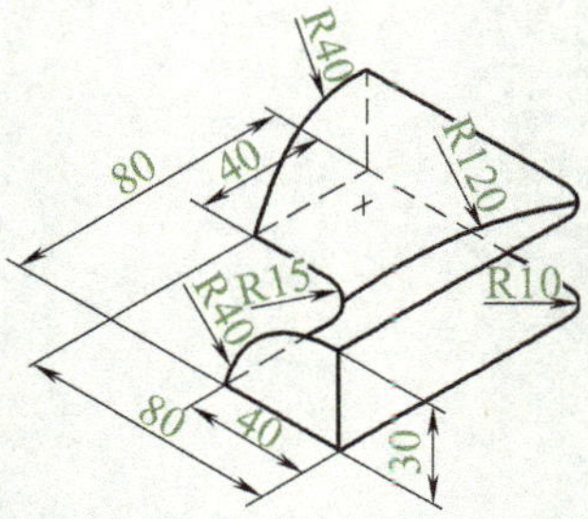

图 4-65　曲面造型练习

项目五　虚拟装配设计

项目导读

机械设备或机械仪器等都是由多个零件组成的，结构复杂的可能由成百上千个零件组成，当零件设计完成后，根据设备、仪器的工作原理和装配关系以及各个零件的相对位置，可以通过“虚拟装配”将零件组装在一起。这种装配体的设计方法称为自底向上（Bottom-Up）。

UG NX 12.0 提供了用于自底向上设计的装配模块。在装配模块中，用户不仅能够按照约束关系将零件快速地组合在一起，而且能够在装配中参照其他零部件进行部件的关联设计，还可以对装配的模型进行干涉检查、间隙分析等操作。UG NX 12.0 的重用库中还提供了大量的 2D 图形库、标准件模型、链轮设计工具等。在机械设备、仪器中，经常使用标准件，用户可以在虚拟装配的过程中直接调用重用库中的标准件，从而缩短建模、装配的时间，提高工作效率。当装配组件或部件数量很多时，装配件的恢复和显示往往要消耗大量时间，在这种情况下，用户使用小平面表示可以缩短恢复和显示时间。

本项目以铣刀头座体的虚拟装配作为学习任务，就装配设计的基本概念、基本功能和基本操作进行介绍，并通过应用实例予以说明。

学习目标

知识目标

1）熟悉装配模块的工作环境。

2）理解装配术语和概念。

3）掌握装配约束的应用方法。

4）掌握自底向上设计的装配方法。

能力目标

1）能够完成部件的虚拟装配操作。

2）能够直接使用重用库中的标准件进行装配。

3）能够对装配部件进行干涉检查、装配间隙分析。

4）能够对装配好的文件进行装配分解（爆炸图）。

素养目标

1）培养学生的创新精神和对机械设计的兴趣。

2）培养学生从部分到整体的设计思想。

3）引导和培养学生分析问题和解决问题的能力。

任务　铣刀头座体的虚拟装配

一、任务描述

参照图 5-1 所示铣刀头座体的装配图，完成铣刀头座体的装配，标准件信息见表 5-1。

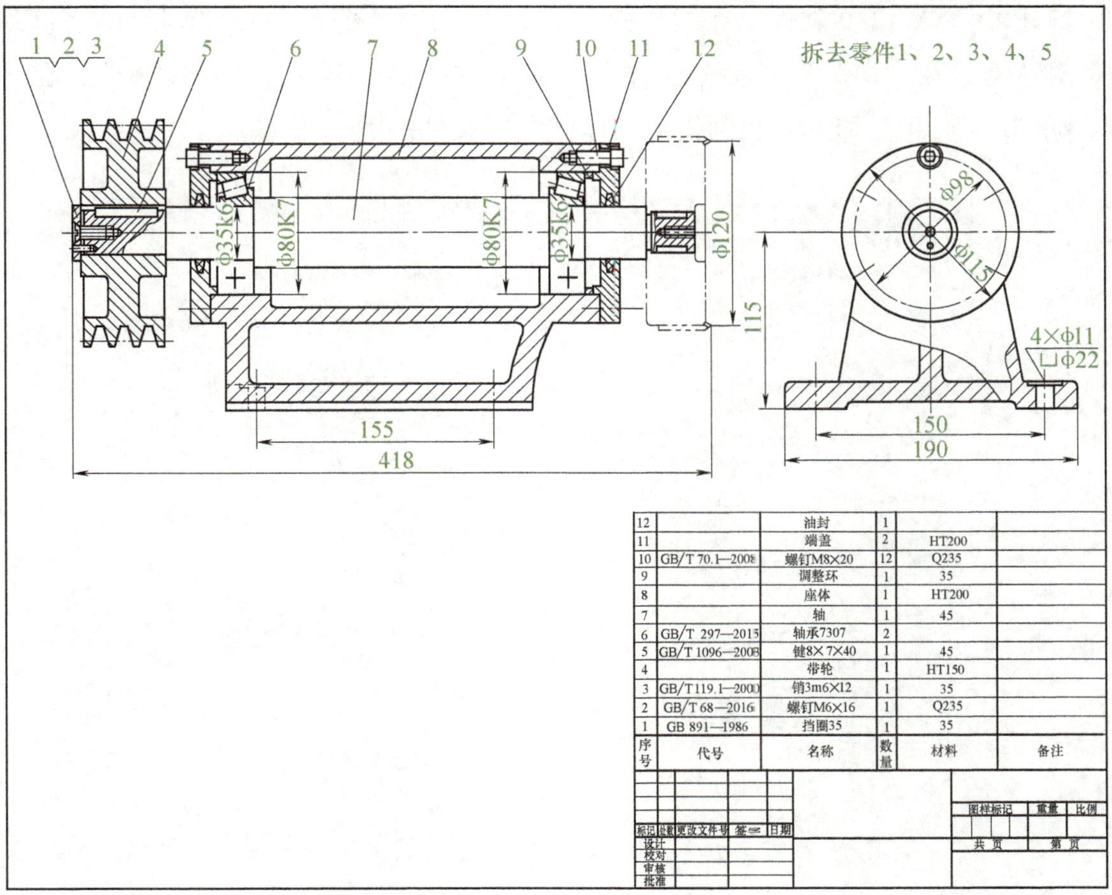

序号	代号	名称	数量	材料	备注
12		油封	1		
11		端盖	2	HT200	
10	GB/T 70.1—2008	螺钉M8×20	12	Q235	
9		调整环	1	35	
8		座体	1	HT200	
7		轴	1	45	
6	GB/T 297—2015	轴承7307	2		
5	GB/T 1096—2003	键8×7×40	1	45	
4		带轮	1	HT150	
3	GB/T 119.1—2000	销3m6×12	1	35	
2	GB/T 68—2016	螺钉M6×16	1	Q235	
1	GB 891—1986	挡圈35	1	35	

图 5-1　铣刀头座体装配图

表 5-1　标准件信息

序号	名称	数量	材料	备注
2	螺钉 M6×16	1	Q235	GB/T 68—2016
3	销 3 m6×12	1	35	GB/T 119.1—2000
5	键 8×7×40	1	45	GB/T 1096—2003
10	螺钉 M8×20	12	Q235	GB/T 70.1—2008

二、任务分析

铣刀头座体由座体、端盖、轴承、轴、带轮、挡圈、键、销、螺钉等零件组成，其装配过程为：铣刀头座体→子装配（端盖、轴承、轴）→内六角圆柱头螺钉→自顶向下设计键→带轮→挡圈→沉头螺钉→圆柱销。

铣刀头装配1

三、任务实施

任务实施步骤如下。

1. 新建装配文件，导入基础部件

（1）新建装配文件

1）打开 UG NX 12.0 软件，在工具栏中单击“新建”图标，系统弹出如图 5-2 所示的“新建”对话框，在“名称”项后的文本框中输入文件名“铣刀头座体装配”，在“文件夹”项后单击“打开”图标，找到铣刀头座体所在文件夹。

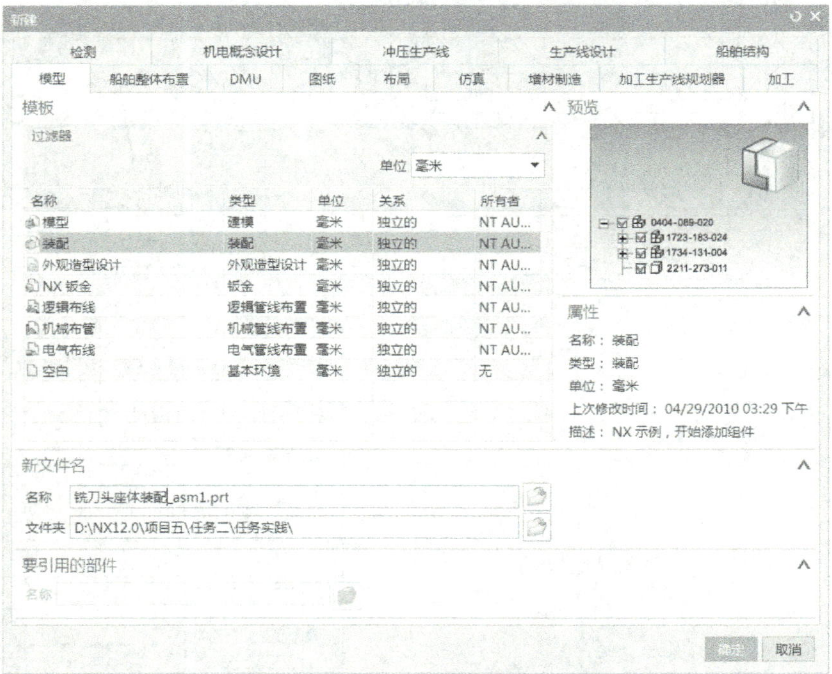

图 5-2　新建装配文件

2）单击“确定”按钮，弹出“添加组件”对话框，建议将其关闭，切换到“装配”选项卡，在“组件”面板中单击“添加”图标，弹出“添加组件”对话框。

（2）导入基础部件

在“添加组件”对话框的“选择部件”选项组中单击“打开”图标，进入铣刀头座体文件夹，选择铣刀头座体，单击 OK 按钮返回“添加组件”对话框，确认对话框中“位置”选项组中的“装配位置”为“绝对坐标系-工作部件”，其他选项默认即可，单击“应用”或“确定”按钮，系统弹出“创建固定约束”对话框，单击“是”，则铣刀头座体按其建模方位被加入到装配文件中，如图 5-3 所示。

图 5-3　导入基础部件

2. 添加组件（端盖、轴承、轴）

（1）添加端盖

1）通过图 5-1 所示的装配图可以看出，轴系相对于铣刀头座体的轴向定位是通过带轮一侧的轴承内、外环的定位实现的，即轴承的内环由轴肩定位，轴承的外环由端盖定位，而端盖通过螺钉固定在铣刀头座体上，如图 5-4 所示。明确了轴向定位方式后，在虚拟装配中可以先将轴承装配到轴上，完成这个“子装配”（实际生产中常常这样），再将该“子装配”与端盖“接触”、与座体主轴孔“轴对齐”，也可以依次安装，端盖、轴承、轴。

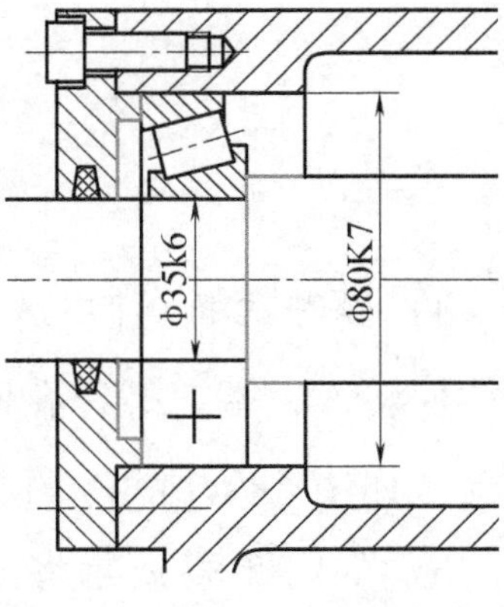

图 5-4　轴和座体的定位

2）添加端盖。在“装配”选项卡的“组件”面板中单击“添加”图标，弹出“添加组件”对话框，单击“打开”选择端盖零件，“装配位置”选择“对齐”，如图 5-5a 所示。端盖零件随光标移动，选择合适的位置单击，如图 5-5b 所示，然后

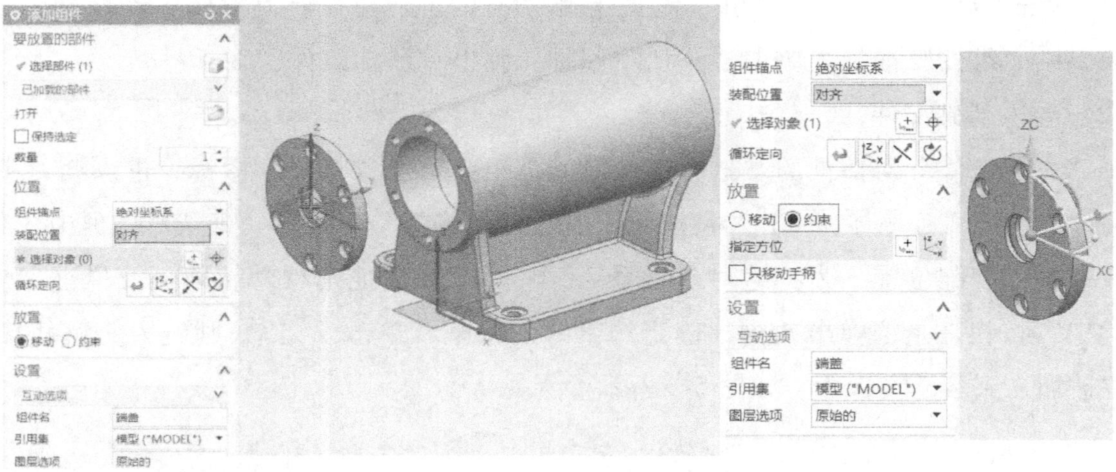

a) b)

图 5-5 添加端盖

在“放置”选项中选中“约束”。

3）约束类型如图 5-6a 所示，依次选择端盖、座体两个接触面，如图 5-6b 所示，在两个零件上会出现装配约束符号，如图 5-6c 所示。

【专家点拨】

完成约束后，若端盖位置不便于添加下一个约束，可以在对话框中的“放置”选项中再选择“移动”，通过拖动动态坐标移动端盖。当然，移动方式必须在上一个约束后剩余的自由度上进行。

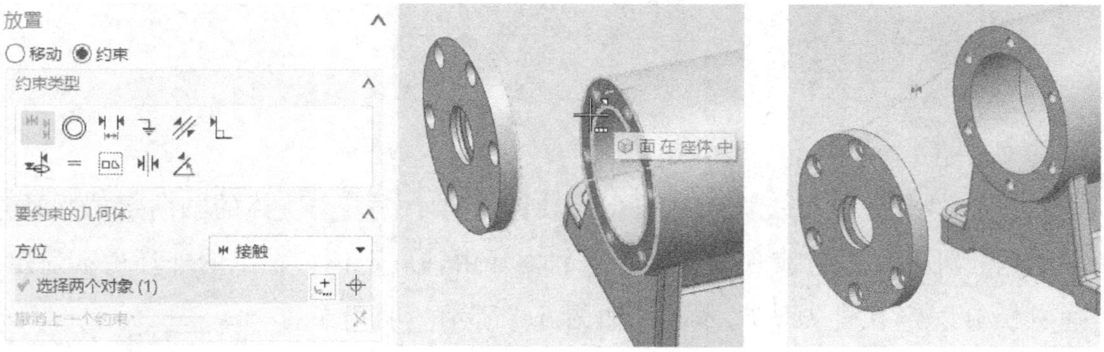

a) b) c)

图 5-6 端盖与座体的接触面采用“接触”约束

4）继续选择“回转轴线对齐（同轴）”，如图 5-7a 所示，然后依次选择端盖回转面和座体回转面、端盖螺钉孔回转轴线与座体螺钉孔轴线“同轴”，如图 5-7b 所示，完成端盖装配，如图 5-7c 所示。

5）如图 5-8a 所示将光标移到端盖零件上，待端盖变色后单击鼠标右键，在光标随位菜单中选择“编辑显示”，弹出如图 5-8b 所示的“编辑对象显示”对话框，单击“颜色”

以选择颜色，确定后为端盖指定与座体有区别的颜色，如图 5-8c 所示（在装配中相邻的零件采用不同颜色能更分明）。

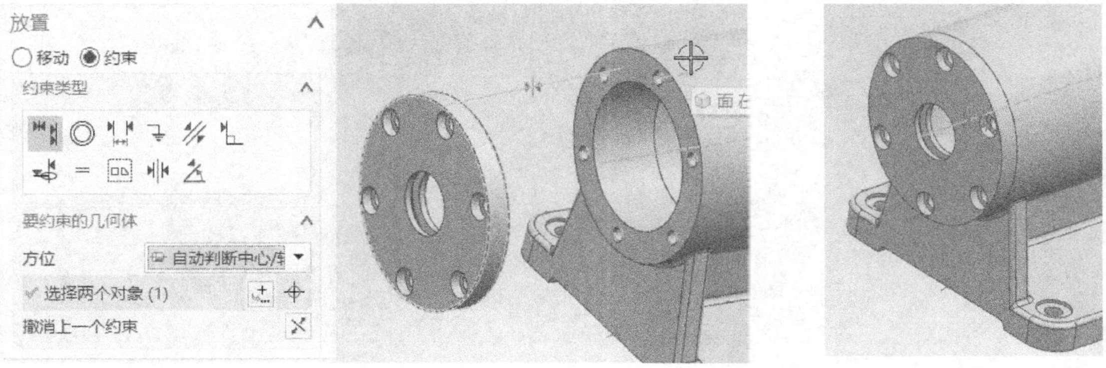

图 5-7　端盖回转面与座体回转面“轴线对齐”约束

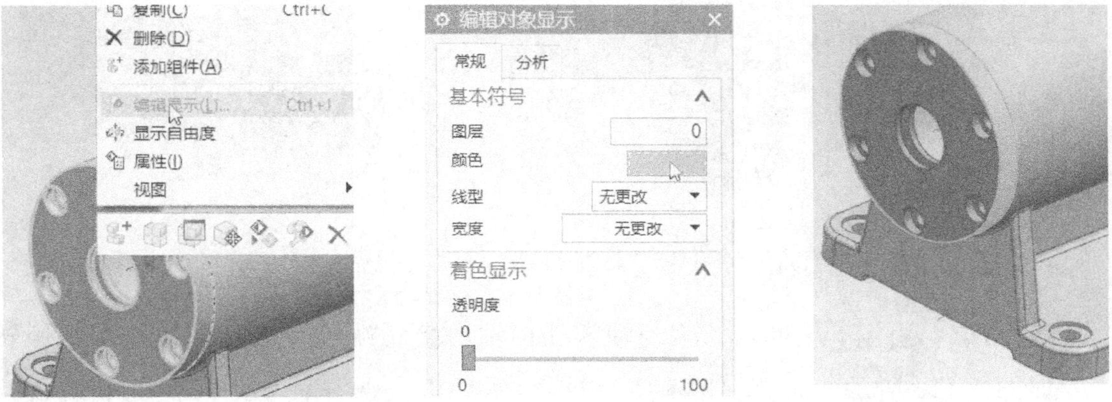

图 5-8　更改装配中零件的显示颜色

【专家点拨】

1）为了装配便捷，可以在屏幕空白处单击，在弹出的工具条中单击“编辑截面”图标，弹出如图 5-9 所示的“视图剖切”对话框，轮流选择“剖切平面”选项组“平面”选项中的三个平面来选择合适的剖切平面，可以通过调整动态坐标改变剖切平面的位置。

2）为了方便装配，也可以将座体零件隐藏，方法是将光标移动到座体零件上单击鼠标右键，在光标随位菜单中选择“隐藏”，也可以在如图 5-10a 所示在装配导航器中将座体零件前的勾选取消。

（2）添加滚动轴承

1）添加滚动轴承的过程与端盖的添加过程一致。如图 5-10b 所示，若零件添加后其方位与装配方位相差过大，可以通过旋转动态坐标来调整，如图 5-10c 所示。完成后将“放置”选项组中的“移动”改选为“约束”。

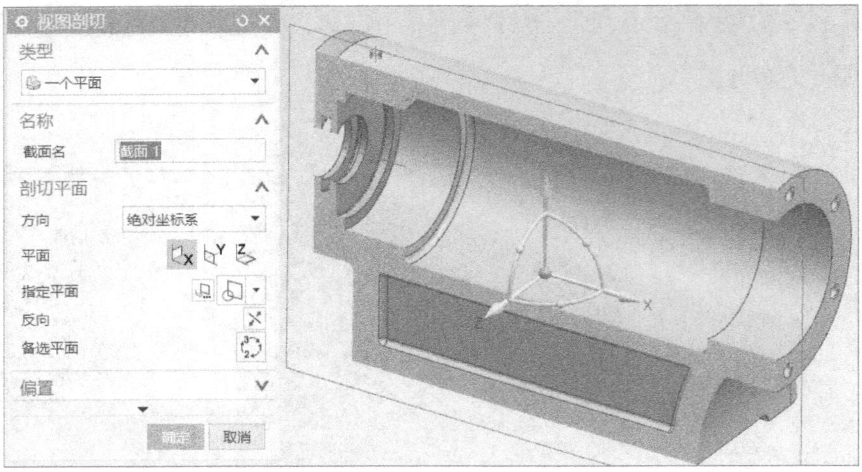

图 5-9 采用“编辑截面”方便观察和选择

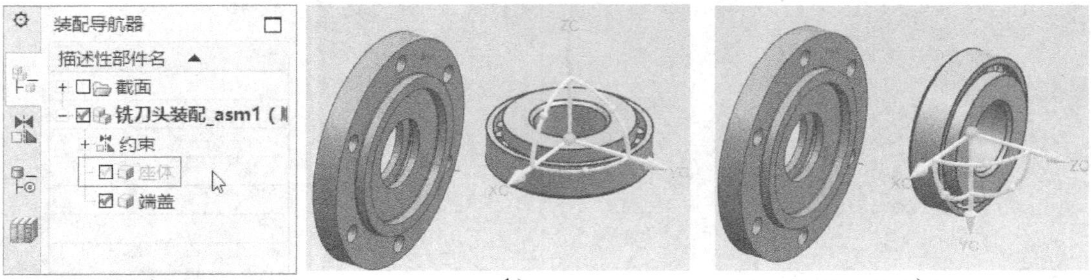

a) b) c)

图 5-10 调整滚动轴承的方位

2）创建约束。由图 5-4 可知，滚动轴承外环轴向接触端盖，轴承轴线与端盖回转轴线“同轴”。如图 5-11a 所示，选择“接触”约束，然后依次选择轴承外环侧面和端盖凸出端侧面，完成接触约束后，如图 5-11b 所示，选择“轴线对齐（同轴）”约束，然后依次选择轴承回转面和端盖回转面，完成约束后如图 5-11c 所示。

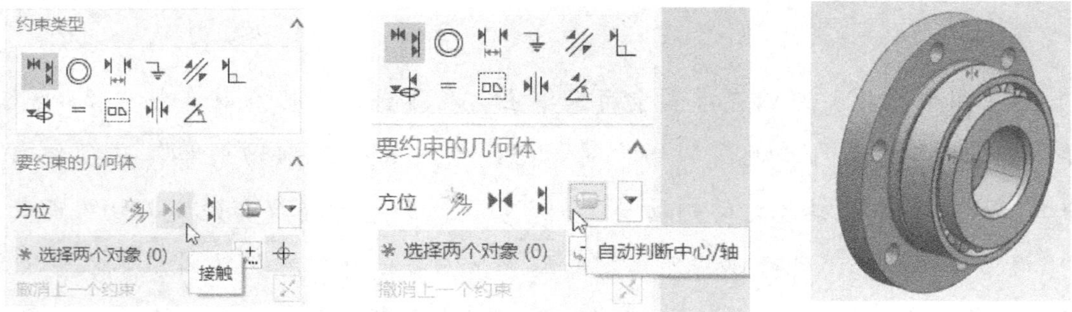

a) b) c)

图 5-11 滚动轴承的接触约束和同轴约束

（3）添加轴

由图 5-4 可知，滚动轴承内环轴向接触轴肩，轴承轴线与传动轴回转轴线“同轴”。添加传动轴零件，用“接触”约束传动轴轴肩和滚动轴承内环侧面，用“同轴”约束传动轴轴线和滚动轴承轴线，完成后如图 5-12 所示。

铣刀头装配2

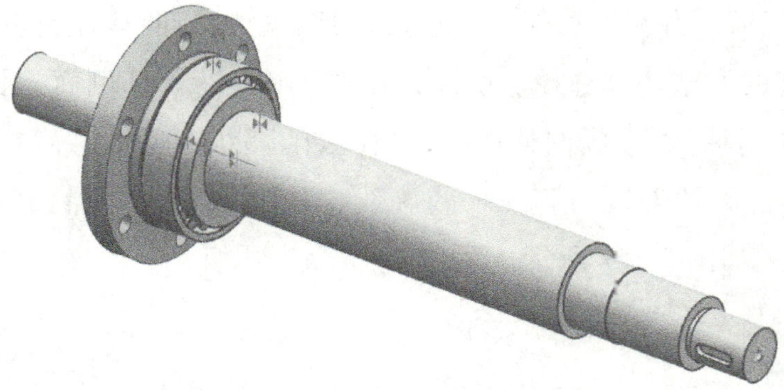

图 5-12　滚动轴承与传动轴的装配

（4）添加另一端（右侧）的滚动轴承

1）另一端（右侧）的滚动轴承内环轴向接触传动轴轴肩实现定位，轴承回转轴线和传动轴回转轴线“同轴”，分别通过约束完成滚动轴承的装配，如图 5-13a 所示。在装配导航器中恢复座体零件前面的勾选，或按<Ctrl+W>组合键，在弹出的“显示和隐藏”对话框中单击“实体”前面的“+”，将隐藏的座体显示出来，如图 5-13b 所示。

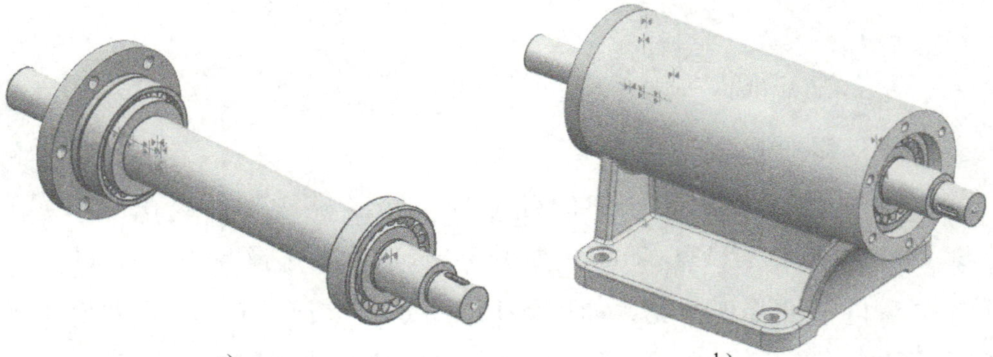

a)　　　　b)

图 5-13　第二个滚动轴承的装配及座体零件由隐藏改为显示

2）将光标放到座体零件上，单击鼠标右键，在光标随位菜单中选择“编辑显示”，在弹出的“编辑对象显示”对话框中，调整如图 5-14a 所示的“透明度”，将座体零件显示为透明状态，这样便于观察内部装配情况，如图 5-14b 所示。

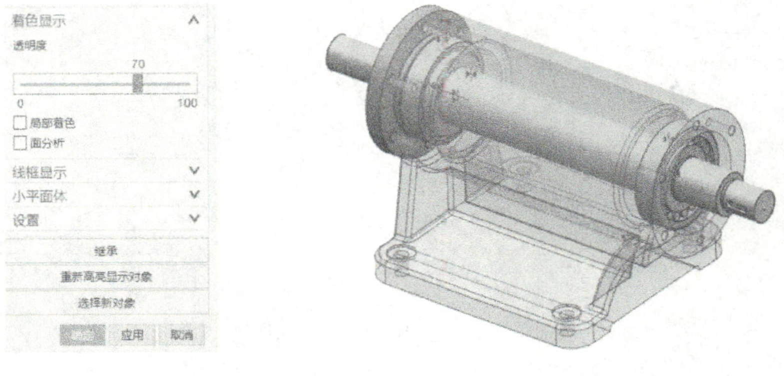

a)　　　　b)

图 5-14　调整座体零件的透明度

3）如图 5-15a 所示，右侧轴承外环和端盖顶紧端之间由调整环调整装配间隙。在实际装配中，有若干厚度的调整环供选择。使调整环端面和轴承外环侧面“接触”，调整环回转轴线和传动轴轴线“同轴”，完成调整环的装配，如图 5-15b 所示。使右侧端盖顶紧与调整环侧面“接触”，端盖回转轴线与座体回转轴线“同轴”，端盖螺钉孔与座体螺钉孔“同轴”，完成端盖装配，如图 5-15c 所示。

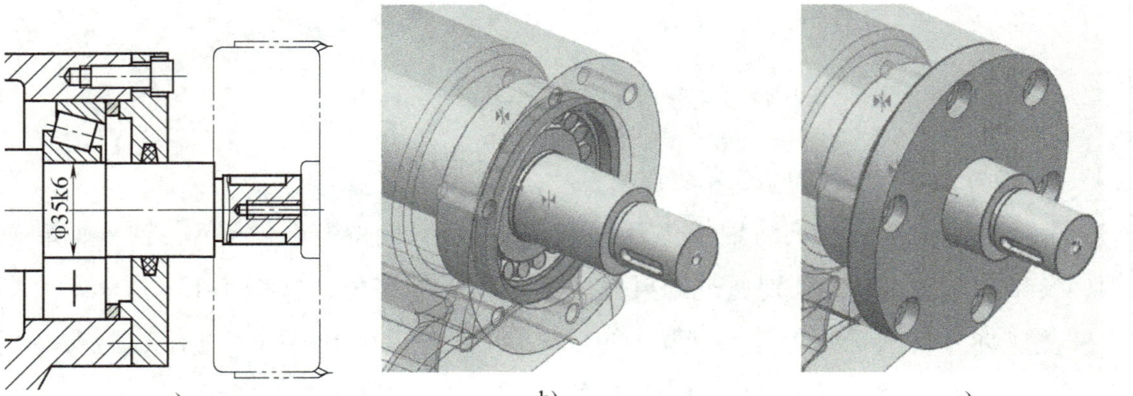

a)　　b)　　c)

图 5-15　调整环和端盖的装配

铣刀头装配3

3. 添加标准件（内六角圆柱头螺钉）

（1）添加螺钉

1）利用“重用库”中的标准件库添加端盖螺钉。在重用库中选择 GB Standart Parts，展开其 Screw，如图 5-16a 所示；选择 Socket Head，在导航器下的“成员选择”窗口中可实现预览，如图 5-16b 所示；选择 Screw，GB-T70. 1-2008，将其拖动到建模区域释放，弹出“添加可重用组件”对话框，如图 5-16c 所示，在对话框中选择螺钉大径和公称长度。

a)　　b)　　c)

图 5-16　重用库调用标准件

2）在“添加可重用组件”对话框中，“多重添加”选择“无”，“定位”选择“移动”，如图 5-17a 所示，单击“确定”按钮后螺钉连同动态坐标出现，可以通过移动或旋转动态坐标调整螺钉方位，如图 5-17b 所示，关闭“移动组件”对话框后在“装配”选项卡的“组件位置”面板中单击“装配约束”工具图标，使内六角圆柱头螺钉端面与沉头孔平面“接触”，螺钉轴线和沉孔回转轴线“同轴”，完成螺钉的装配，如图 5-17c 所示。

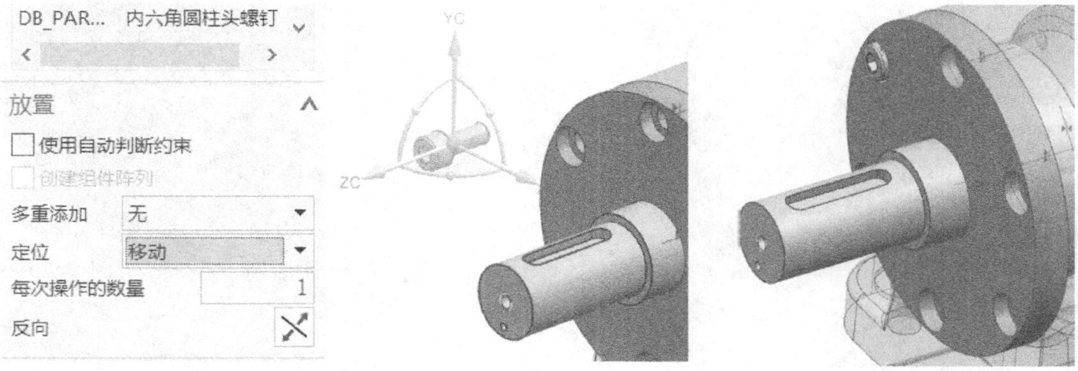

a)　　b)　　c)

图 5-17　内六角圆柱头螺钉的调用及装配

（2）阵列螺钉

1）如图 5-18a 所示，在“装配”选项卡的“组件”面板中单击“阵列组件”图标，弹出“阵列组件”对话框，阵列布局选择“圆形”，方式选择“数量和跨距”，数量设置为 6，跨角设置为 360°如图 5-18b 所示，阵列组件选择螺钉，选择轴和端盖回转面，阵列完成后如图 5-18c 所示。

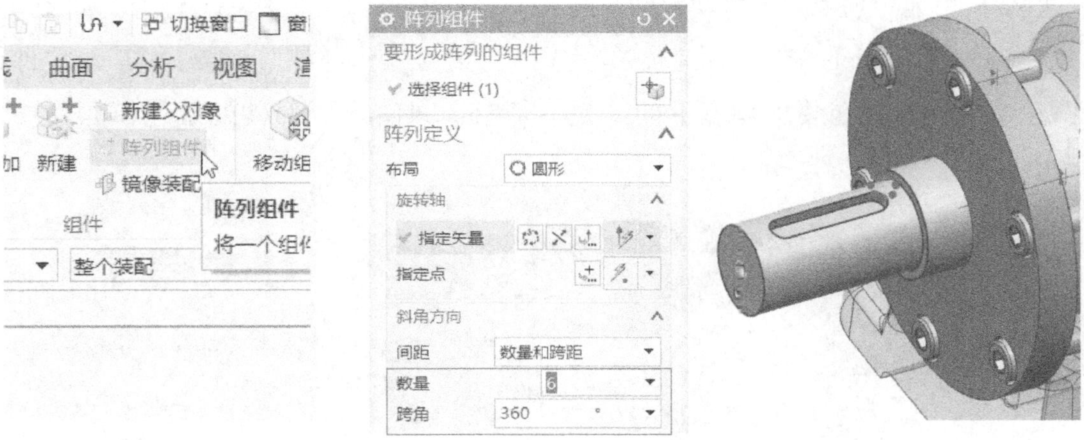

a)　　b)　　c)

图 5-18　圆形阵列组件完成螺钉的阵列装配

2）另一侧端盖的六个内六角圆柱头螺钉采用“多重添加”选项中的“添加后生成阵列”方式装配。从重用库导航器的“成员选择”中将所选的内六角圆柱头螺钉拖拽到屏幕上，弹出“添加可重用组件”对话框，在“放置”选项组“多重添加”项选择“添加后生成阵列”，如图 5-19a 所示，通过动态坐标完成螺钉方位调整，在“移动组件”对话框中单击“确定”按钮，弹出“阵列组件”对话框，对象选择和参数输入同图 5-18b，完成后如

图 5-19b 所示。在“装配”选项卡的“组件位置”面板中单击“装配约束”工具图标，完成一个螺钉的装配后，其他阵列的螺钉会跟随其位置阵列，如图 5-19c 所示。

a)　　b)　　c)

图 5-19　以“多重添加”中的“添加后生成阵列”方式装配螺钉

铣刀头装配4

4. 自顶向下设计键

1）键（8×7×40）采用自顶向下建模。在菜单中选择“装配”→“组件”→“新建组件”或在“装配”选项卡“组件”面板中单击“新建”图标，弹出“新组件文件”对话框，如图 5-20a 所示，文件类型选择“空白”，文件名为“键 8×7_model1. prt”，单击“确定”按钮，弹出“新建组件”对话框，在“设置”项中将“引用集”改为“模型”，其他选项默认，如图 5-20b 所示，单击“确定”按钮。

2）进入“装配导航器”，可以看到“键 8×7_model1”已经在装配树中，如图 5-21a 所示。选择“键 8×7_model1”，在右键菜单中选择“设为工作部件”，屏幕中其他零件模型颜色返灰白，系统当前处在装配环境下的“键 8×7_model1. prt”部件处于建模操作中，如图 5-21b 所示。

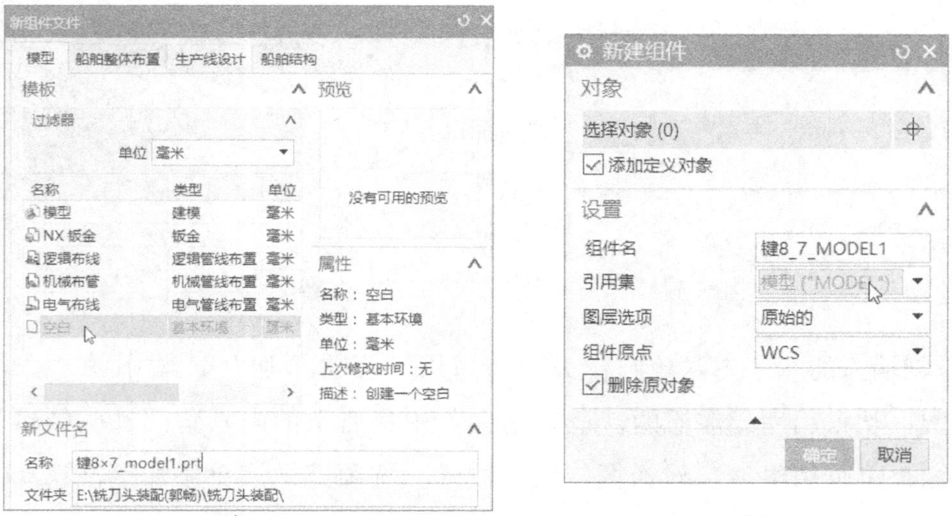

a)　　b)

图 5-20　在装配环境中新建组件

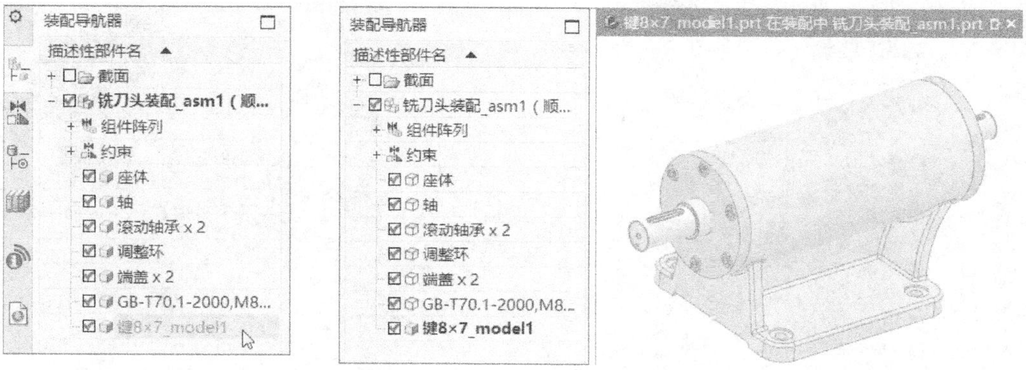

图 5-21 通过装配导航器将键设置为工作部件

3）返回“主页”选项卡，单击“拉伸”按钮，在弹出的“拉伸”对话框中设置拉伸距离从 0 开始到 7 结束，“布尔”选择“无”，如图 5-22a 所示，将“选择范围”列表调整为“整个装配”并单击“创建部件间链接”图标。

4）将曲线选择规则调整为“面的边”，选择轴上键槽底平面，如图 5-22b 所示，确认拉伸方向朝外，在“拉伸”对话框中单击“确定”按钮，完成键的建模，如图 5-22c 所示。

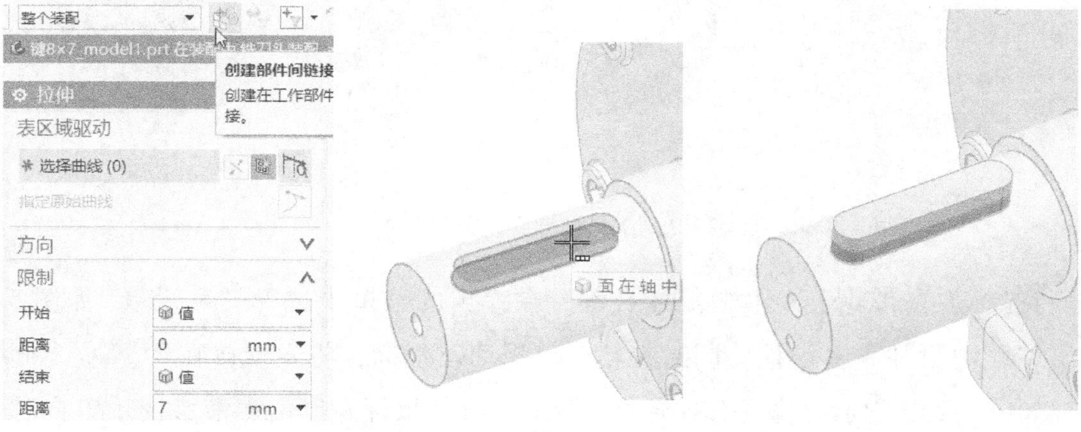

图 5-22 键的自顶向下建模

5）此时“键”为工作部件，其他零部件以灰白色显示。如图 5-23a 所示，在“装配导航器”中选择“铣刀头装配_asm1”，在右键菜单中选择“设为工作部件”，则各个零件正常显示，如图 5-23b 所示。因此，在完成键自顶向下建模的同时也完成了键的装配。

5. 添加组件（带轮、挡圈）

（1）添加带轮

铣刀头装配5

1）带轮轴向侧面与轴肩面“接触”、带轮孔轴线与传动轴轴线“同轴”，这两类装配约束是轴向装配最常用的约束。但带轮的转矩是通过键传动到轴上的，因此还有一个“平行”约束，即带轮键槽侧面与键的侧面要约束“平行”，过程如图 5-24a 和图 5-24b 所示，完成带轮装配后如图 5-24c 所示。

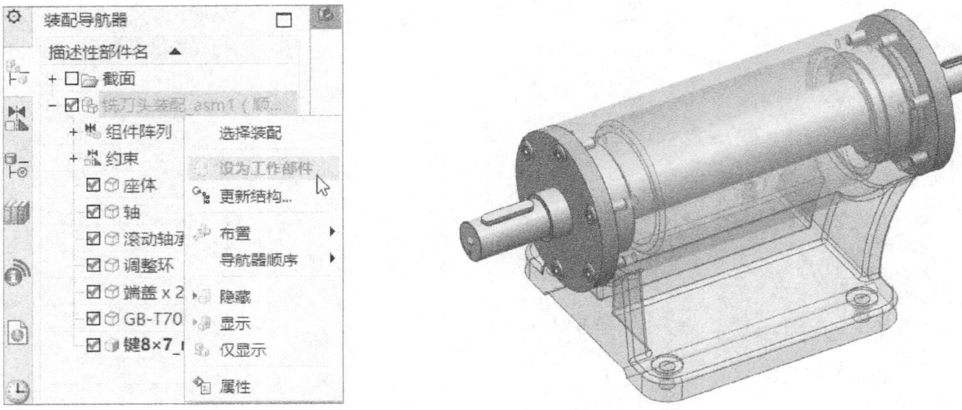

a) b)

图 5-23 恢复铣刀头总装配为工作部件

a) b) c)

图 5-24 带轮键槽侧面与键的侧面要约束“平行”

2）将光标放在带轮上，单击鼠标右键，在弹出的菜单中选择“移动”，如图 5-25a 所示，弹出“移动组件”对话框，同时带轮上出现动态坐标，将光标放在 ZC-XC 之间的小球上，出现如图 5-25b 所示的绕 YC 轴旋转的箭头，按住鼠标左键沿着箭头图示方向移动，带轮将转动，观察轴是否跟随转动，若不转动则说明此处装配失败，要重新装配。

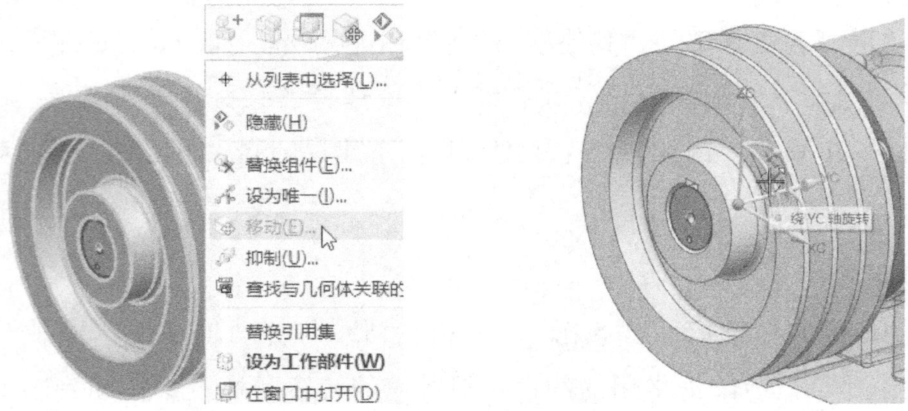

a) b)

图 5-25 旋转带轮验证“平行”约束是否起作用

（2）添加挡圈

如图 5-26a 所示，挡圈端面与带轮侧面接触，挡圈中的沉孔要与传动轴上的螺纹孔同轴，挡圈中的销孔要与传动轴上的销孔同轴，如图 5-26b 所示，添加约束，完成装配后的挡圈如图 5-26c 所示。

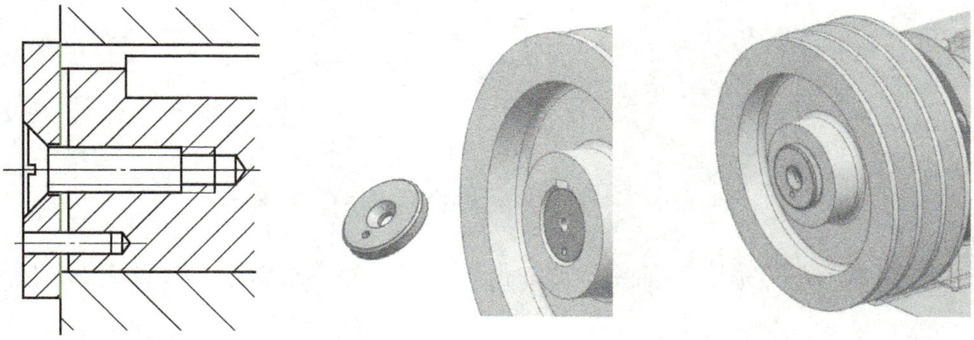

a)　　b)　　c)

图 5-26　挡圈的装配

6. 添加标准件（沉头螺钉、圆柱销）

铣刀头装配6

（1）添加沉头螺钉

通过重用库中的标准件库，添加沉头螺钉。在重用库中选择 GB Standart Parts，展开其 Screw，如图 5-27a 所示；选择 Countersunk ，在导航器的“成员选择”窗口中可实现预览，如图 5-27b 所示；选择 Screw，GB-T68-2016，并将其拖动到建模区域释放，弹出“添加可重用组件”对话框，如图 5-27c 所示，在对话框中选择螺钉大径和公称长度。

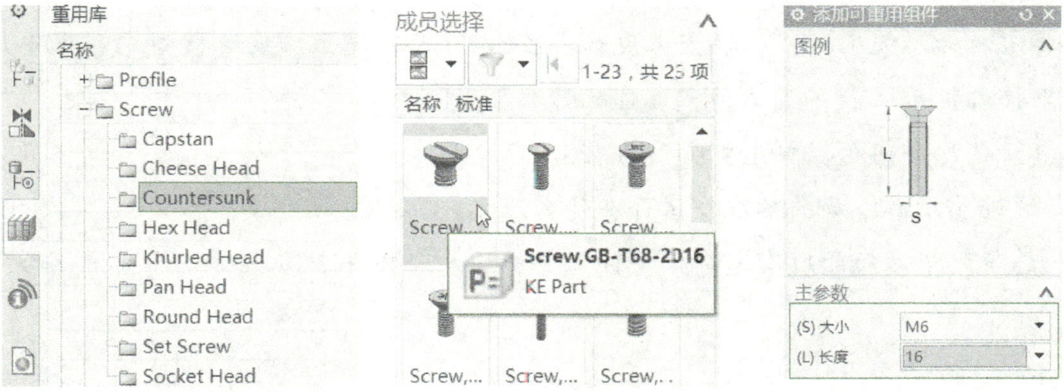

a)　　b)　　c)

图 5-27　由重用库中的标准件库调用沉头螺钉

（2）添加圆柱销

1）通过重用库中的标准件库添加圆柱销，在重用库中选择 GB Standart Parts，展开其 Pin，如图 5-28a 所示；选择 Parallel ，在导航器的“成员选择”窗口中可实现预览，如图 5-28b 所示；选择 Pin，GB-T119. 1—2000，并将其拖动到建模区域释放，弹出“添加可重用组件”对话框，如图 5-28c 所示，可在对话框中选择销直径和公称长度。

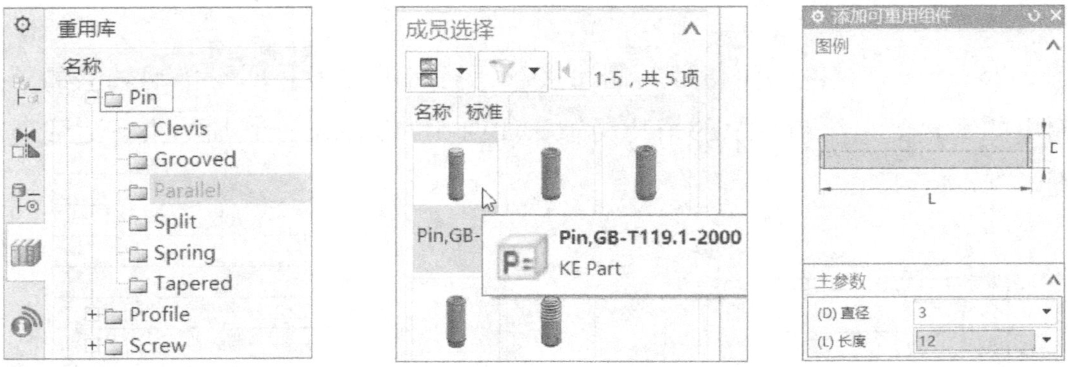

a) b) c)

图 5-28 由重用库标准件库调用圆柱销

2）沉头螺钉和销装配完毕后如图 5-29a 所示，全部完成装配后如图 5-29b 所示。

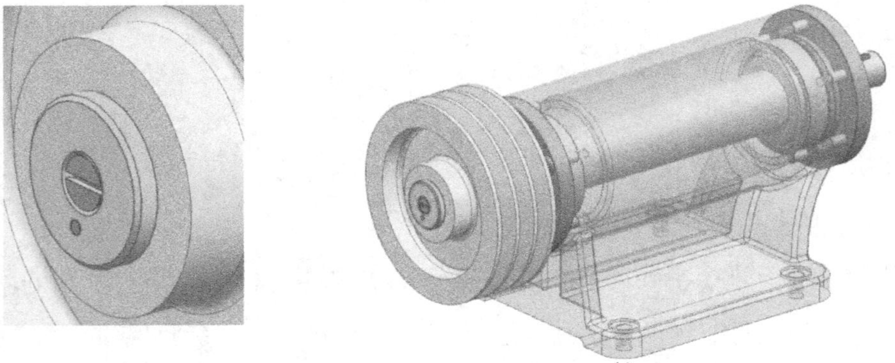

a) b)

图 5-29 铣刀头座体装配

【专家点拨】

当再次打开总装配时，往往会出现如图 5-30 所示的提示，装配模型中利用重用库创建的标准件都提示“找不到文件，部件已卸载”等字样。

要搞清楚这个问题，首先要明确两点：

1）通过重用库添加的标准件保存在什么地方？

2）总装配中涉及的所有零部件文件都要和总装配文件在同一个文件夹中，否则系统无法加载。

具体解决方法如下：

1）依次单击“文件”→“实用工具”→“用户默认设置”，弹出“用户默认设置”对话框，如图 5-31a 所示，在左侧索引列选择“重用库”，单击“可重用组件”标签，“部件族保存目录”中 Windows 后的目录是系统默认的保存重用库标准件的路径，可以自行设置。本任务将目录设置为 D:\NX12_GB 文件夹。完成更改后在对话框中单击“确定”按钮，系统提示新的设置必须重新启动 NX 后生效。

2）设置生效后，每次添加的标准件都自动保存在这个文件夹中，如图 5-31b 所示。

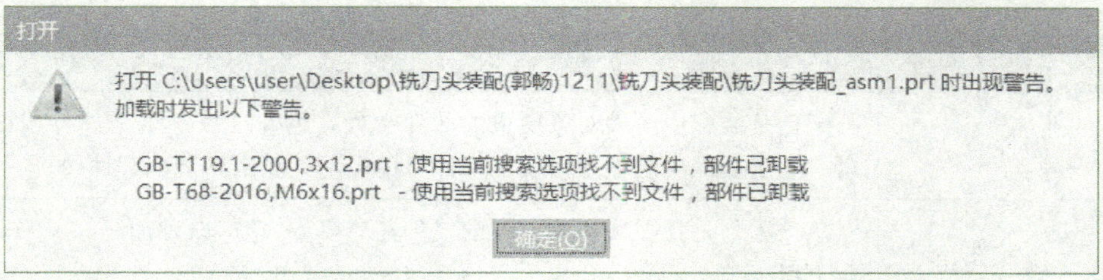

图 5-30　利用重用库创建的标准件再次打开装配时无法加载

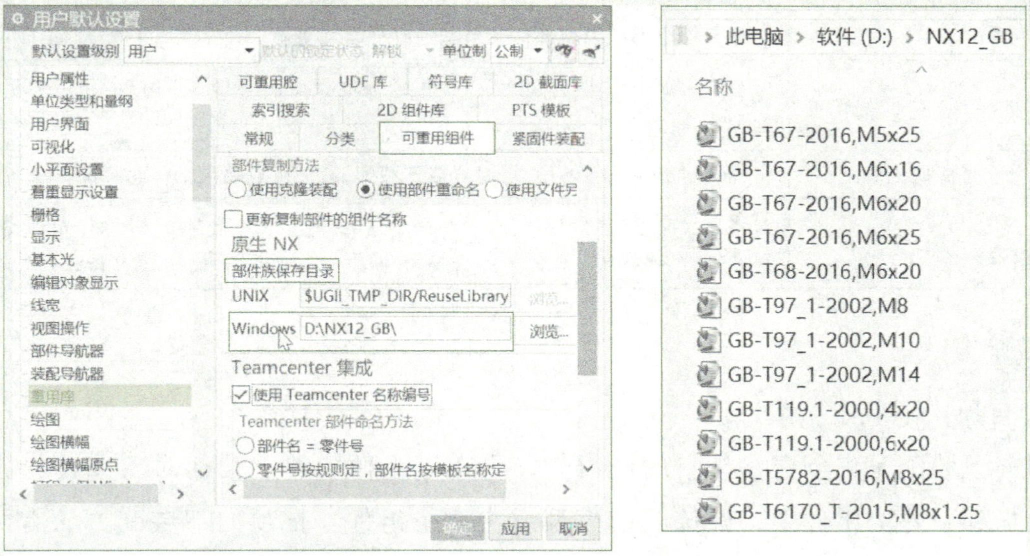

a)　　　　　　　　　　b)

图 5-31　设置重用库中标准件保存路径

四、知识链接

1. 装配的术语及其释义

NX 软件装配过程是在装配中建立部件之间的链接关系。它通过关联条件在部件间建立约束关系来确定部件在产品中的位置，表 5-2 列出了一些装配的术语及其释义。

表 5-2　装配术语及其释义

序号	装配术语	释义
1	装配	建立零部件之间的连接功能，由装配部件和子装配组成
2	装配部件	装配部件是由零件和子装配构成的部件。在 UG NX 12.0 中允许向任何一个 .prt 文件中添加部件构成装配，因此任何一个 .prt 文件都可以作为装配部件。在 NX 软件中，零件和部件不必严格区分。需要注意的是，当存储一个装配时，各部件的实际几何数据并不是存储在装配部件文件中，而是存储在相应的部件（即零件文件）中
3	子装配	子装配是在高一级装配中被用作组件的装配，子装配也拥有自己的组件。子装配是一个相对的概念，任何一个装配部件可在更高级装配中用作子装配
4	组件对象	组件对象是一个从装配部件链接到主模型的指针实体。组件对象记录的信息有部件名称、图层、颜色、线型、线宽、引用集和配对条件等

（续）

序号	装配术语	释义
5	组件	组件是装配中组件对象所指的部件文件。组件可以是单个部件（即零件），也可以是一个子装配。组件是由装配部件引用而不是复制到装配部件中
6	单个零件	单个零件是指在装配外存在的零件几何模型，它可以添加到一个装配中，但不能含有下级组件
7	主模型	主模型是供 NX 模块共同引用的部件模型。同一主模型，可同时被工程图、装配、加工、机构分析和有限元分析等模块引用。当主模型修改时，有限元分析、工程图、装配和加工等应用都根据部件主模型的改变自动更新
8	自顶向下装配	在装配级中创建与其他部件相关的部件模型，是在装配部件的顶级向下生成子装配和部件（即零件）的装配方法
9	自底向上装配	先创建部件几何模型，再组合成子装配，最后生成装配部件的装配方法
10	混合装配	将自顶向下装配和自底向上装配结合在一起的装配方法。例如，先创建几个主要部件模型，再将其装配到一起，然后在装配中设计其他部件，即为混合装配

2. 装配方法

（1） 自顶向下装配

自顶向下装配是先创建一个空的新组件，再在该组件中建立几何对象或是将原有的几何对象添加到新建的组件中，则该几何模型成为一个组件。自顶向下装配方法有两种，第一种是在装配中建立一个几何模型，再建立新组件，并把几何模型加入到新建的组件中；第二种是建立一个空组件，不含任何几何对象，然后使其成为工作部件，再在其中建立几何模型。

（2） 自底向上装配

自底向上装配是指先设计好装配中的部件，再将该部件的几何模型添加到装配中。所创建的装配体将按照组件、子装配体和总装配的顺序进行排列，利用关联约束条件逐级装配，最后完成总装配模型。装配操作可以在“装配”/“组件”级联菜单中选择，也可以通过单击“装配”工具栏中的按钮实现。

“接触对齐”约束

3. 装配约束

（1） 接触对齐约束

在“装配约束”对话框中选择“接触对齐”后，“方位”面板出现“接触”和“对齐”两个选项。

1） 接触约束：用于定位两个同类对象相一致。对于平面对象，所选平面共面且法线方向相反；对于圆锥面，采用“接触”约束时，系统首先检查其角度是否相等，如果相等，则对齐其轴线；对于圆柱面，要求相配组件直径相等才能对齐轴线；对于边缘和线，“接触”类似于“对齐”。

相配组件是指需要添加约束进行定位的组件，基础组件是指已经添加完的组件。

2）对齐约束：用于定位对齐相配组件。当对齐平面时，使两个面共面且法线方向相同；当对齐圆锥、圆柱和圆环面等对称实体时，使其轴线相一致；当对齐边缘和线时，使其共线。

（2）中心约束

中心约束用于约束两个对象的中心，使其中心对齐。当选择“中心约束”时，中心对象菜单被激活，其选项及功能如下：

“中心”约束

1）“1 对 2”：将相配组件中的一个对象定位到基础组件中两个对象的中心上。当选择该项时，允许在基础组件上选择第二个对象。

2）“2 对 1”：将相配组件中的两个对象定位到基础组件中的一个对象上，并与其对称。选择该选项时，允许在相配组件上选择第二个相配组件。

3）“2 对 2”：将相配组件中的两个对象定位到基础组件中两个对象处并呈对称布置。

（3）同心约束

同心约束用于约束两个对象同心。

（4）距离约束

距离约束用于指定两个对象间的最小距离。距离可以是正值也可以是负值。

“同心、距离、固定”约束

（5）固定约束

固定约束可将组件固定在其当前位置。

（6）平行约束

平行约束用于约束两个对象的方向矢量彼此平行。

（7）垂直约束

垂直约束用于约束两个对象的方向矢量彼此垂直。

“平行、垂直、角度”约束

（8）角度约束

角度约束用于在两个对象间定义角度，确定相配组件的正确方位。角度约束可以在两个具有方向矢量的对象间产生。角度是两个方向矢量的夹角，逆时针方向为正。

角度约束有两种类型：平面角度和三维角度。平面角度约束需要一个转轴，两个对象的方向矢量与其垂直。

（9）对齐/锁定约束

该约束用于对齐不同对象中的两个轴，同时防止其绕公共轴旋转。

（10）适合窗口约束

该约束用于定义两个对象适合。

“对齐/锁定、适合窗口、胶合”约束

（11）胶合约束

胶合约束用于约束两个对象胶合。

4. 虚拟装配的一般过程

首先要新建装配文件。在菜单项单击“文件”→“新建”或单击标准工具条中的“新建”图标，弹出如图 5-32 所示的“新建”对话框。

图 5-32 “新建”对话框

在“模板”选项组的名称中选择“装配”，在“新文件名”选项组下为装配文件命名（本例为 xiao chelun_asm1. prt），注意文件类别后缀为 asm1；在“文件夹”选项后单击“打开文件夹”图标，找到装配部件所在的路径和文件夹（本例为 D:\NX 12. 0\项目五\任务一\实例解析\源文件\小车轮）。完成后单击“确定”按钮，系统弹出“添加组件”对话框，关闭该对话框，然后在“装配”工具条中单击“添加组件”图标，添加组件。

装配的一般过程（小车轮的装配）

【例 5-1】 图 5-33a ~ 图 5-33d 所示为小车轮的四个零件，将其装配成如图 5-33e 所示的装配模型，其装配过程可扫描二维码观看。

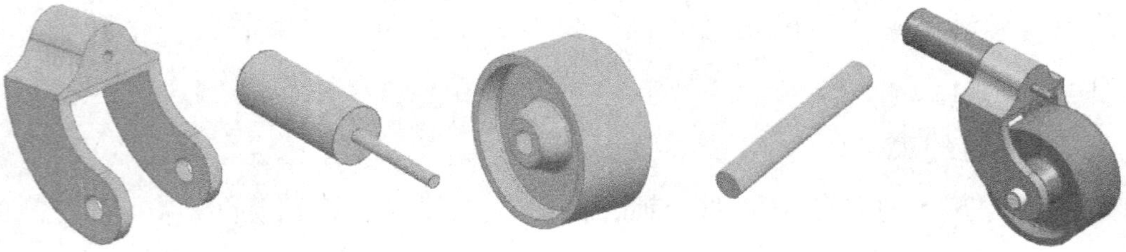

a) b) c) d) e)

图 5-33 小车轮零件及其装配

5. 引用集

在零件的设计过程中，包含大量的草图、曲线、曲面、基准平面及其他辅助图形数据，如果显示装配中各组件和子装配的所有数据，不但容易混淆图形，还会占用大量内存，不利于装配工作的进行。于是，在 NX 软件的装配中，为了优化大模型的装配，引入了引用集的概念。

引用集是指要装到装配体中的部分几何对象，它代表相应的零组件进行装配。引用集可以包含零件的名称、原点、方向、几何对象、基准、坐标系等信息。引用集一旦产生，就可以单独装配到组件中。一个零组件可以有多个引用集。调用“引用集”命令主要有以下方式：

1）在功能区单击“装配”→“更多”→“引用集”。

2）在菜单中单击“格式”→“引用集”。

执行上述操作后，系统弹出“引用集”对话框，如图 5-34 所示，其部分选项的功能见表 5-3。

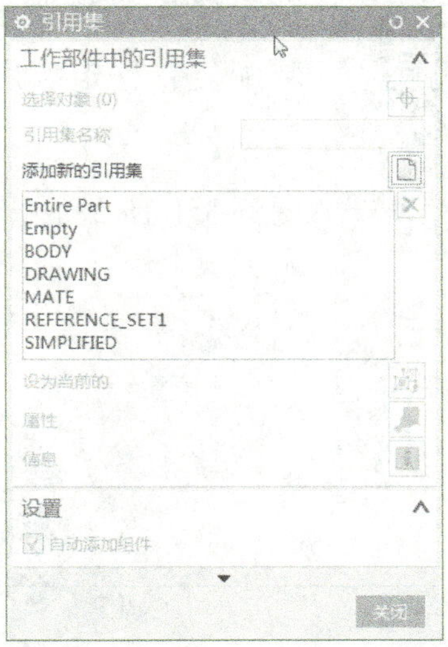

图 5-34　“引用集”对话框

表 5-3　引用集

序号	选项	功能
1	添加新的引用集	通过输入用于引用集的名称并选取对象来创建新的引用集
2	移除	在已经创建的引用集项目中可以选择性地移除，但移除引用集只是在目录中移除
3	设为当前的	把对话框中选取的引用集设定为当前的引用集
4	属性	编辑引用集的名称和属性
5	信息	显示工作部件的全部引用集的名称、属性和个数等信息

6. 装配分解（爆炸图）

装配爆炸图是指在装配环境下，将装配体中的组件拆分开来，目的是为了更好地显示整个装配的组成情况，以方便用户查看装配模型中的组件及相互之间的装配关系。同时可以通过对视图的创建和编辑，将组件按照装配关系偏离原来的位置，以便观察产品内部结构及组件的装配顺序。

小车轮的装配爆炸

爆炸图同其他用户定义的视图一样，各个装配组件或子装配已经从它们的装配位置移走。用户可以在任何视图中显示爆炸图形，并对其进行各种操作。

【例 5-2】 小车轮的装配图如图 5-35a 所示，将装配后的小车轮分解为如图 5-35b 所示的爆炸图，其分解过程可扫描二维码观看。

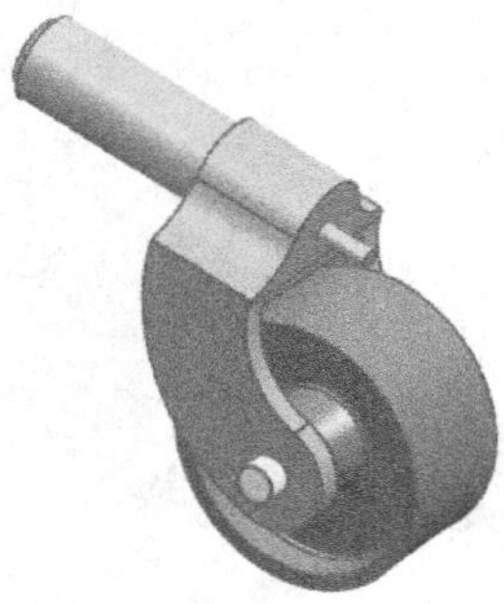

a)

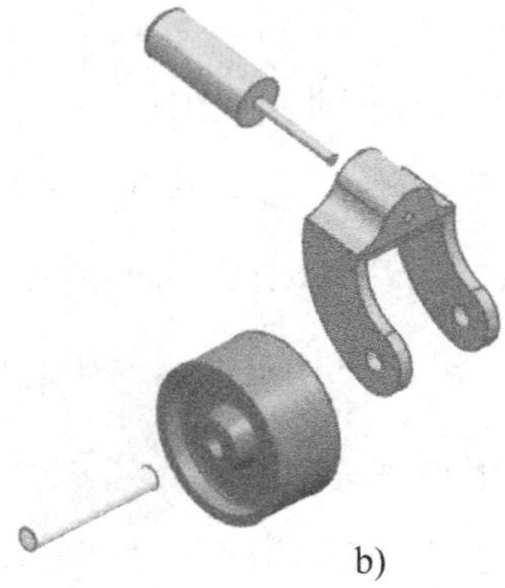

b)

图 5-35 小车轮的装配分解

7. 装配干涉检查

UG NX 12.0 装配模块可以对装配中的全部或部分组件进行间隙分析或干涉检查。这种分析或检查可采用交互式或批处理模式。间隙分析不考虑组件可能的运动，只处理静态问题。用户还可以对装配中的全部组件或部分组件输入一个间隙区（即环绕在对象周围的空间偏置区域），此种发生在间隙区的干涉也叫“软干涉”，适合针对设备运行中存在震颤的组件进行分析。

装配干涉检查

【例 5-3】 试对图 5-36 所示电动锯的装配间隙进行分析，判断是否存在“硬干涉”。由于工作时锯片存在震颤，对锯片设置 0.25mm 的间隙区，确认是否存在“软干涉”。

a)

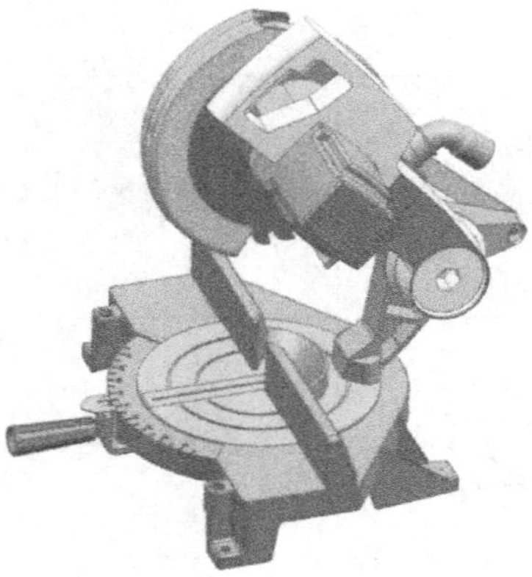

b)

图 5-36 电动锯装配模型

五、任务评价

任务完成后，按照表 5-4 对任务实施过程开展评价，进行任务总结与反思。

表 5-4　任务考核评价表

考核项目与权重	考核内容	评价标准	自评	互评	教师评价
专业知识（20%）	（1）熟悉装配模块的工作环境（10 分）	未能正确创建、打开、删除装配文件，酌情扣分			
	（2）掌握装配术语及其释义（10 分）	未掌握术语及释义，酌情扣分			
专业能力（30%）	（1）能够使用装配约束进行铣刀头座体的虚拟装配（10 分）	按照装配图进行装配，对装配错误的情况酌情扣分			
	（2）能够直接使用重用库中的标准件进行装配（10 分）	未能对重用库中的零件进行调出、装配操作，酌情扣分			
	（3）能够对装配的文件进行干涉检查、装配间隙分析、装配分解操作（10 分）	未能对装配的文件进行干涉检查、装配间隙分析、装配分解操作，酌情扣分			
职业素养（20%）	（1）敬业守时、认真负责、踏实严谨、谦虚好学（5 分）	迟到、早退、无故缺勤等，每次扣 1 分			
	（2）具有良好的团队合作精神，能热心帮助其他同学完成任务（5 分）	不参加小组讨论，每次扣 1 分			
	（3）能准确、快速表达个人思想和见解，能灵活运用所学知识，有创造性（10 分）	根据创意设计情况酌情扣分			
任务总结（30%）	（1）安全、有效地按照任务实施步骤完成铣刀头部件的装配，完成所有零件装配（10 分）	根据装配过程的完成情况酌情扣分			
	（2）安全、有效地按照任务实施步骤完成铣刀头部件的装配并做到约束准确（10 分）	根据任务完成情况酌情扣分			
	（3）能进行归纳总结，得出规律和指导性经验，技术文件完整、规范、条理清晰，在任务结束后，反思自己的任务完成情况和质量（10 分）	根据总结和反思情况酌情扣分			
合计（自评占比 40%，互评占比 20%，教师评价占比 40%）					

拓展阅读

装配零误差

在中国运载火箭技术研究院所属的中国航天万源国际（集团）有限公司（以下简称“万源国际公司”）甘肃总装厂，有一位名叫杨作雷的风机制造装配工，他坚持工作“零误差”，为公司风机产品树立良好口碑做出了重大贡献，曾获得“甘肃省技术能手”“酒泉市十大工匠”等荣誉称号。

工作中，杨作雷的目光从不局限于某个部件、某个时间段，而是着眼于风机的整体、全生命周期。“我负责装配风机的轮毂、轴承等部件，这是最核心、最精密的部分，直接决定‘风车’能否转得稳，能否顺利把风力转化为电能。”杨作雷说，“风机如果出现问题，后期就要耗费巨大人力、物力、财力维修，因此，在装配过程中，一颗螺钉该用多少力，都必须严格按照装配手册进行，坚持‘零误差’的原则。”正是这种全局观，让杨作雷谨慎对待手中的工作，努力钻研技术，很快成长为车间的技术骨干。

走进万源国际公司甘肃总装厂车间，总会看见杨作雷忙碌的身影。面对复杂的新设备，他以一如既往的韧劲儿，很快就掌握了全部操作技能，由一名普通工人成长为一名“90后”班组长。杨作雷说，在工作上，对完美的追求是无止境的。今后，他会带领班组成员，以更认真的态度投入到生产中，为打造高品质、高可靠性的风机做出更多贡献。

巩固提高

1. 下列选项中，（　　）属于“接触对齐”装配约束的子选项。

A. 首选接触　　B. 接触

C. 对齐　　D. 角度

2. 一个（　　）是多个零部件或子装配的指针实体的集合。任何一个装配是一个包含组件对象的 . prt 文件。

A. 装配　　B. 组件

C. 零件　　D. 模型

3. 可以在高一级装配内使用的，已经装配好的组件对象称为（　　）。

A. 子装配　　B. 对象组

C. 零件　　D. 组件

4. 在装配中约束类型为“中心”时，子类型有（　　）。

A. 1 对 2　　B. 2 对 1

C. 2 对 2　　D. 1 对 1

5. （　　）对话框决定了“从何处”和“以哪种状态”加载组件文件。

A. 系统选项　　B. 选择选项

C. 装配加载选项（文件→选项→装配加载选项）　　D. 装配选项

6. 如果修改过程需要移动零件到不同的目录下，为了在打开装配文件时知道到哪里去找到这些移动的零件，需要在加载选项中定义（　　）。

A. 使用部分加载　　B. 部件

C. 用户目录　　D. 搜索目录

7. 以下（　　）不是装配中组件阵列的方法。

A. 线性　　B. 从实例特征

C. 从引用集阵列　　D. 圆的

8. 若没有额外创建其他引用集，默认可用的引用集有（　　）。

A. 模型　　B. 整个部件

C. 空的　　D. 实体的

9. 若要对装配模型中的某个零件模型进行修改，最便捷的方法是（　　）。

A. 选择要修改的零件，在右键菜单中选择“设为显示部件”

B. 在装配导航器中选择要修改的零件，在右键菜单中选择“设为显示部件”

C. 选择要修改的零件，在右键菜单中选择“设为工作部件”

D. 记住要修改的零件的名称，打开该文件从而打开要修改的零件

10. 在装配导航器中，（　　）可以隐藏装配中的某个零部件。

A. 取消勾选某个零部件

B. 双击黄色标记

C. 选择要隐藏的零部件，在右键菜单中选择“隐藏”

D. 双击部件名称

11. 参照图 5-37 所示齿轮泵的装配图，完成齿轮泵实体总装，标准件信息见表 5-5。

表 5-5　标准件信息

序号	名称	数量	材料	备注
1	销 4m6×20	2	35	GB/T 119.1
7	挡圈 18	1	65Mn	GB/T 895.2
9	螺钉 M6×16	6	Q235	GB/T 67
10	键 6×6×20	1	45	GB/T 1096
14	键 5×5×20	1	45	GB/T 1096
15	垫圈 10	1	Q235	GB/T 97.1
16	螺母 M10	1	Q235	GB/T 6170
18	螺钉 M6×25	2	Q235	GB/T 67

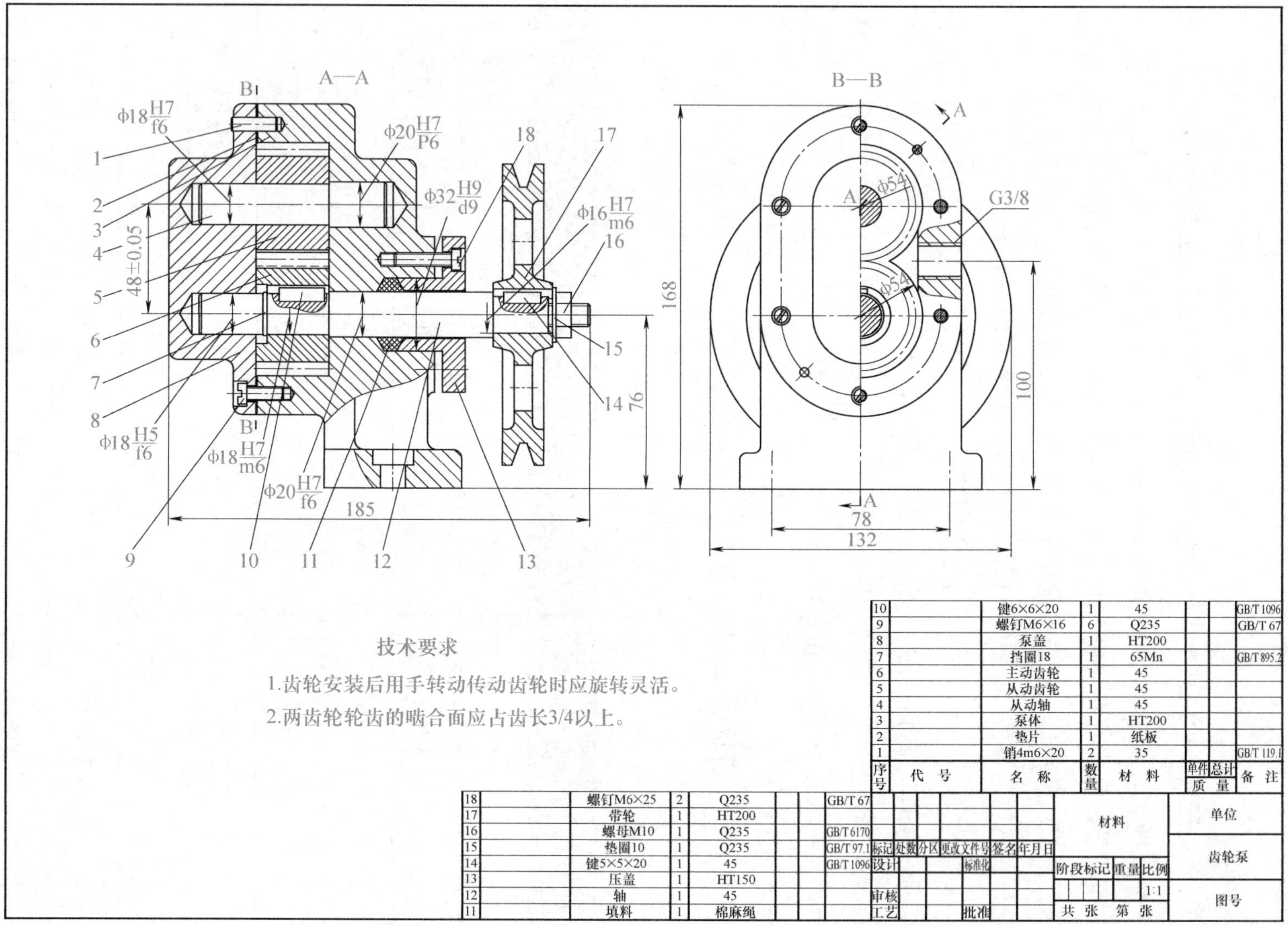
A—A
B—B
技术要求
1.齿轮安装后用手转动传动齿轮时应旋转灵活。
2.两齿轮轮齿的啮合面应占齿长3/4以上。
185
168
132
78
100
76
48±0.05
G3/8
10 键6×6×20 1 45 GB/T 1096
9 螺钉M6×16 6 Q235 GB/T 67
8 泵盖 1 HT200
7 挡圈18 1 65Mn GB/T 895.2
6 主动齿轮 1 45
5 从动齿轮 1 45
4 从动轴 1 45
3 泵体 1 HT200
2 垫片 1 纸板
1 销4m6×20 2 35 GB/T 119.1
序号 代号 名称 数量 材料 单件质量 总计质量 备注
18 螺钉M6×25 2 Q235 GB/T 67
17 带轮 1 HT200
16 螺母M10 1 Q235 GB/T 6170
15 垫圈10 1 Q235 GB/T 97.1
14 键5×5×20 1 45 GB/T 1096
13 压盖 1 HT150
12 轴 1 45
11 填料 1 棉麻绳
材料
单位
齿轮泵
图号
1:1

图 5-37　齿轮泵装配图

项目六　工程图设计

项目导读

本项目以创建阶梯轴工程图和铣刀头装配工程图为任务，具体介绍使用 UG NX 12.0 软件创建工程图的过程。通过不同任务的学习，读者可掌握 UG NX 12.0 创建基本视图、标注尺寸、技术要求、表格注释等操作的具体方法，增强 UG NX 12.0 的应用技能。

学习目标

知识目标

1）掌握常见视图的创建方法和操作步骤。

2）掌握视图的基本编辑操作方法及步骤。

3）掌握工程图中尺寸标注、几何公差标注、基准符号标注、表面粗糙度标注、文本标注的方法及步骤。

4）掌握工程图中表格的制作方法。

能力目标

1）能够根据零件、机器的结构特征创建合理的不同视图。

2）能够按照国家标准完成尺寸、几何公差、文字等的标注。

3）能够制作并编辑明细栏和标题栏。

素养目标

1）严格按照机械制图国家标准进行工程图设计，增强规范意识和标准意识。

2）培养一丝不苟、精益求精的工匠精神。

任务一　创建阶梯轴工程图

一、任务描述

按照图 6-1 所示阶梯轴模型，创建阶梯轴工程图，如图 6-2 所示。

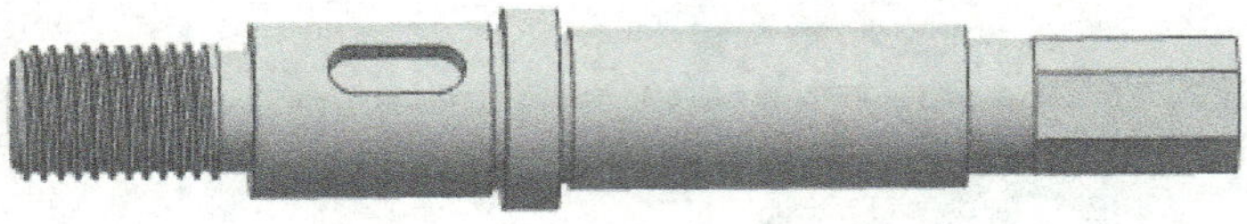

图 6-1　阶梯轴模型

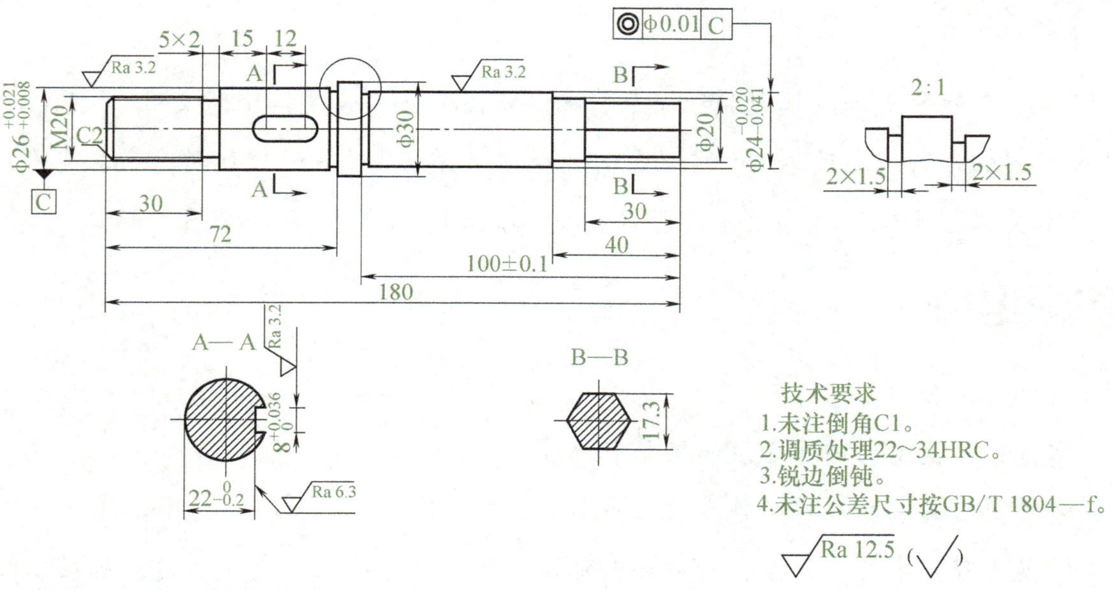

图 6-2　阶梯轴工程图

二、任务分析

该模型为轴套类零件，其结构特征是回转体，有键槽、轴肩、螺纹及退刀槽等结构，其右端为正六棱柱。其绘图步骤如下：

1）创建视图。根据结构特征选择视图，主视图将阶梯轴水平放置，断面图表达键槽、正六棱柱，局部放大图表达退刀槽。

2）标注线性尺寸。标注尺寸时注意基准的选择，可根据加工顺序进行标注。

3）标注尺寸公差、基准符号、几何公差、表面粗糙度等技术要求

【专家点拨】

在使用 UG NX 12.0 创建模型时，一般将模型中的螺纹创建为符号螺纹，便于工程图的输出和标注。

三、任务实施

打开源文件素材包\NX 12.0\项目六\任务一\任务实施\按以下步骤进行阶梯轴工程图的创建。

创建阶梯轴工程图—创建视图

1. 添加模型属性

为该阶梯轴（符号螺纹）模型添加模型属性，便于自动填写标题栏。

1）依次单击菜单→“文件”→“属性”，打开“显示部件属性”对话框，在“属性”选项卡的“交互方法”中选择“批量添加”。

2）添加属性。双击每个属性特征下方的单元格，根据表 6-1 添加模型的属性。

表 6-1　阶梯轴的文件属性

属性	对应中文	值
AUDITOR	审核	张三
CHECKER	校核	李四
DB_PART_NAME	部件名称	阶梯轴
DESIGNER	设计	王五
SCAL	比例	1∶1
MaterialPreferred	材料	45

2. 新建图纸页

单击“文件”→“新建”，打开新建“图纸”标签页，选择“A3-无视图”，并确定工程的文件名及保存位置，按系统默认即可。

3. 创建阶梯轴主视图及键槽和正六棱柱的断面图

（1）创建主视图及断面图

1）依次单击“主页”→“视图”→“基本视图”，选择“模型视图”为“右视图”，在图纸页适合位置单击，创建主视图。

2）依次单击“主页”→“视图”→“剖视图”，创建键槽及正六棱柱的断面图，结果如图 6-3 所示。

（2）修改剖视图的名称及剖切符号

1）用鼠标右键单击剖视图的视图边界，在快捷菜单中选择“视图相关编辑”，弹出

“视图相关编辑”对话框，单击“擦除对象”，擦除键槽剖视图中多余的线条，调整剖视图位置，如图 6-4 所示。

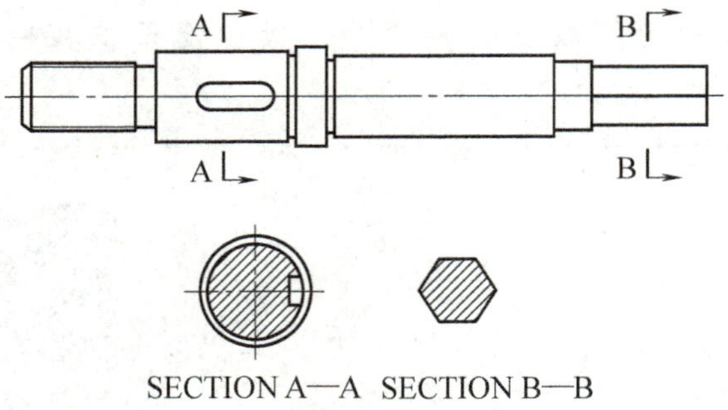

图 6-3 创建主视图和断面图

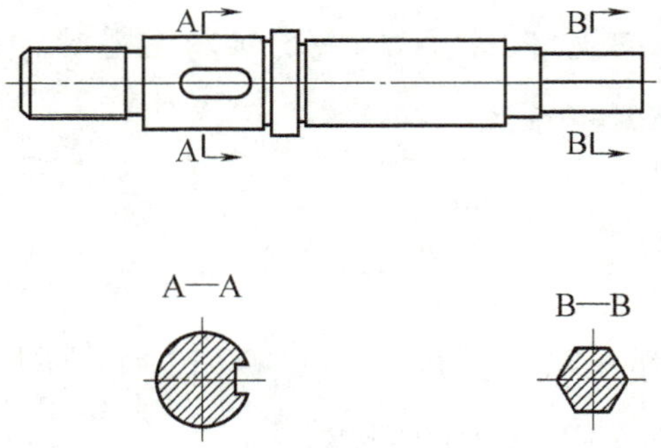

图 6-4 主视图和断面图完成图

2）双击剖视图名称“SECTIONA-A”“SECTIONB-B”，弹出“设置”对话框，按照图 6-5 所示，设置名称及字体、字高、位置等参数。

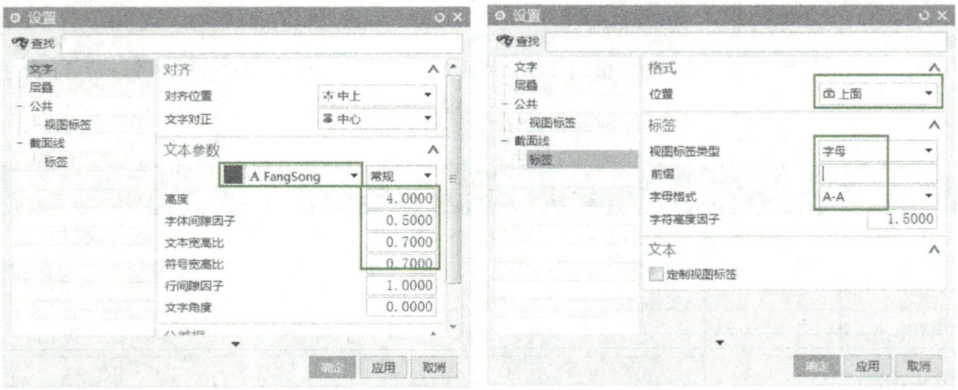

图 6-5 设置剖视图参数

3）用鼠标右键单击剖切符号，在快捷菜单中选择“设置”，弹出“设置”对话框，设置剖切符号的类型及箭头线长度，如图 6-6 所示。

4）依次单击“主页”→“注释”→“2D 中心线”，为 B—B 剖视图添加中心线，如图 6-7 所示。

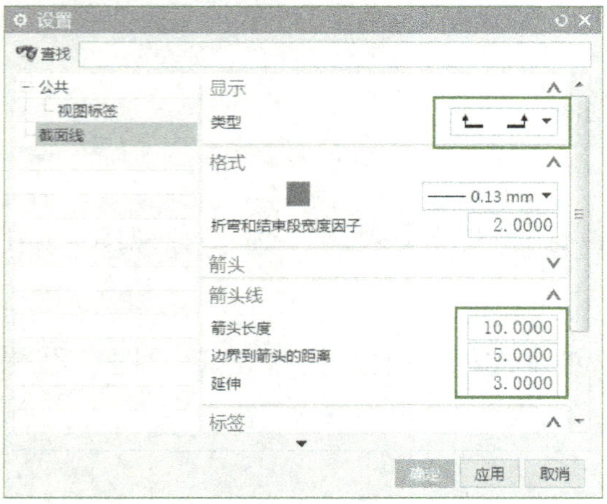

图 6-6 剖切符号参数设置

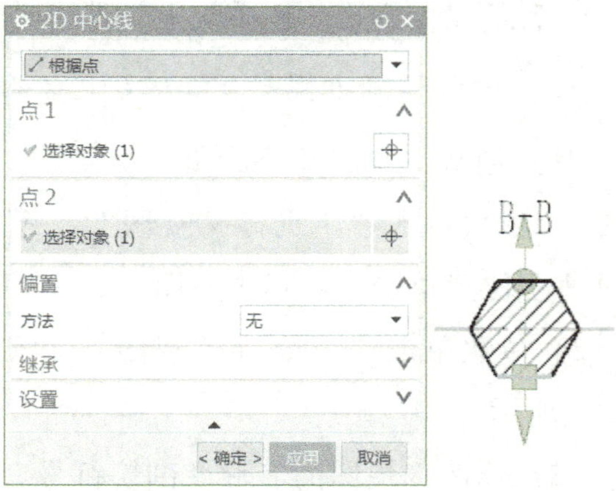

图 6-7 添加 B—B 视图中心线

4. 创建退刀槽的局部放大图

创建阶梯轴工程图—创建局部放大图

（1）创建局部放大图

依次单击“主页”→“视图”→“局部放大图”，弹出“局部放大图”对话框，创建比例为 2∶1 的局部放大图。将局部放大图边界格式设置为“实线”，线宽为“0.13mm”，其他参数设置如图 6-8 所示。

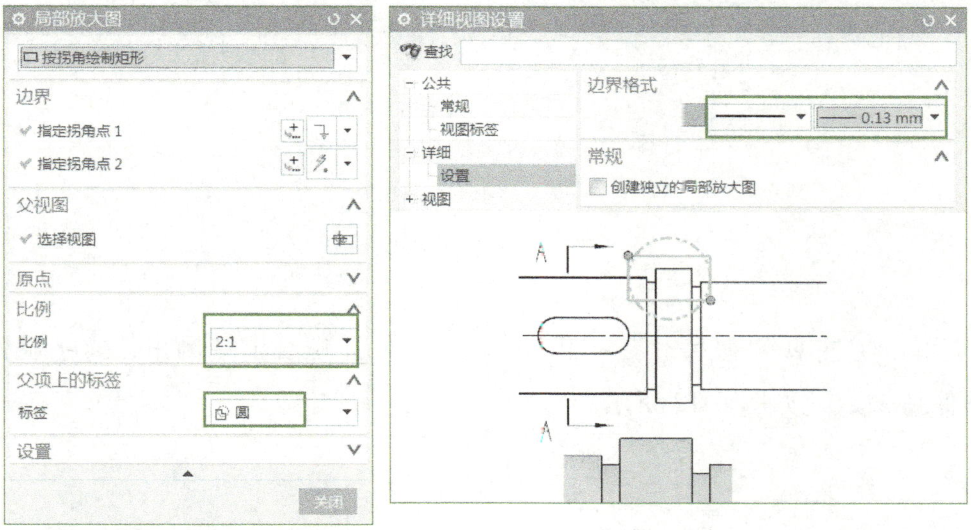

图 6-8 “局部放大图”参数设置

（2）编辑局部放大图

1）绘制边界线。用鼠标右键单击局部放大图，在快捷菜单中选择“转换为独立的局部放大图”，采用“样条曲线”命令，捕捉相应点绘制边界线，如图 6-9 所示。

2）编辑局部放大图名称。双击局部放大图边界线，弹出“设置”对话框，设置相关参数（如位置、是否显示视图标签、比例前缀），结果如图 5-10 所示。

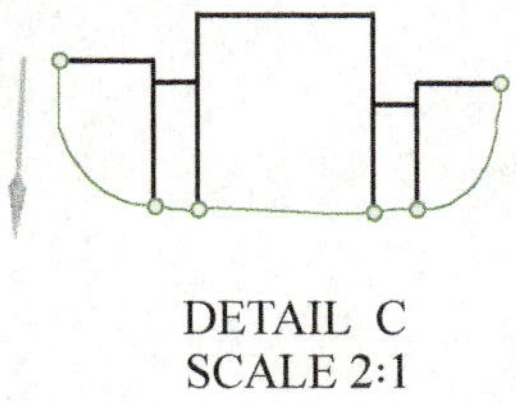

图 6-9 绘制边界线

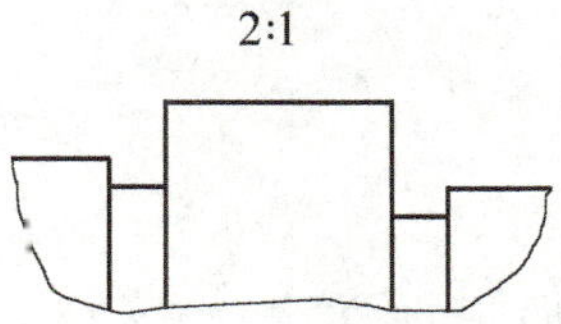

图 6-10 局部放大图标签

5. 标注线性尺寸

创建阶梯轴工程图—标注尺寸

（1）直接标注尺寸

1）依次单击“主页”→“尺寸”→“快速标注”，对主视图、剖视图、局部放大图进行线性尺寸标注，主要约束阶梯轴的直径、长度及键槽等关键尺寸，尺寸文本参数设置如图 6-11 所示。

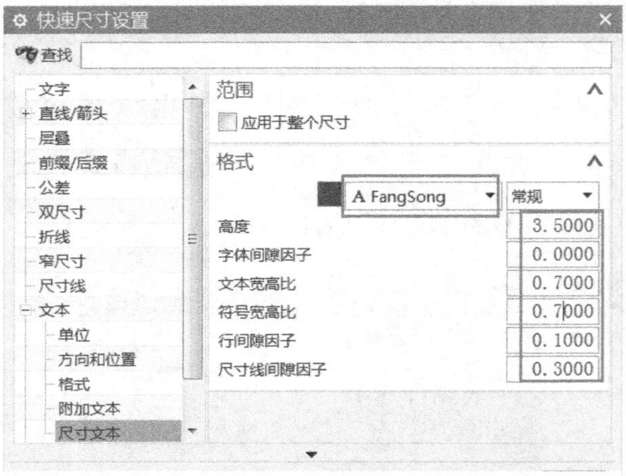

图 6-11　尺寸文本参数设置

2）依次单击“主页”→“尺寸”→“倒角标注”，标注螺纹末端倒角，文字设置与尺寸文本参数设置保持一致，如图 6-12 所示。

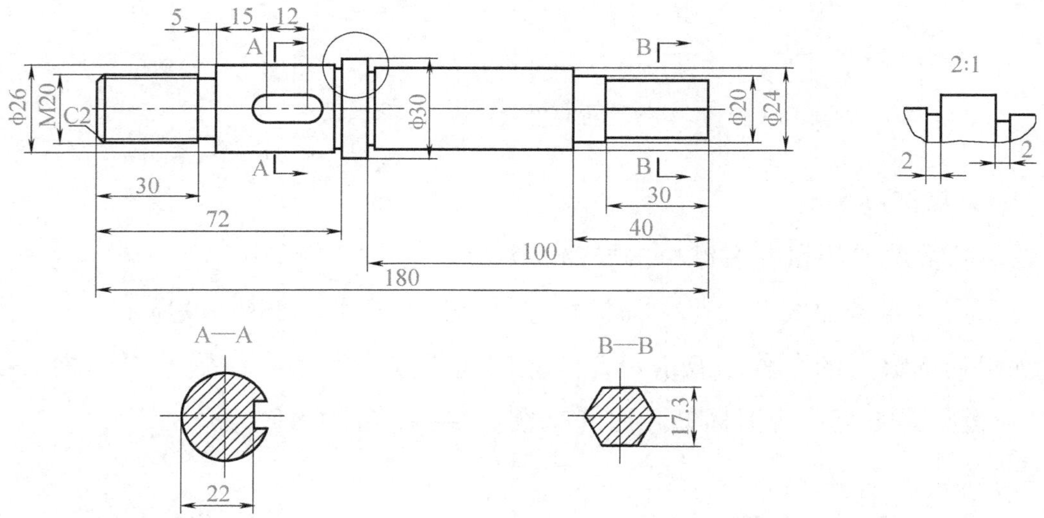

图 6-12　直径、长度、倒角标注结果

（2）添加附加文本“5×2”“2×1.5”“M20”

双击“尺寸”，在快捷工具栏中单击“编辑附加文本”，弹出“附加文本”对话框，如图 6-13 所示，根据图中参数进行设置，完成标注。采用同样的方法添加其他附加文本，结果如图 6-14 所示。

（3）添加尺寸公差

双击“线性尺寸”，在快捷工具栏中的“公差类型”下拉列表中选择相应的公差类型进行标注，注意公差文本参数设置，如图 6-15 所示，标注结果如图 6-16 所示。

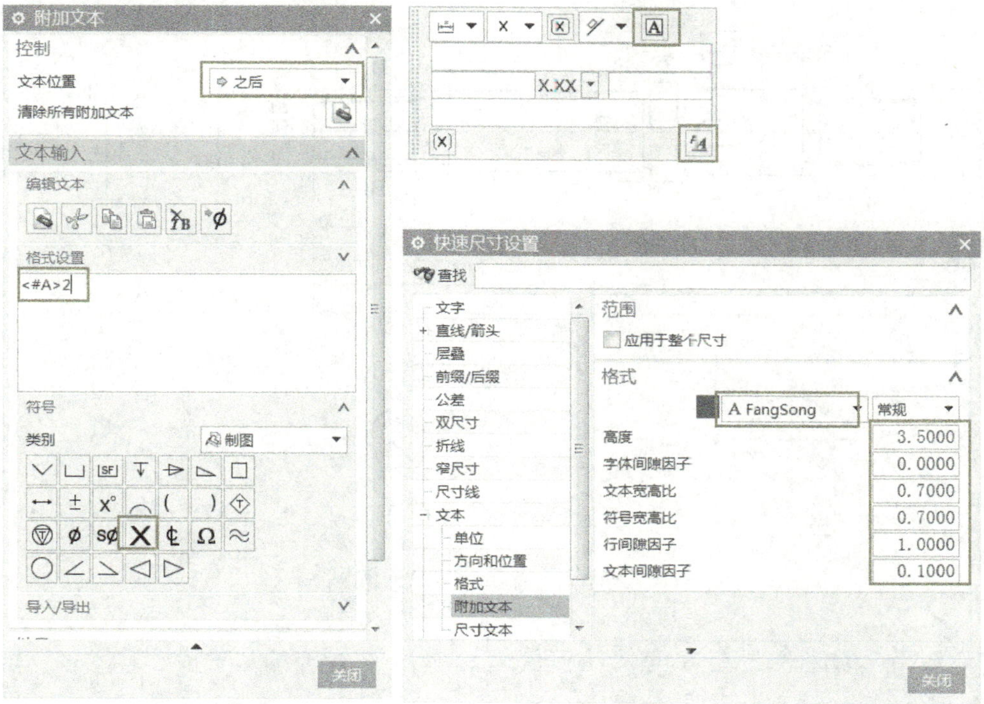

图 6-13 “附加文本”对话框及参数

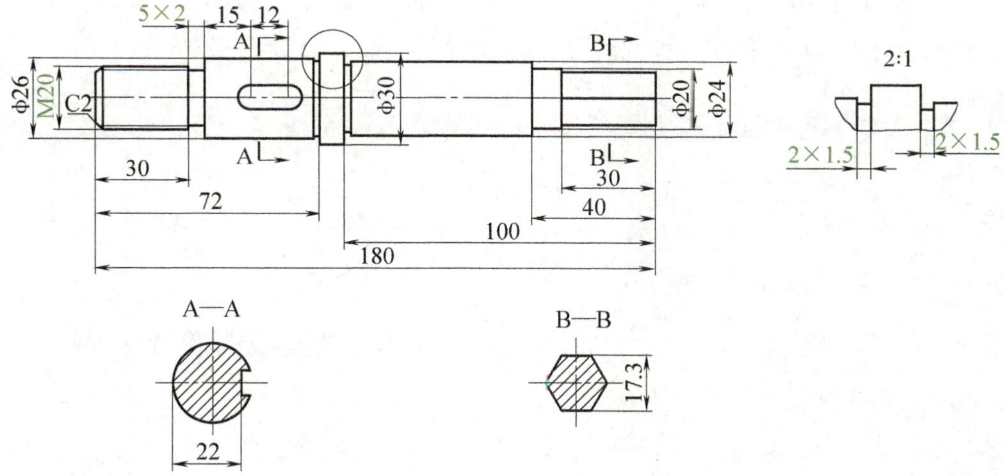

图 6-14 添加附加文本结果

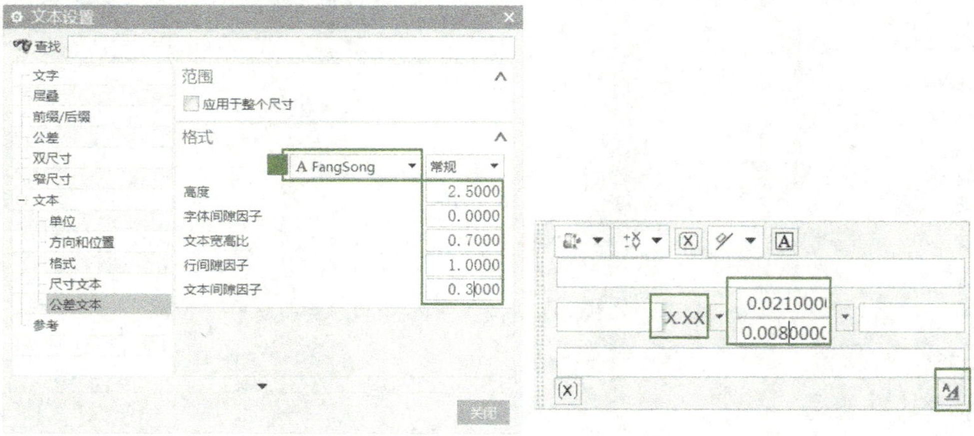

图 6-15 尺寸公差设置

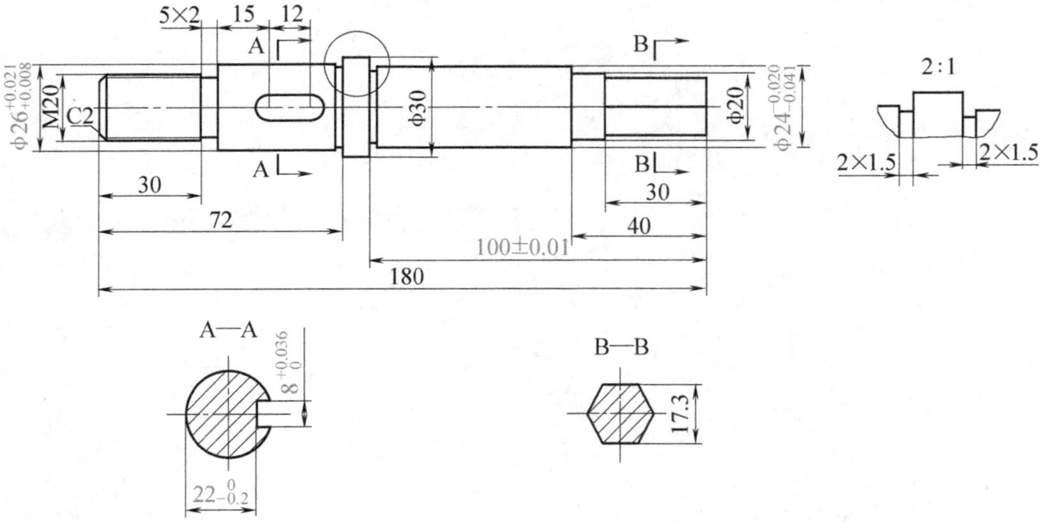

图 6-16　尺寸公差标注结果

创建阶梯轴工程图—标注基准、表面粗糙度、几何公差、技术要求

6. 标注表面粗糙度、几何公差、基准符号

（1）标注表面粗糙度

依次单击“主页”→“注释”→“表面粗糙度”，弹出“表面粗糙度”对话框，如图 6-17 所示，对标注标准、字体、字高等进行设置。

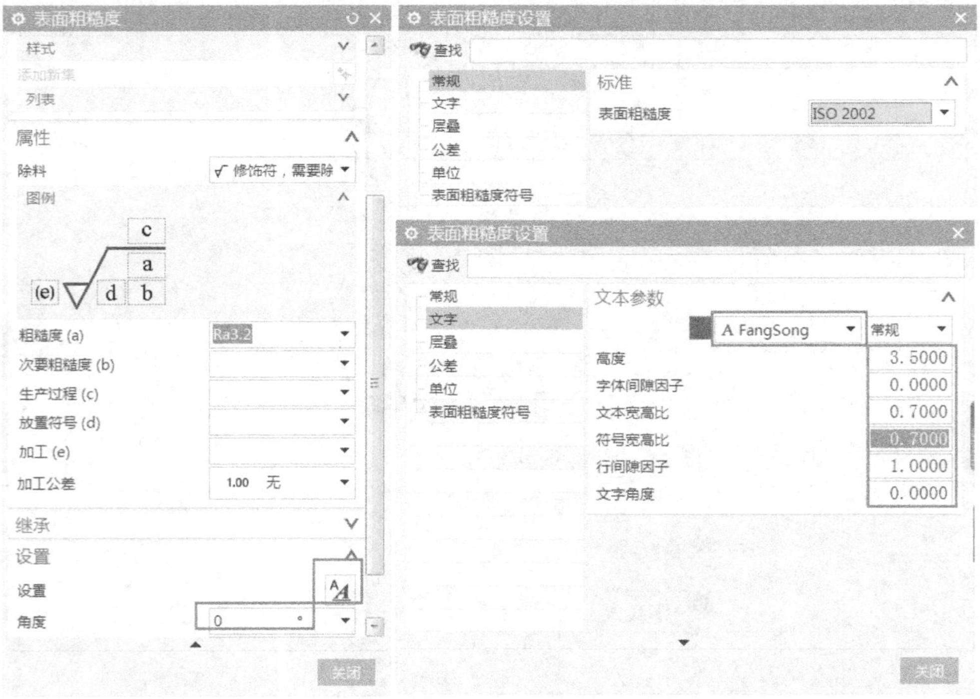

图 6-17　“表面粗糙度”对话框及参数设置

（2）标注基准符号

单击工具栏中的“基准特征符号”按钮，弹出“基准特征符号”对话框，按图 6-18 所

示设置各项参数，在 ϕ26mm 尺寸界线处标注基准符号。

（3）标注几何公差

依次单击“主页”→“注释”→“特征控制框”，弹出“特征控制框”对话框，如图 6-19 所示，按图设置各项参数，通过“设置”修改几何公差的字高、字体等参数，与尺寸文本参数保持一致。

7. 标注技术要求

依次单击“主页”→“注释”→“注释”，弹出“注释”对话框，在文本框中输入技术要求，在图框内合适位置单击，确定技术要求的放置位置。注意此处的文字字体及放大比例，字体均为“仿宋”，放大比例“技术要求”设置为 1.4，正文为 1，如图 6-20 所示。

图 6-18 “基准特征符号”对话框

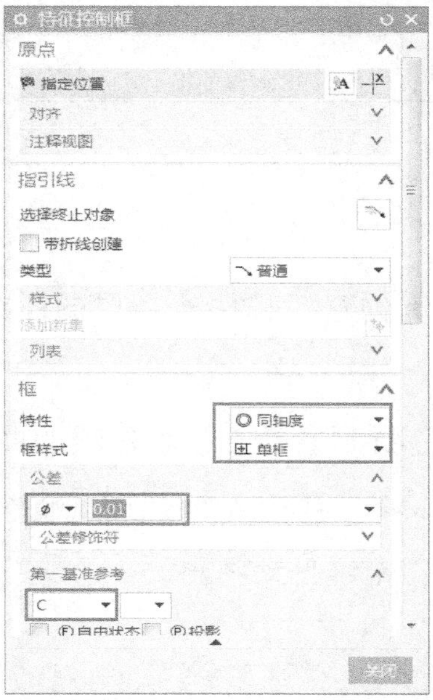

图 6-19 “特征控制框”对话框

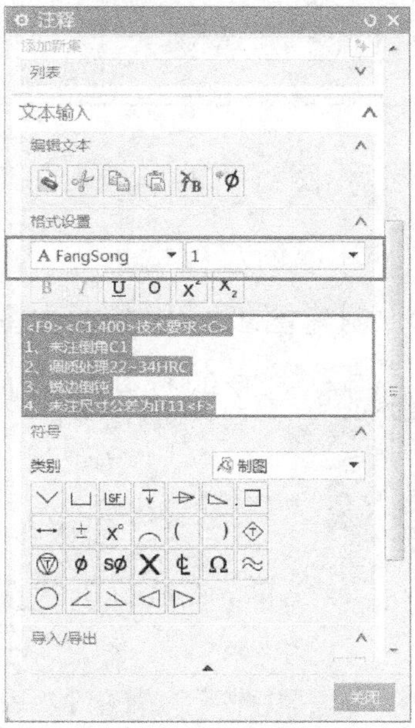

图 6-20 “注释”对话框

至此，完成阶梯轴工程图的创建，如图 6-2 所示。

四、知识链接

1. 工程图环境的进入

三维模型与二维工程图相辅相成，共同完成零件或组合体的完整表达。在 UG NX 12.0 软件中，依托三维模型创建二维工程图。若三维模型发生改变，根据其关联性，二维工程图也随之改变，这样既保证了设计的统一性，又提高了工作效率。

在打开三维模型文件后，进入工程图环境的方法有以下两种：

1）依次单击“应用模块”→“设计”→“制图”。

2）按快捷键组合：<Ctrl+Shift+D>。

进入工程图环境后，系统自动弹出相关常用工具并显示在功能区。

表 6-2 列出了工程图环境中较为常用的工具条及其功能。

表 6-2　工程图常用工具条及其功能

选项	功能
视图	完成基本视图、投影视图、局部放大图、断开视图等 10 种不同类型视图的创建与编辑
尺寸	完成快速标注（根据选择对象和光标位置自动判断尺寸类型）和线性尺寸、径向尺寸、角度尺寸等 8 种不同尺寸类型的标注
注释	完成工程图中基准、表面粗糙度、焊接符号、文字等内容的标注
草图	在无三维模型时，完成工程图的绘制
表	完成明细栏、孔表、自动符号标注等表格内容相关编辑
GC 工具箱	包括标准化工具、制图工具、尺寸快速格式化工具，根据我国工业标准对常用功能进行汇总，便于用户使用

2. 图纸页的创建与编辑

(1) 创建图纸页

创建图纸页是在工程图环境下创建工程图所需要的图纸、比例等。“新建图纸页”命令的打开方式如下：

新建图纸页

1）在“主页”选项卡中单击“新建图纸页”。

2）依次单击“菜单”→“插入”→“图纸页”。

执行上述操作后，系统自动弹出“工作表”对话框，如图 6-21 所示。

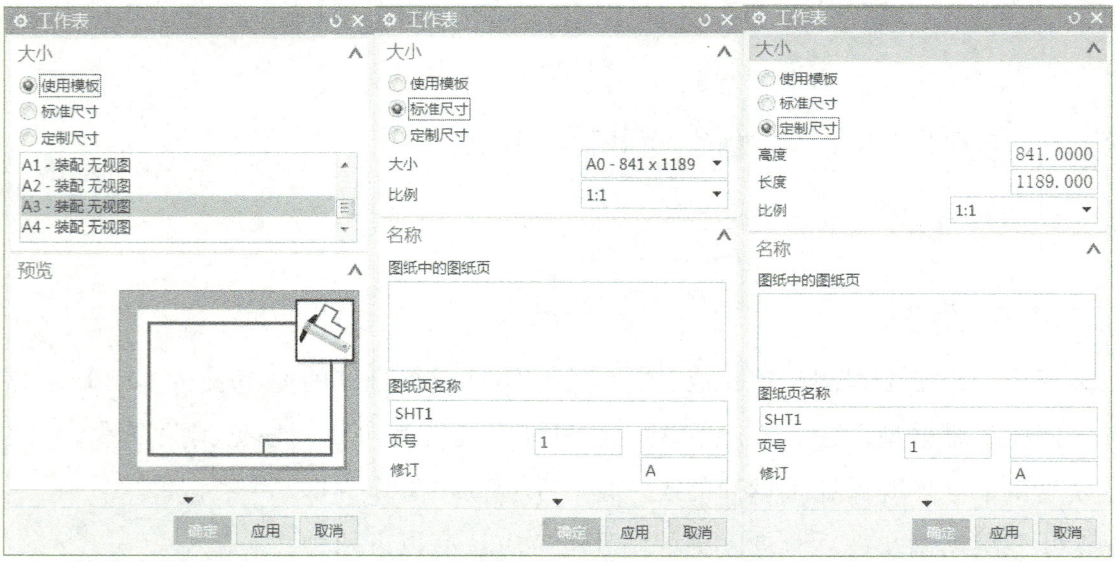

a) 使用模板　　b) 标准尺寸　　c) 定制尺寸

图 6-21　“工作表”对话框

“工作表”对话框中的“大小”选项卡提供了“使用模板”“标准尺寸”和“定制尺寸”三种不同的创建图纸页的方法，见表 6-3。

表 6-3　“工作表”中创建图纸页的三种不同方法的比较

类型	大小	单位	投影法	绘图比例
使用模板	固定	毫米	第一角投影	1∶1
标准尺寸	固定	毫米或英寸	第一角投影或第三角投影	自设
定制尺寸	自设	毫米或英寸	第一角投影或第三角投影	自设

（2）编辑图纸页

“编辑图纸页”是对已经创建好的图纸页的名称、大小、比例、测量单位和投影方式等进行更改。该命令的打开方式如下：

1）在“主页”选项卡中单击“编辑图纸页”。

2）依次单击“菜单”→“编辑”→“编辑图纸页”。

3）在“部件导航器”中找到当前图纸页，单击鼠标右键，在弹出的快捷菜单中选择“编辑图纸页”或双击图纸页边框。

执行上述操作后，系统弹出“工作表”对话框，即可在相应选项中做出修改。

（3）删除图纸页

常用的“删除图纸页”命令的使用方式有以下两种。

1）用鼠标右键单击图纸页边框，在弹出的快捷工具条和快捷菜单中选择删除，如图 6-22a 所示。

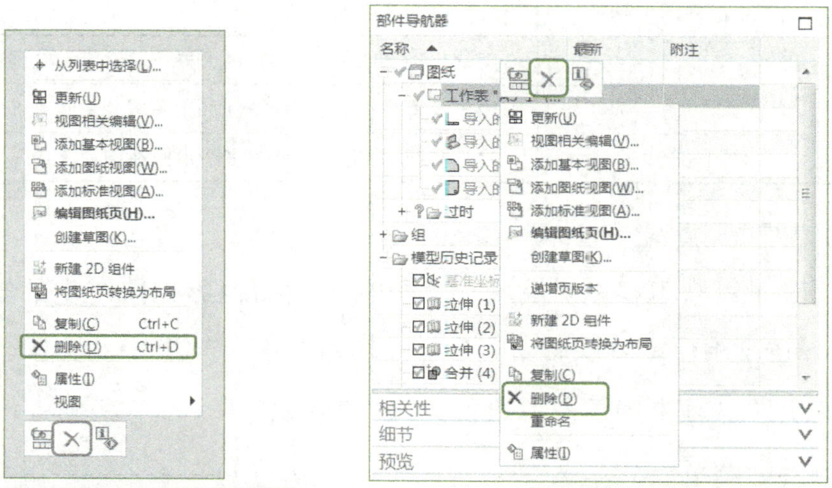

a) 用鼠标右键单击图纸页边框删除　　b) 在“部件导航器”中删除

图 6-22　删除图纸页命令的调用方法

2）在“部件导航器”中找到当前图纸页，单击鼠标右键，在弹出的快捷工具条和快捷菜单中选择删除，如图 6-22b 所示。

3. 基本视图创建

（1）基本视图

基本视图是基于三维模型进行投影的视图，包括俯视图、仰视图、前视图、后视图、左视图、右视图、正等测图和正三轴测图。基本视图不仅可以是独立的视图，而且可以作为其他视图类型（如剖视图）的父视图。该命令的打开方式如下：

1）在“主页”选项卡中单击“视图”→“基本视图”。

2）依次单击“菜单”→“插入”→“基本视图”。

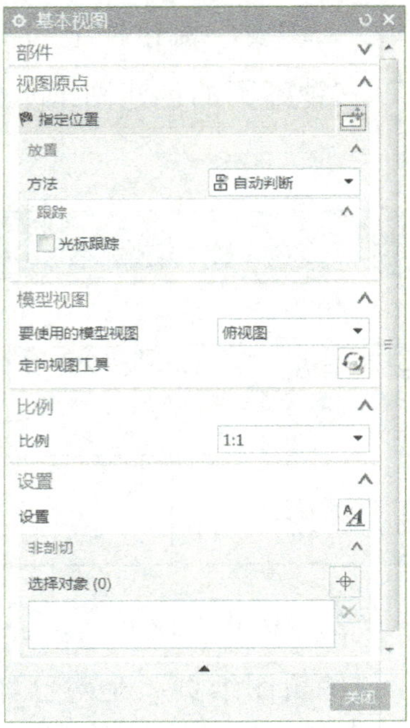

图 6-23 “基本视图”对话框

执行上述操作后，系统弹出如图 6-23 所示“基本视图”对话框，其各选项及功能见表 6-4。

表 6-4 “基本视图”主要选项及功能

选项		功能
部件	已加载的部件	显示所有已加载的部件的名称
	最近访问的部件	显示最近使用过的部件的名称
	打开	打开指定位置的部件
视图原点	指定位置	用光标指定屏幕位置
模型视图	要使用的模型视图	用户可在八个标准视图中选择一个
	定向视图工具	用于改变视图的方位
比例		默认比例是图纸页比例，也可根据需要设置合适的比例
设置	设置	用于设置视图的显示样式（如隐藏线相关设置），一般采用默认设置
	非剖切	用于装配图，指定一个或多个组间在剖视图中不进行剖切

（2）投影视图

“投影视图”是以基本视图为父视图，根据不同的投影方向产生的视图，与基本视图一起更清晰地表达三维模型。该命令的打开方式如下：

1）在“主页”选项卡中单击→“视图”→“投影视图”。

2）依次单击“菜单”→“插入”→“视图”→“投影（J）”。

执行上述操作后，系统弹出如图 6-24 所示“投影视图”对话框，其各选项及功能见表 6-5，其中“设置”选项与“基本视图”对话框中的一致，此处不做说明。

表 6-5　“投影视图”主要选项及功能

选项			功能
父视图			系统默认是最后一个基本视图，或者单击进行自主选择
铰链线	矢量选项	自动判断	系统根据鼠标指针围绕父视图的位置来自动判别方向
		已定义	用户自主定义矢量方向，注意投影方向与所选的矢量方向垂直
视图原点	放置		系统提供六种放置方式，常用“铰链副”

（3）标准视图

“标准视图”是用来快速创建零件或装配体的标准方位的多个视图。该命令的打开方式如下：

依次单击“菜单”→“插入”→“视图”→“标准”。

执行上述操作后，系统弹出“标准视图”对话框，如图 6-25 所示，其各选项及功能见表 6-6，其中“部件”“比例”“设置”选项与“基本视图”对话框中的基本一致，此处不做说明。

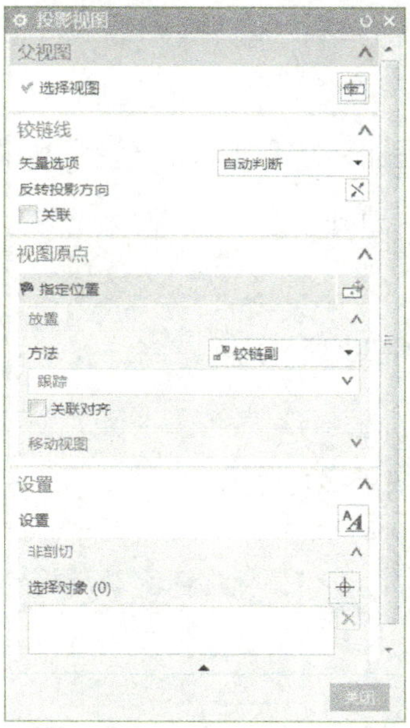

图 6-24　“投影视图”对话框

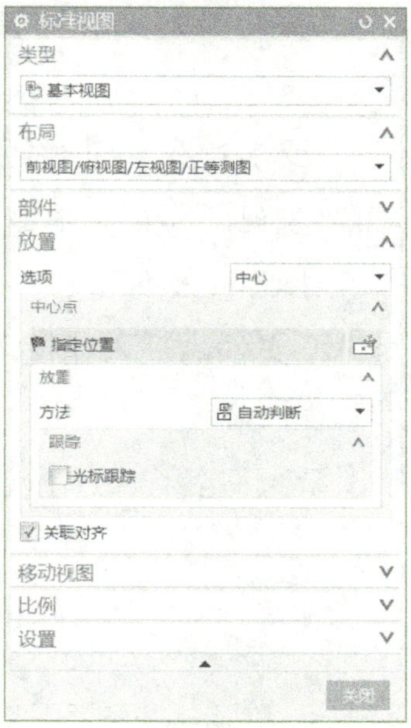

图 6-25　“标准视图”对话框

表 6-6　“标准视图”主要选项及功能

选项		功能
类型	图纸视图	创建空白的图纸视图
	基本视图	创建基于三维模型的模型视图
布局		将不同的基本视图组合，创建多个视图，系统提供七种不同的组合形式
放置	中心	在图形区域选择一个点
	角落	在图形区域选择两个点
移动视图		改变单个视图的位置

（4）视图创建向导

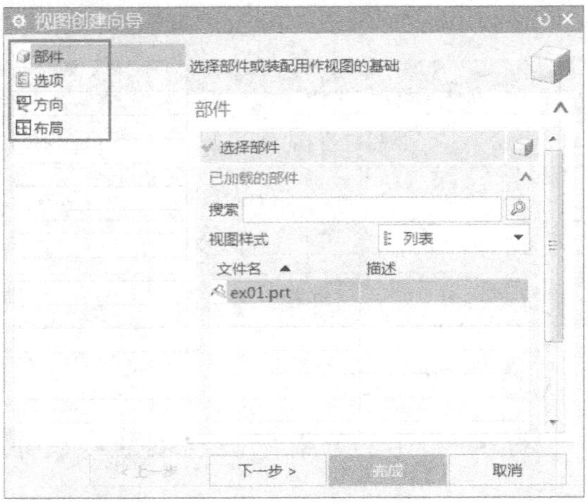

图 6-26 “视图创建向导”对话框

“视图创建向导”可以快速创建零件或装配体的多个基本视图，系统以向导的方式一步步引导用户进行主要参数的设置。该命令的打开方式如下：

1）在“主页”选项卡中单击“视图”→“视图创建向导”。

2）依次单击“菜单”→“插入”→“视图”→“视图创建向导”。

执行上述操作后，系统弹出“视图创建向导”对话框，如图 6-26 所示，可通过选择三维视图模型、设置视图显示选项、指定父视图方位、选择投影视图四个步骤进行基本视图的创建。

【例 6-1】 创建轴承座的基本视图。

创建轴承座的基本视图

打开源文件素材包 \ NX 12.0 \ 项目六 \ 任务一 \ 知识链接 \ zhouchengzuo. prt。

要求：在 A4 图纸上，完成轴承座基本视图的创建任务，包括主视图、俯视图、左视图和正等轴测图，完成结果如图 6-27 所示。

操作步骤如下：

1）打开模型文件。进入建模环境，轴承座模型如图 6-28 所示。

2）进入工程图环境。

3）新建图纸页。名称可不做设置，其他参数设置如图 6-29 所示。

图 6-27 轴承座基本视图

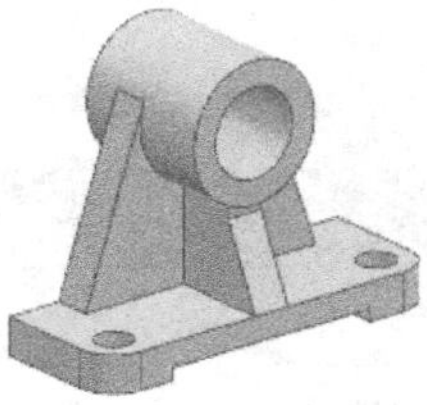
图 6-28 轴承座模型

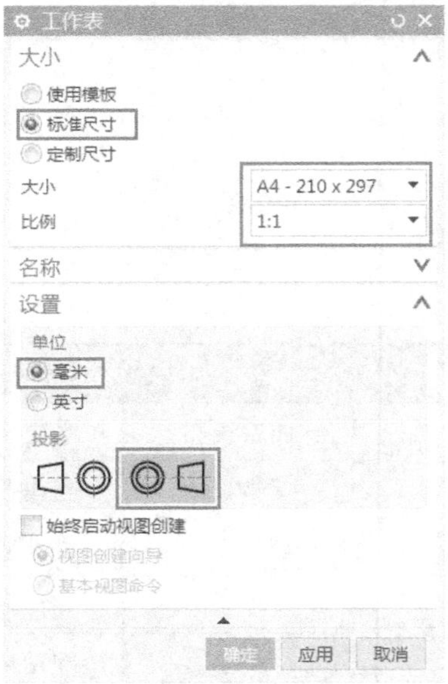

图 6-29 新建轴承座“工作表”

4）创建主视图。采用“基本视图”功能创建轴承座的主视图，在“模型视图”选项中选择“右视图”，其他参数按系统默认设置，在图框中选择合适的位置单击选择主视图位置。

5）创建俯视图和左视图。主视图创建完成后，系统自动弹出“投影视图”对话框，参数采用默认设置，在主视图正下方创建俯视图，在主视图正右方创建左视图，关闭“投影视图”对话框，此时结果如图 6-30 所示。

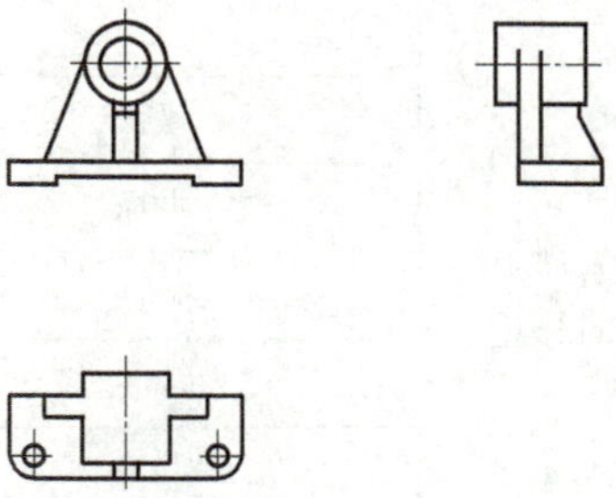

图 6-30　轴承座“三视图”

6）放置轴测图。采用“基本视图”功能，在“模型视图”选项中选择“正等测图”，其他参数按系统默认设置，将其放置在图纸右下位置，如图 6-27 所示。

7）保存文件。

【专家点拨】

在创建俯视图和左视图时要充分考虑投影规律，若系统自动创建的视图不符合投影规律，可选择“反转投影方向”进行调整。

4. 局部放大图的创建

局部放大图是将机件的部分结构用大于原图形所采用的比例画出，便于显示其结构、标注尺寸。该命令的打开方式如下：

1）在“主页”选项卡中单击“视图”→“局部放大图” 。

2）依次单击“菜单”→“插入”→“视图”→“局部放大图” 。

执行上述操作后，系统自动弹出“局部放大图”对话框，如图 6-31 所示。其各选项功能及特征说明见表 6-7，选项中不同类别的图示如图 6-32 和图 6-33 所示。

图 6-31　“局部放大图”对话框

表 6-7　“局部放大图”主要选项及功能、特征

选项		功能	特征
类型	圆形	用于定义局部放大图的边界形状	选择原点和圆上一点
	按拐角绘制矩形		选择矩形对角线上的两端点
	按中心和拐角绘制矩形		选择原点及一矩形的两个顶点

（续）

选项		功能	特征
父项上的标签	无	用于定义父视图上的标签形式	无边界、无标签
	圆		圆形边界、无标签
	注释		圆形边界、有标签、无指引线
	标签		圆形边界、有标签、有指引线
	内嵌		圆形边界、标签内嵌在边界内
	边界		方形或圆形、无标签
	边界上的标签		方形或圆形、有标签、有指引线
设置		可对局部放大图进行详细设置	可设置边界的格式，线型及线宽等

【专家点拨】

“父项上的标签”中标签、指引线的位置由绘制边界时的第二个点决定。

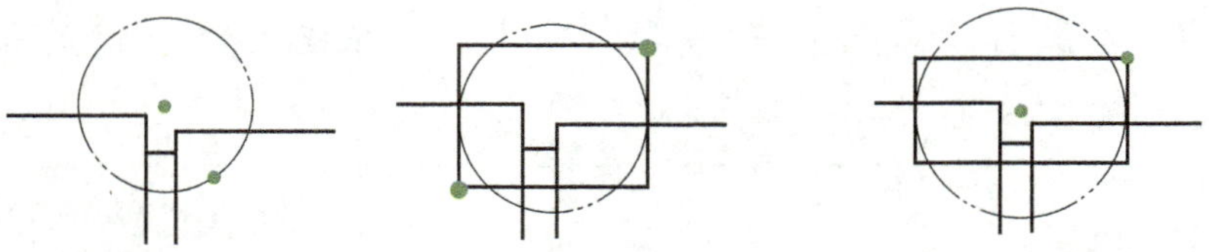

a) 圆形　b) 按拐角绘制矩形　c) 按中心和拐角绘制矩形

图 6-32　“局部放大图”边界的三种类型

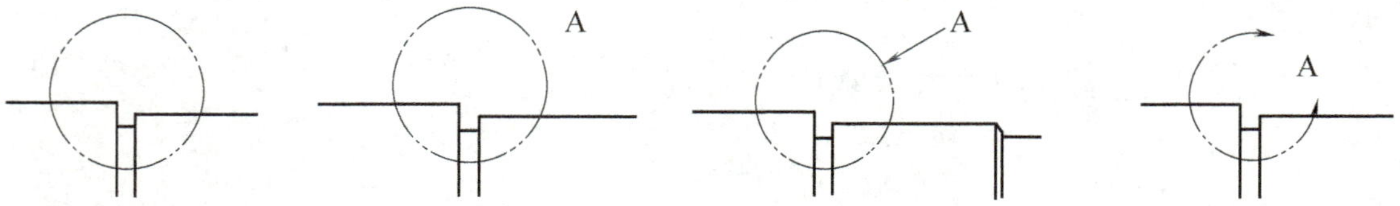

a) 圆　b) 注释　c) 标签　d) 内嵌

图 6-33　“局部放大图”父项上的标签类别

【例 6-2】　创建传动轴退刀槽的局部放大图。

打开源文件素材包 \ NX 12.0 \ 项目六 \ 任务一 \ 知识链接 \ jubufangda. prt。

要求：按照 2 : 1 的比例绘制传动轴上退刀槽的局部放大图，边界“类型”定义为圆形，“父项上的标签”要求无标签、无指引线，其线型为“实线”，线宽为 0. 18mm。局部放大图绘制结果如图 6-34 所示。

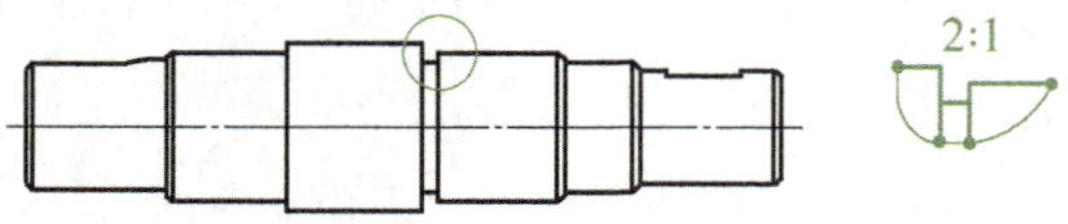

图 6-34　传动轴退刀槽的局部放大图

操作步骤如下：

1）打开模型文件。

2）进入工程图环境。

3）新建图纸页。选择 A4 图纸、单位毫米、第一角投影。

4）创建传动轴主视图。采用“基本视图”功能，“模型视图”选择“前视图”或“后视图”，比例选择 1∶1，将主视图放置在图纸中合适的位置。

5）创建退刀槽局部放大图。单击“局部放大图”按钮，具体参数设置参考图 6-35，用鼠标右键单击局部放大图边框，在快捷菜单中选择“设置”，修改边界线型及线宽，参数设置如图 6-36 所示，初步绘制结果如图 6-37 所示。

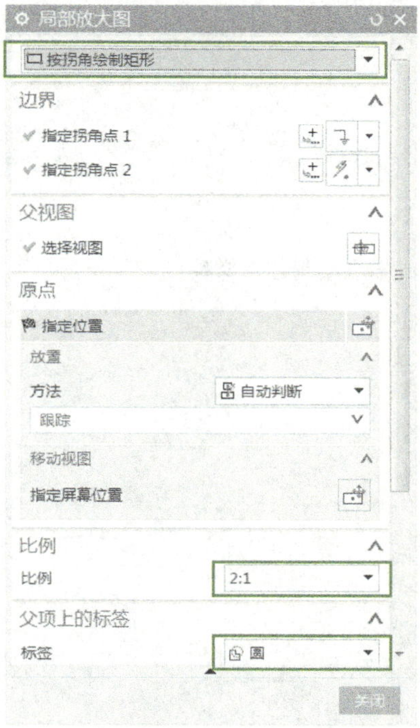

图 6-35　设置退刀槽局部放大图参数

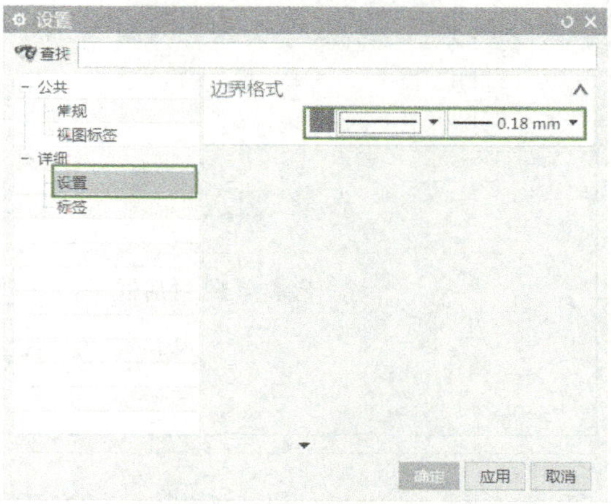

图 6-36　设置标签的线型与线宽

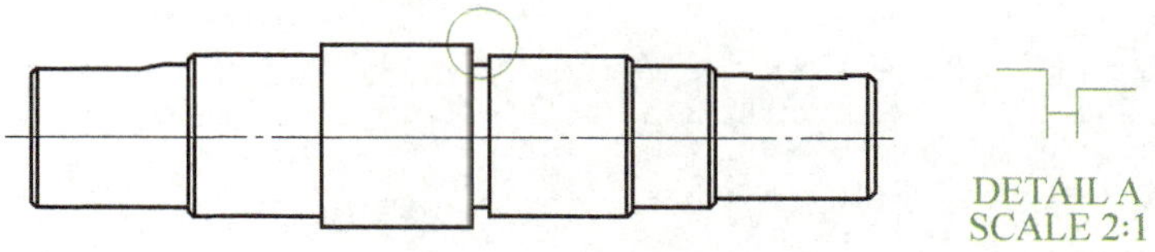

图 6-37　退刀槽局部放大图初建结果

6）绘制局部放大图边界。

① 用鼠标右键单击局部放大图边框，在快捷菜单中选择“转换为独立的局部放大图”。

② 用鼠标右键单击局部放大图边框，在快捷菜单中选择“活动草图视图”。

③ 依次单击“主页”→“草图曲线”→“艺术样条”，打开“艺术样条”对话框，如图 6-38a 所示，通过捕捉曲线上的点来捕捉相应的点，绘制边界线，绘制结果如图 6-38b 所示。

④ 用鼠标右键单击局部放大图，在快捷菜单中选择“视图相关编辑”（图 6-39a），系统弹出其对话框（图 6-39b），设置线宽为 0.13mm，单击“应用”按钮；系统弹出“类选项”对话框，选中“艺术样条”，如图 6-39c 所示，单击“确认”按钮；单击“主页”→“完成草图”。

⑤ 用鼠标右键单击局部放大图边框，在快捷菜单中选择“设置”，系统弹出对话框，相关参数设置如图 6-40 所示，其余参数保持系统默认，即完成退刀槽局部放大图的创建。

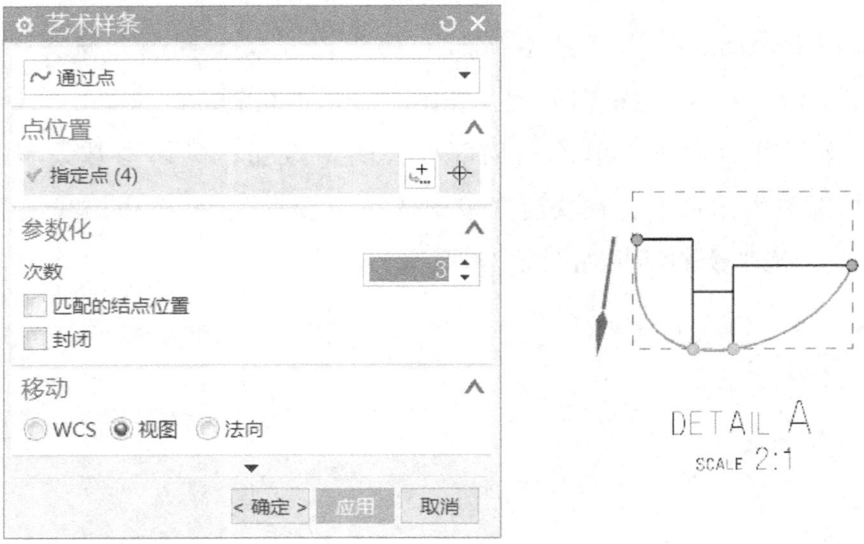

a)“艺术样条”对话框　　　　b) 描点绘制艺术样条

图 6-38　绘制局部放大图边界

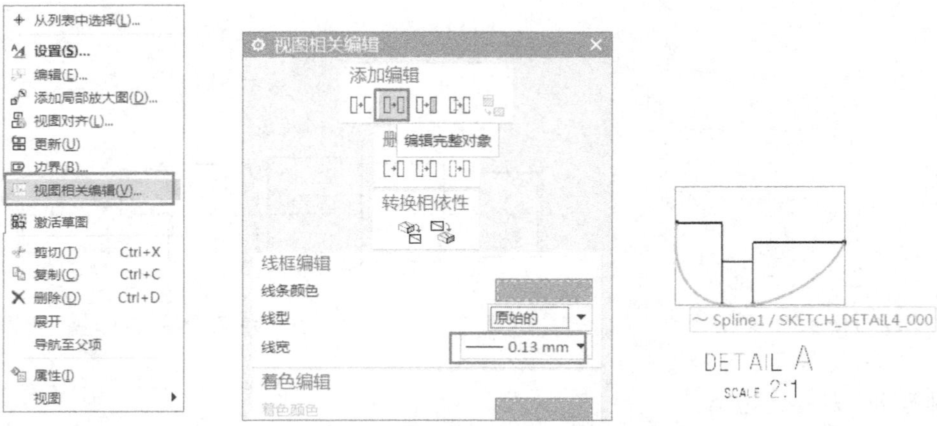

a) 打开选项　　　　b) 设置艺术样条“线宽”　　　　c) 选中艺术样条

图 6-39　编辑局部放大图边界

5. 剖视图的创建

剖视图是用来表达模型的内部特征的。在工程图中，常用的剖视图有全剖视图、半剖视图、阶梯剖视图、旋转剖视图和折叠剖视图。剖视图命令的打开方式如下：

1）在“主页”选项卡中单击“视图”→“剖视图”。

2）依次单击“菜单”→“插入”→“视图”→“剖视图”。

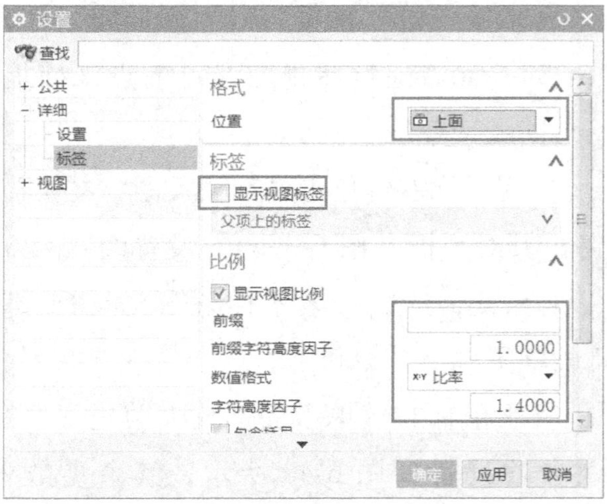

图 6-40　设置局部放大图

执行上述操作后，系统弹出“剖视图”对话框，如图 6-41 所示，其主要选项的功能见表 6-8。

表 6-8　“剖视图”主要选项功能

选项			功能
截面线	定义	动态	根据剖视图创建方法和“截面线段”的选项，系统会自动创建截面线
		选择现有的	选择已绘制的截面线
	方法	简单剖/阶梯剖	创建全剖视图或阶梯剖视图
		半剖	创建半剖视图
		旋转	创建旋转剖视图
		点到点	创建点到点的折叠剖视图
铰链线	矢量选项	自动判断	系统自动判定截面线的方向
		已定义	用户定义截面线的方向
设置			设置截面的格式、截面线的类型等

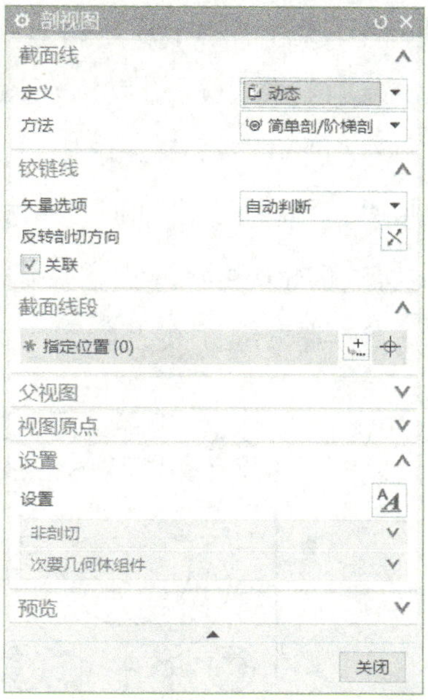

图 6-41　“剖视图”对话框

【例 6-3】　创建支承座的半剖主视图和全剖左视图。

打开源文件素材包 \ NX 12.0 \ 项目六 \ 任务一 \ 知识链接 \ banpoushitu. prt。

创建轴承座的剖视图

- 要求：根据图 6-42 所展示的内容，将该模型的主视图创建为半剖视图，左视图创建为全剖视图，并设置剖面线的间隔为 10mm，其余参数保持系统默认。
- 操作步骤如下：

1）打开模型文件。

2）进入工程图环境。

3）新建图纸页。设置图纸大小为 A3，绘图比例为 1∶2，其他参数保持系统默认。

4）创建俯视图。采用“基本视图”功能，“模型视图”选择“俯视图”，比例选择 1∶2，通过定向视图工具修改模型方向，修改结果如图 6-43 所示。将俯视图放在图纸中合

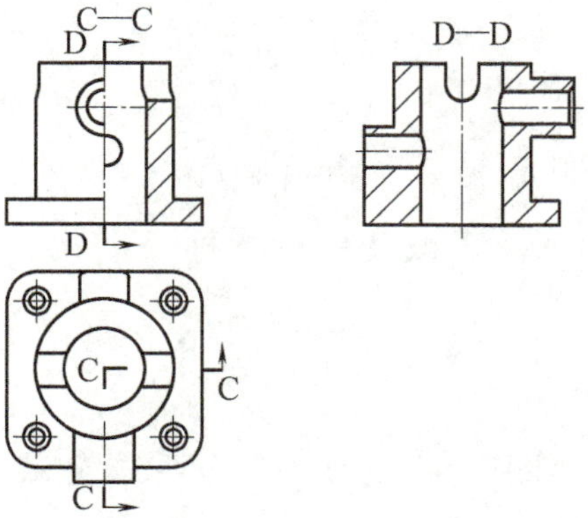

图 6-42　支承座

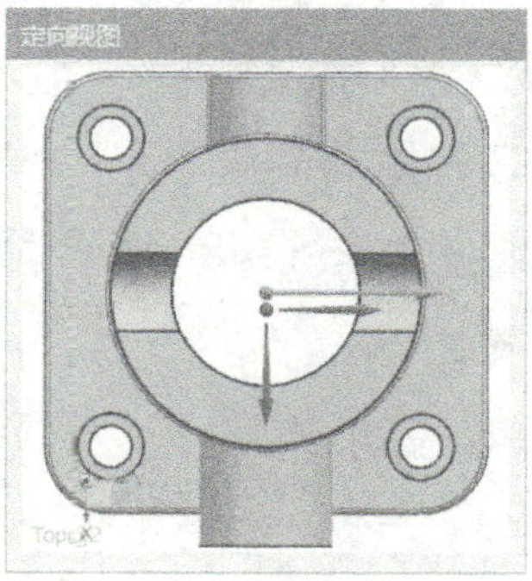

图 6-43　定向视图修改结果

适的位置，关闭“投影视图”对话框。

5）创建主视图。单击“剖视图”命令，系统弹出“剖视图”对话框，“截面线”的“方法”选择“半剖”；打开“捕捉”功能，“截面线段”依次选择图 6-44 中的两边，注意投影方向，将主视图放置在俯视图正上方，如图 6-45 所示。

6）创建左视图。单击“剖视图”命令，系统弹出“剖视图”对话框，“父视图”选择主视图，“截面线”的“方法”选择“简单剖/阶梯剖”，“截面线段”通过捕捉选择圆弧的圆心（图 6-46），注意投影方向，将左视图放置在主视图正右方，如图 6-47 所示。

7）编辑剖面线及标签。用鼠标右键单击剖面线，标签选择“设置”，完成操作。

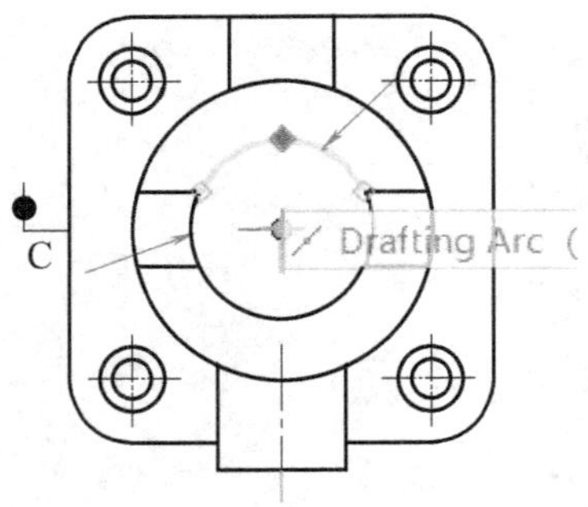

图 6-44　选择半剖视图“截面线段”边界

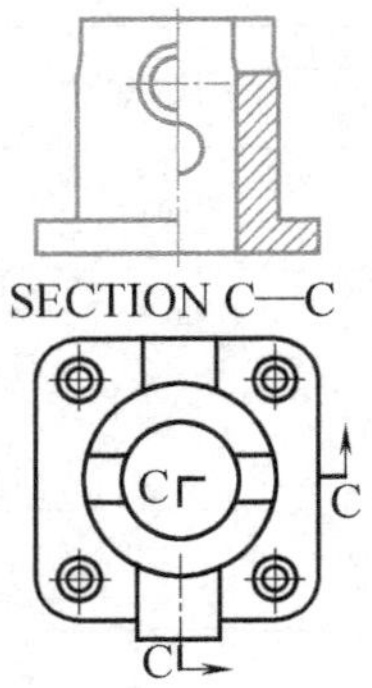

图 6-45　半剖视图创建结果

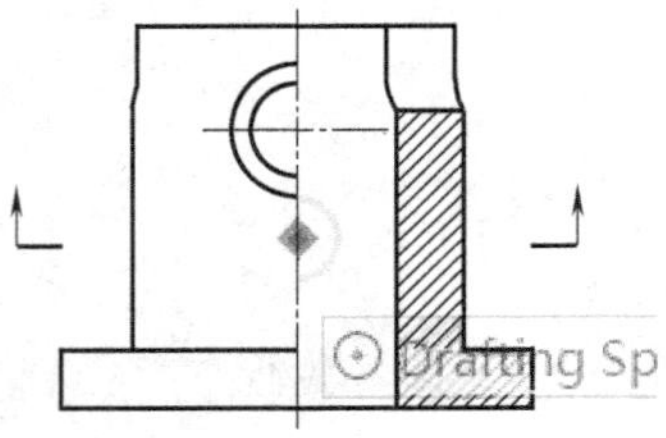

图 6-46　选择全剖视图“截面线段”边界

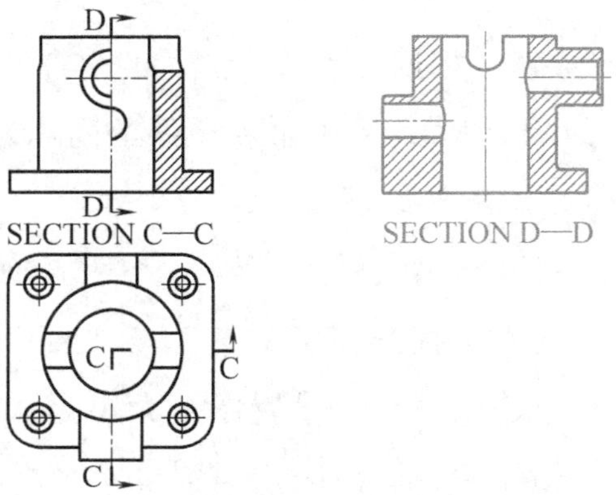

图 6-47　全剖视图创建结果

【例 6-4】　创建阶梯剖视图。

打开源文件素材包 \ NX 12.0 \ 项目六 \ 任务一 \ 知识链接 \ jietipou. prt。

要求：绘制如图 6-48a 所示阶梯剖视图，并根据图示要求改变剖视图标签形式。

操作步骤如下：

1）打开源文件。

2）绘制剖切线。依次单击“菜单”→“插入”→“视图”→“剖切线”，系统自动进入草图环境，绘制如图 6-48b 所示的剖切线，并对其进行尺寸和几何约束。

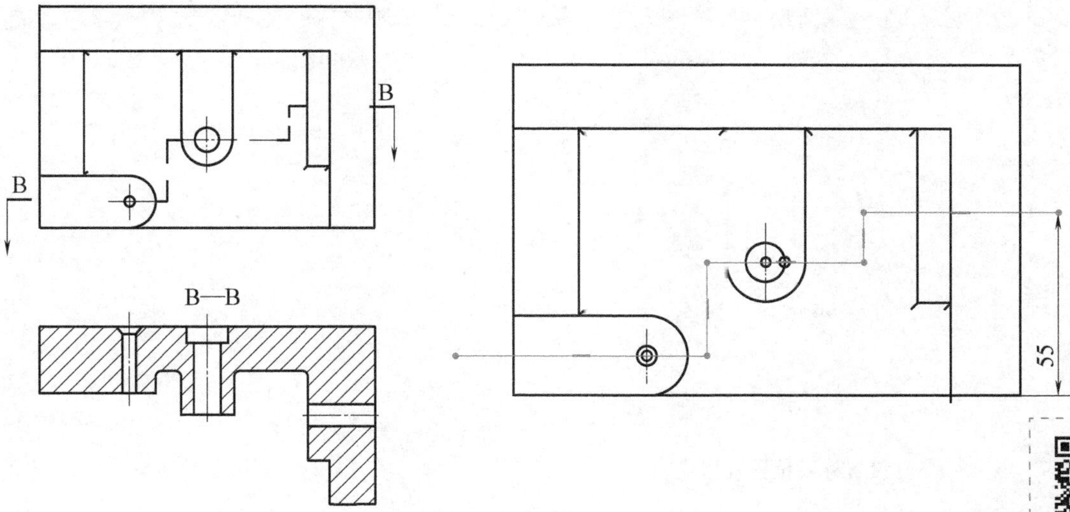

a)　　b)

图 6-48　阶梯剖视图的创建

创建阶梯剖视图

退出草图环境，系统弹出“截面线”对话框，“剖切方法”选择“简单剖/阶梯剖”，单击“确定”按钮，完成剖切线的创建。

3）创建阶梯剖视图。打开“剖视图”对话框，其相关参数设置如图 6-49 所示，“选择独立截面线”为上一步创建的剖切线，在原视图的正下方放置阶梯剖视图，如图 6-50 所示。

图 6-49　“剖视图”对话框

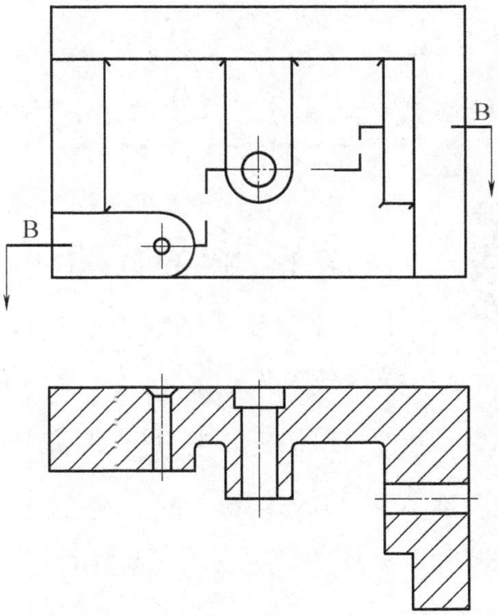

图 6-50　剖视图创建初步结果

4）修改剖视图标签。用鼠标右键单击标签 SECTIONB-B，选择“设置”，分别在“视图标签”和“标签”中修改标签的字母、位置及格式，如图 6-51 所示，完成阶梯剖视图的创建。

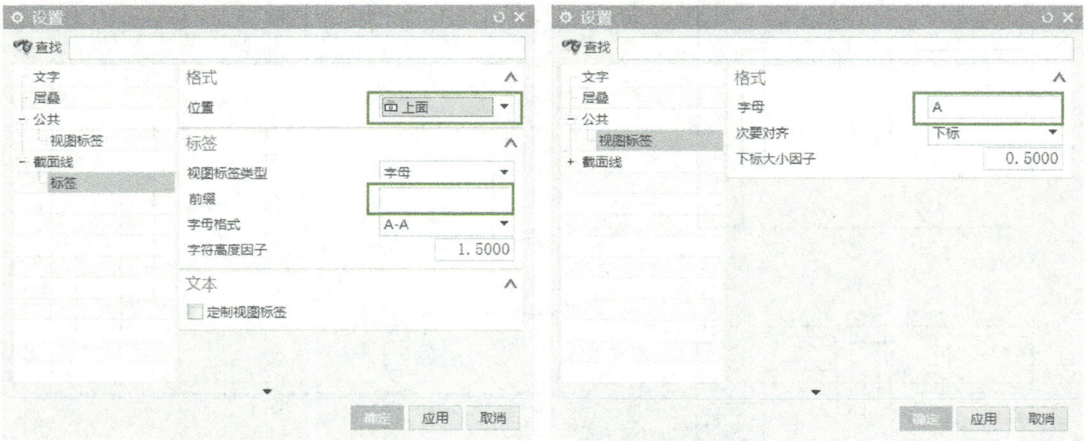

a) 设置标签位置及格式　　　　b) 设置标签的字母

图 6-51　设置剖视图标签

其他类型的剖视图读者可扫描二维码进行自主学习，源文件路径：素材包 \ NX 12.0 \ 项目六 \ 任务一 \ 知识链接 \ xuanzhuanpou. prt \ jubupou. prt。

创建旋转剖视图　　创建局部剖视图　　创建正等测的剖视图

【专家点拨】

绘制剖切线要进行尺寸约束、几何约束。

标注尺寸和技术要求

6. 尺寸标注

在 UG NX 12.0 软件中，工程图中标注的尺寸是与三维模型一致的真实尺寸。若修改三维模型的尺寸，其工程图的尺寸会相应地自动更新，确保二者保持一致。“尺寸标注”命令的打开方式如下：

1）在“主页”选项卡中单击“尺寸”。

2）依次单击“菜单”→“插入”→“尺寸”。

图 6-52 所示的“主页”选项卡“尺寸”区域中各按钮具体说明见表 6-9。

表 6-9　“尺寸”选项卡说明

序号	尺寸类型	图标	说明
1	快速		系统根据用户选择的对象及光标位置自动判断尺寸类型并创建相应尺寸
2	线性		创建两个点位置之间的线性尺寸

（续）

序号	尺寸类型	图标	说明
3	径向		创建圆形对象的半径或直径尺寸
4	角度		创建两条不平行的直线之间的角度尺寸
5	倾斜角		创建倒斜角曲线上的倒斜角尺寸
6	厚度		创建两条曲线之间的厚度尺寸
7	弧长		创建一段圆弧的弧长尺寸
8	周长尺寸		创建周长约束以控制选定直线和圆弧的集体长度
9	坐标		创建一个坐标尺寸

在选中标注尺寸的对象后，系统自动弹出“尺寸编辑”对话框，如图 6-53 所示，其各按钮及选项的功能说明见表 6-10。

图 6-52　“尺寸”选项卡

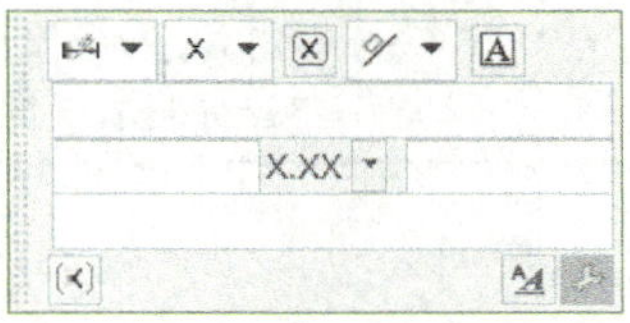

图 6-53　“尺寸编辑”对话框

表 6-10　“尺寸编辑”对话框说明

序号	图标	功能
1		设置尺寸的类型
2	X	设置尺寸的公差类型
3		检测尺寸
4		设置尺寸文本的位置
5		编辑附加文本
6	X.XX	设置尺寸的精度

（1）线性尺寸

线性尺寸是指两点之间的距离，如直径、半径、宽度、深度、高度、中心距等。打开“线性尺寸”命令，系统弹出其对话框，如图 6-54a 所示。根据不同的尺寸集方法和测量方法的不同，线性尺寸主要分为以下八种类型，其详细说明见表 6-11。

表 6-11　线性尺寸八种类型说明

尺寸类型	定义	标注方法
水平尺寸	标注两点之间的水平距离	一个对象(一般为边)
		两个点
		一个点和一个对象
竖直尺寸	标注两点之间的竖直距离	一个对象(一般为边)
		两个点
		一个点和一个对象
点到点尺寸	标注两点之间的距离	两个点
垂直尺寸	标注点到直线的垂直距离	先选择直线,再选择点
圆柱式尺寸	标注圆柱的直径尺寸,自带前缀直径符号 ϕ	一个圆弧对象
		两个点
孔标注尺寸	标注孔的直径尺寸,自带前缀 ϕ,后缀 THRU	一个圆弧对象
链尺寸	标注在水平(竖直或点到点)方向上的一系列首尾相接的线性尺寸	若干点,用于快速标注
基线尺寸	标注在水平(竖直或点到点)方向上的一组尺寸,该组尺寸具有共同的标注基线	若干点,用于快速标注

(2) 径向尺寸

径向尺寸指圆弧的半径或直径尺寸。打开“径向尺寸”命令，系统弹出其对话框，如图 6-54 所示。此命令的选择对象只能是圆弧，用户可根据标注要求选择“径向”“直径”

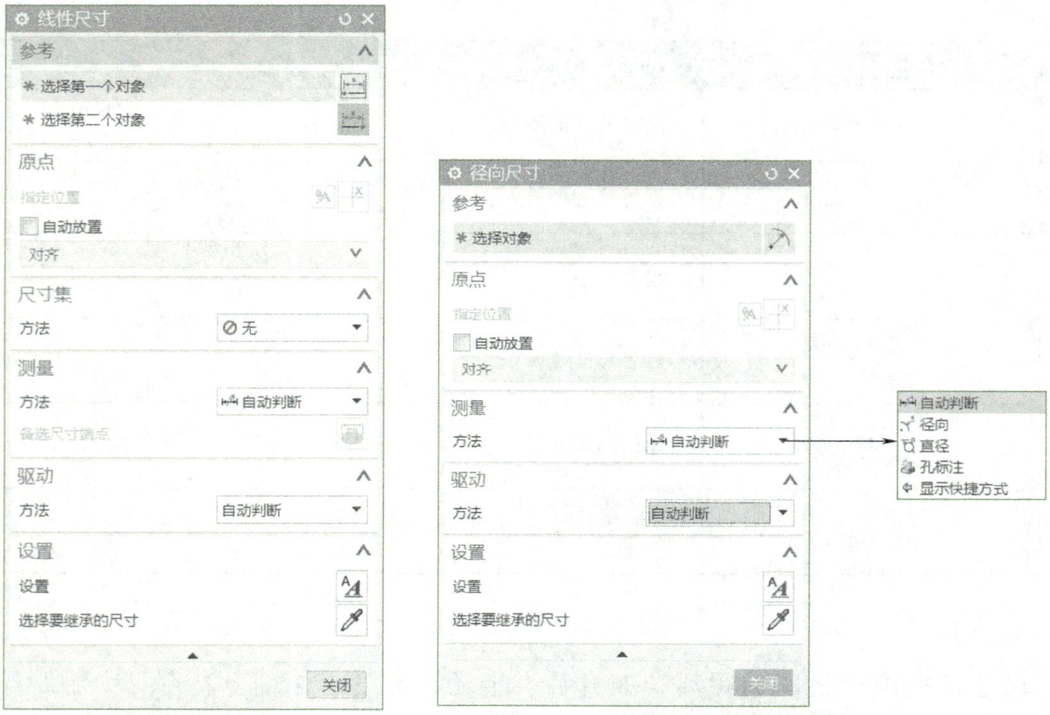

a)“线性尺寸”对话框　　b)“径向尺寸”对话框

图 6-54　尺寸标注对话框

和“孔标注”三种不同的测量方法。

（3）其他尺寸

角度尺寸、倒斜角尺寸、坐标尺寸等其他尺寸选项简单，操作便捷，用户可根据对话框提示进行标注。

7. 基准符号的标注

基准分为设计基准和工艺基准，在工程图中用带方框的大写字母 A、B、C、D 等表示基准符号。在 UG NX 12.0 软件中，使用“基准特征符号”命令标注基准符号。该命令的打开方式如下：

1）在“主页”选项卡中单击“注释”→“基准特征符号”。

2）依次单击“菜单”→“插入”→“注释”→“基准特征符号”。

执行该命令后，系统自动弹出“基准特征符号”对话框，如图 6-55 所示。

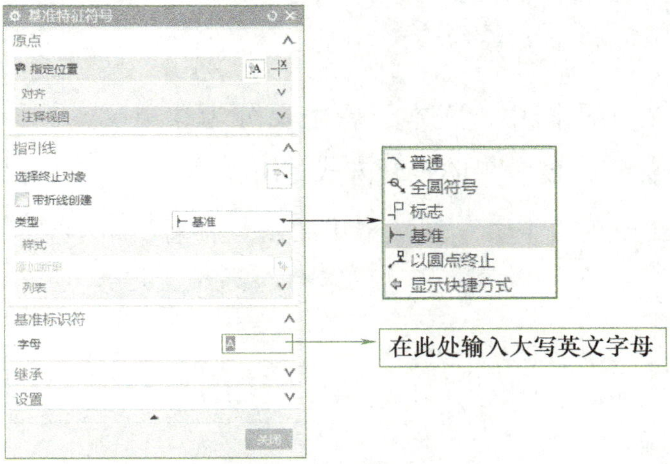

图 6-55 “基准特征符号”对话框

在“基准标识符”文本框中输入大写字母 A、B、C、D 等；在“指引线”选项组可选择不同的指引线类型，如“普通”“全圆符号”“标志”“基准”“以圆点终止”，一般选择“基准”；单击“指引线”选项组中的“选择终止对象”按钮，确定基准符号的标注位置，完成标注。

8. 几何公差的标注

几何公差分为形状公差和位置公差，描述的是零件几何特征的点、线、面的实际形状或相互位置与理想几何体规定的形状和相互位置之间的差异。在 UG NX 12.0 软件中，使用“特征控制框”命令标注几何公差。该命令的打开方式如下：

1）在“主页”选项卡中单击“注释”→“特征控制框”。

2）依次单击“菜单”→“插入”→“注释”→“特征控制框”。

执行该命令后，系统自动弹出“特征控制框”对话框，如图 6-56 所示。

标注几何公差主要分为两步：第一步是编辑几何公差，即选择“指引线”选项的类型、“框”选项组的特性（即几何公差项目符号）、公差值、基准；第二步是放置几何公差，单击“指引线”选项组中的按钮，选择指引线的起始位置。

9. 表面粗糙度的标注

表面粗糙度反映的是零件表面的微观几何形状误差。该命令的打开方式如下：

1）在“主页”选项卡中单击“注释”→“表面粗糙度符号” √ 。

2）依次单击“菜单”→“插入”→“注释”→“表面粗糙度符号” √ 。

执行该命令后，系统自动弹出“表面粗糙度”对话框，如图 6-57 所示。其中，“指引线”选项组的内容与基准符号标注、几何公差标注基本一致；“设置”选项组中，可以选择不同的表面粗糙度标准制，设置其旋转角度，是否添加圆括号。

10. 文本注释

在工程图中，文本注释主要分为注释文本和标签。该命令的打开方式如下：

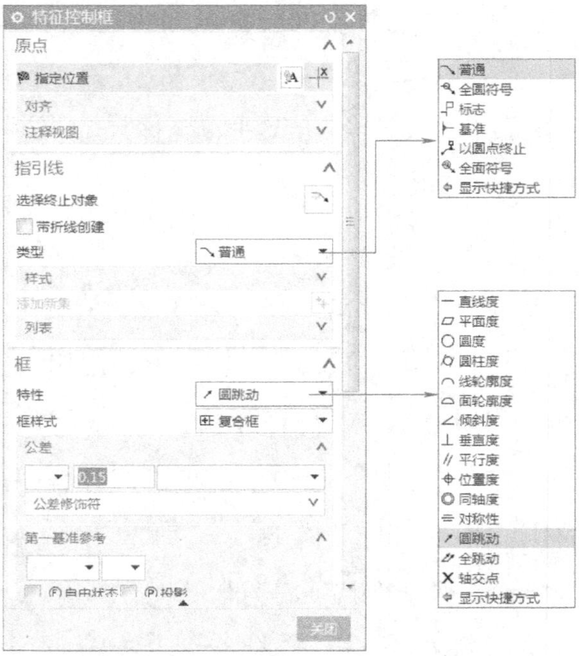

图 6-56 “特征控制框”对话框

1）在“主页”选项卡中单击“注释”→“注释” A 。

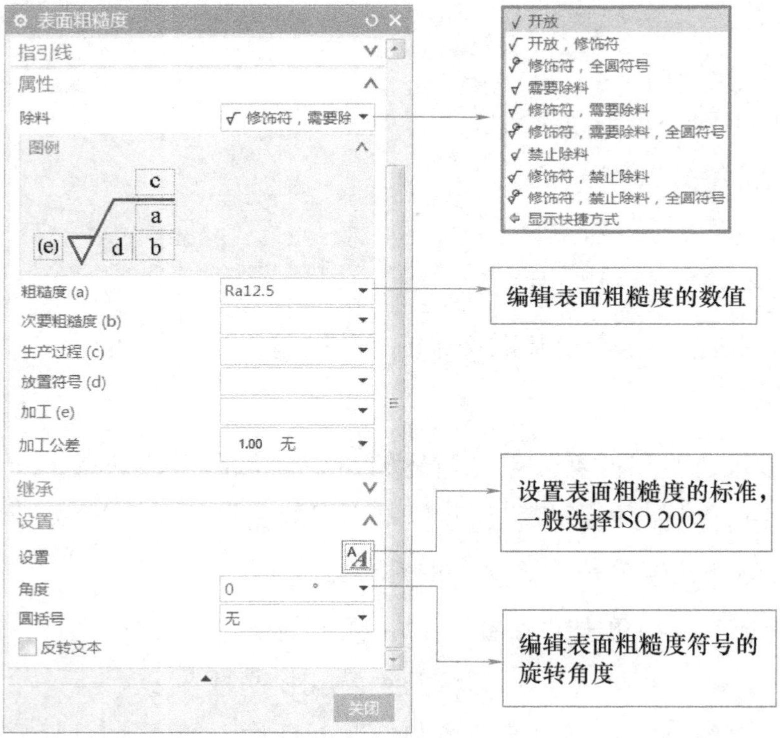

图 6-57 “表面粗糙度”对话框

2）依次单击“菜单”→“插入”→“注释”→“注释” A 。

执行该命令后，系统自动弹出“注释”对话框，如图 6-58 所示。在“文本输入”选项组输入具体内容，可对文字内容进行格式设置（如行间距、字体、粗体、斜体等）、添加特殊符号等。

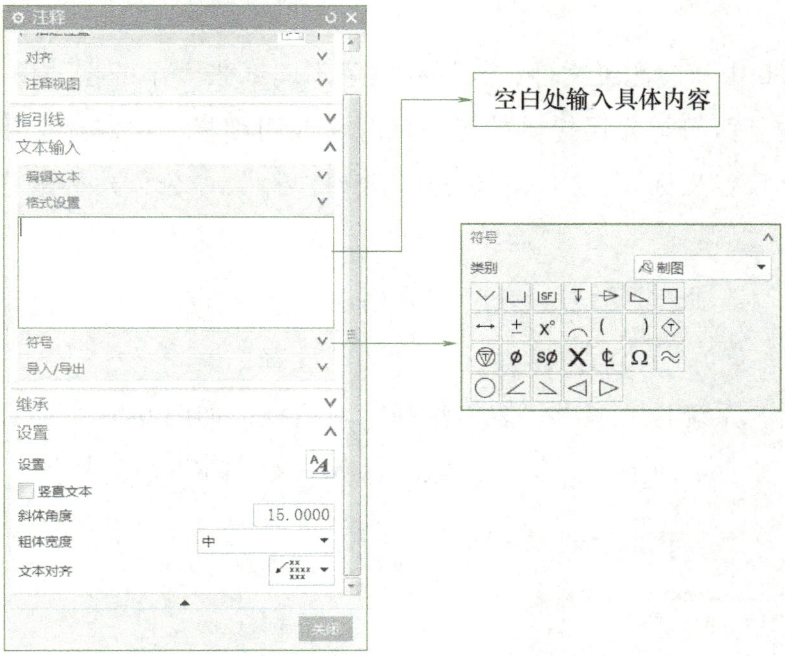

图 6-58　“注释”对话框

11. 中心线符号

在工程图的设计中，用户需要对某些图形对象添加中心线。在 UG NX 12.0 软件中，使用“中心线”命令添加中心线。该命令的打开方式如下：

1）在“主页”选项卡中单击“注释”→“中心线”。

2）依次单击“菜单”→“插入”→“中心线”。

在 UG NX 12.0 软件中，系统提供了八种不同类型的中心线，其功能见表 6-12。

表 6-12　中心线类型及功能

序号	图标	类型	功能
1		中心标记	创建通过点或圆弧中心的标记符号
2		螺栓圆中心线	通过点或圆弧创建完整或部分螺栓圆的中心线
3		圆形中心线	通过点或圆弧创建完整或不完整的圆形中心线，并不会在所选点的位置产生额外的中心线
4		对称中心线	通过选择面或起点及终点创建对称中心线，指明几何体中的对称位置
5		2D 中心线	通过选择两条边、两条曲线或两个点创建 2D 中心线
6		3D 中心线	通过选择扫掠面或分析面创建中心线，产生的中心线是真实 3D 中心线
7		自动中心线	系统自动判断圆孔、圆柱等对象，自动创建中心标记、圆形中心线和圆柱形中心线
8		偏置中心点符号	创建偏置中心点符号，该符号表示某一圆弧的中心，该中心的位置偏离其真正中心

12. 标题栏

在 UG NX 12.0 中新建图纸文件，系统提供了不同纸张大小的零件图及装配图的模板，在该模板文件中均有西门子公司提供的统一标题栏或明细栏。在实际应用或教学中，用户可根据自己的需求自定义标题栏样式。通过“表格注释”命令创建标题栏，该命令的打开方式如下：

1）在“主页”选项卡中单击“表”→“表格注释”。

2）依次单击“菜单”→“插入”→“表”→“表格注释”。

执行该命令后，系统自动弹出“表格注释”对话框，如图 6-59 所示，在该对话框中可确定表格的大小、位置、对齐方式、边框以及表格中文字的字体、大小、对齐方式等。

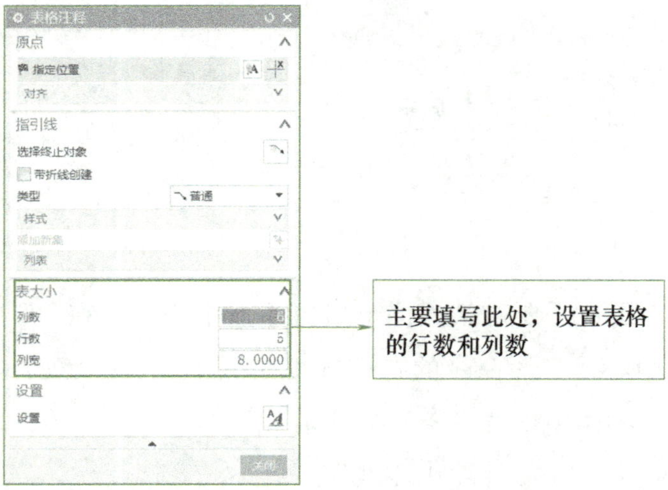

图 6-59 “表格注释”对话框

创建工程图模板文件

【例 6-5】 创建教学中常用的标题栏。

源文件路径：素材包 \ NX 12.0 \ 项目六 \ 任务一 \ 知识链接 \ biaotilan. prt。

要求：根据图 6-60 所示尺寸要求创建标题栏，字体选择 chinese_fs，字体高度为 4mm，文本对齐为“中心”，边界线宽内部为 0. 25mm，外部为 0. 5mm，其他设置均保持默认。

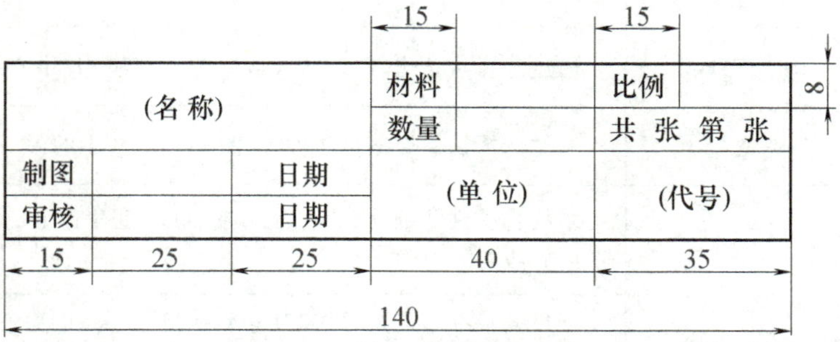

图 6-60 教学中常用的标题栏

操作步骤如下：

1）打开源文件。

2）创建表格。打开“表格注释”命令，创建4行7列的表格，列宽默认。单击图纸上合适的位置放置表格，关闭“表格注释”对话框。

3）调整表格尺寸。选中表格第1行并拖动到最后1行，选中表格4行后单击鼠标右键，在弹出的快捷菜单中选择“调整大小”命令，设置行高为8mm。采用同样的操作，根据图6-60中要求的尺寸改变每1列的宽度，结果如图6-61所示。

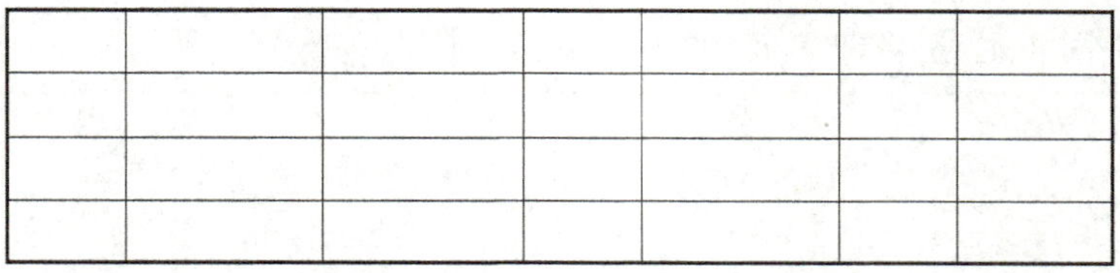

图6-61　调整行高、列宽

4）设置单元格样式。选中整个表格，单击鼠标右键，在弹出的快捷菜单中选择“单元格设置”命令。在“文字”标签中，修改文本字体为chinese_fs，高度为4mm；在“单元格”标签中，修改文本对齐为“中心”，边界“全部”为0.50mm，“中心”“中间”为0.25mm，其他参数不变，修改结果如图6-62所示。

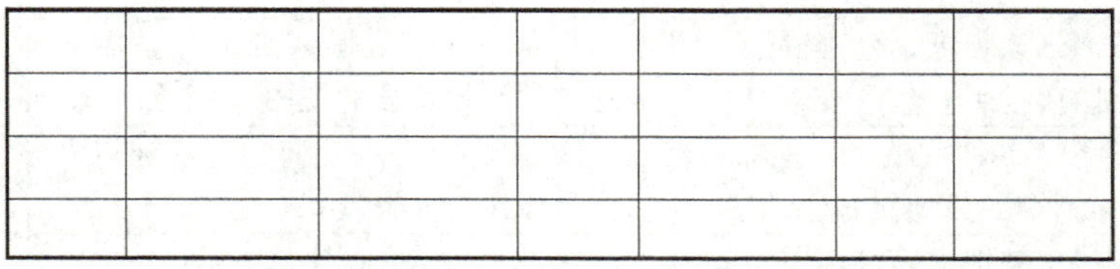

图6-62　修改文字、边界样式

5）合并单元格。拖动选中相应的单元格，单击鼠标右键，在弹出的快捷菜单中选择“合并单元格”，修改结果如图6-63所示。

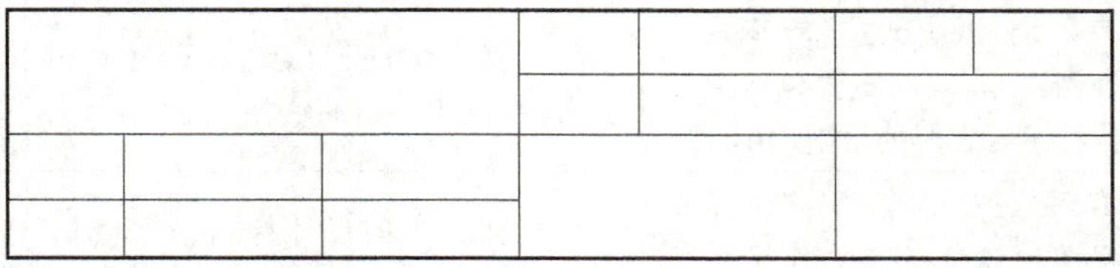

图6-63　合并单元格

6）输入表格文字。双击第1行第1列单元格，在弹出的对话框中输入“（名称）”，并按键盘的上、下方向键，完成其他文字的输入，结果如图6-64所示。

(名称)		材料		比例	
		数量		共 页 第 页	
制图		日期	(单位)	(代号)	
审核		日期			

图 6-64 输入文字

【专家点拨】

选中表格有3种方式，即选中单元格、选中某行、选中某列。选择方法即将光标放在某行或某列的首个单元格，即可选中1行或1列。

五、任务评价

任务完成后，按照表6-13对任务实施过程开展评价，进行任务总结与反思。

表 6-13 任务一考核评价表

考核项目与权重	考核内容	评价标准	自评	互评	教师评价
专业知识(20%)	(1)掌握零件图包含的要素(10分)	未能掌握零件图基本要素的，每种扣2分			
	(2)掌握创建、编辑基本视图、剖视图、局部放大图、断面图的方法，掌握创建编辑线性尺寸、几何公差、标题栏的方法(10分)	未能掌握零件图中各类视图的绘制方法及尺寸标注方法等，每种扣2分			
专业能力(30%)	(1)能够按照国家标准创建准确表达零件结构的视图(10分)	未能创建符合国家标准且清晰表达零件结构特征的视图，每个扣2分			
	(2)能够按照国家标准完整、准确且布局合理地进行线性尺寸、几何公差的标注(10分)	线性尺寸标注、几何公差标注以及序号标注每处错误扣1分			
	(3)能够按照国家标准准确填写标题栏(10分)	标题栏线型、字体、内容每处错误扣1分			
职业素养(20%)	(1)敬业守时、认真负责、踏实严谨、谦虚好学(5分)	迟到、早退、无故缺勤等，每次扣1分			
	(2)具有良好的团队合作精神，能热心帮助其他同学完成任务(5分)	不参加小组讨论，每次扣1分			
	(3)能准确、快速地表达个人思想和见解，能灵活运用所学知识，有创造性(10分)	根据创意设计情况酌情扣分			
任务总结(30%)	(1)安全、有效地按照任务实施步骤完成阶梯轴工程图绘制任务，主要包括主视图、全剖视图、局部放大图的绘制(10分)	根据任务中的视图绘制情况酌情扣分，每缺少一条曲线扣1分			
	(2)安全、有效地按照任务实施步骤完成阶梯轴工程图绘制任务并完成尺寸标注(10分)	根据任务中的尺寸标注情况酌情扣分，每缺少一个尺寸扣1分			
	(3)能进行归纳总结，得出规律和指导性经验，技术文件完整、规范、条理清晰，在任务结束后，反思自己的任务完成情况和质量(10分)	根据总结和反思情况酌情扣分			
合计(自评占比40%，互评占比20%，教师评价占比40%)					

任务二　创建铣刀头装配工程图

一、任务描述

按照图 6-65 所示铣刀头模型，创建铣刀头装配工程图，如图 6-66 所示。

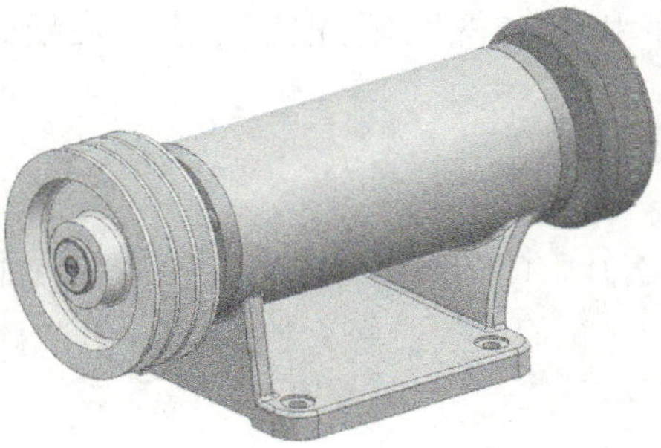

图 6-65　铣刀头模型

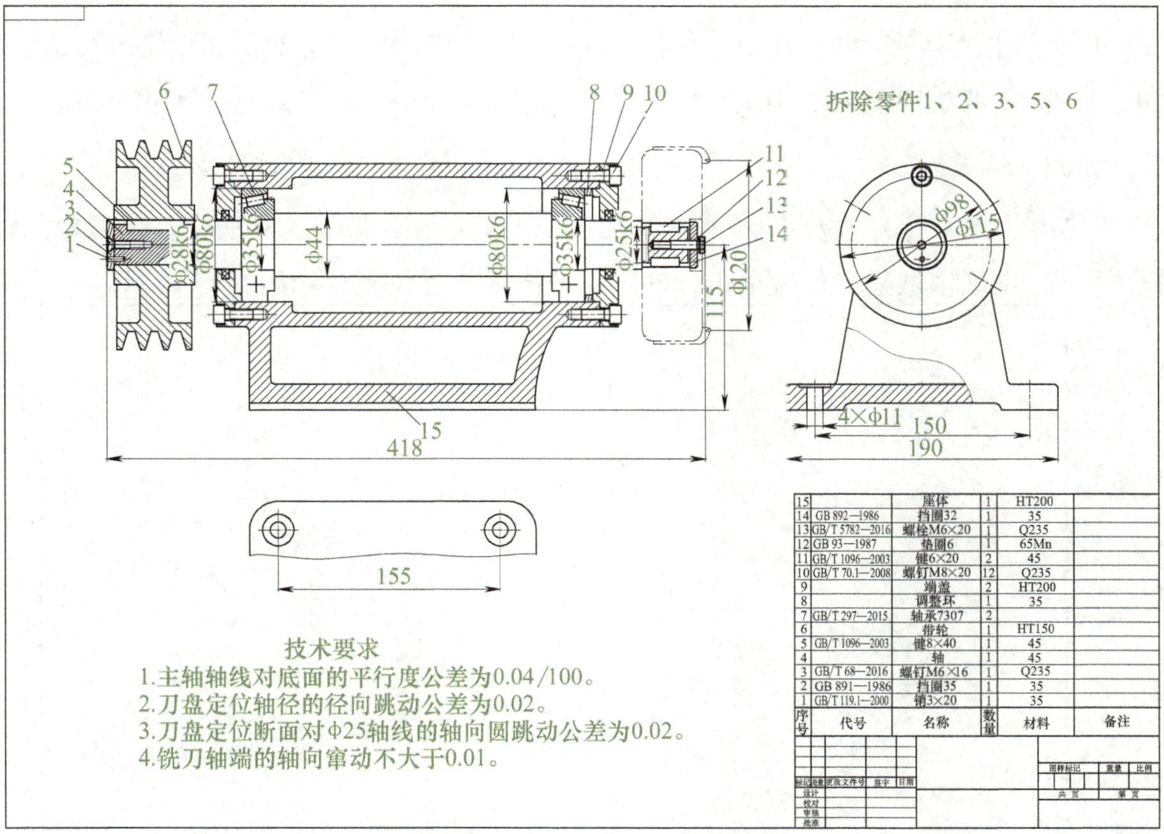

图 6-66　铣刀头装配工程图

二、任务分析

铣刀头装配工程图的绘制步骤如下：

1）创建视图。为了更好地表达各零件的装配关系和位置关系，主视图采用全剖视图，左视图采用拆卸画法，俯视图采用局部视图。

2）编辑视图。根据国家制图标准进行视图编辑。

3）尺寸标注。标注规格尺寸、装配尺寸、安装尺寸、外形尺寸等其他重要尺寸。

4）创建明细栏。在自动创建明细栏的基础上进行添加列、定义列属性、调整列宽行高等操作。

5）创建序号。根据明细栏创建序号并进行调整。

6）标注技术要求。用文字和符号说明装配体质量、装配、调试、检验等方面的要求。

三、任务实施

打开源文件素材包\NX 12.0\项目六\任务二\任务实施\，按以下步骤进行铣刀头装配工程图的创建。

1. 新建图纸

1）打开源文件。

2）依次单击“菜单”→“文件”→“新建”，系统弹出“新建”对话框，根据铣刀头装配体外形尺寸，选择 A1-无视图，文件名称自动填充为与模型文件名称一致，其他参数保持默认。

2. 创建左视图

依次单击“主页”→“视图”→“基本视图”，弹出“基本视图”对话框，模型视图选择“前视图”，在图纸区域适当位置单击，确定左视图的放置位置，如图 6-67 所示。

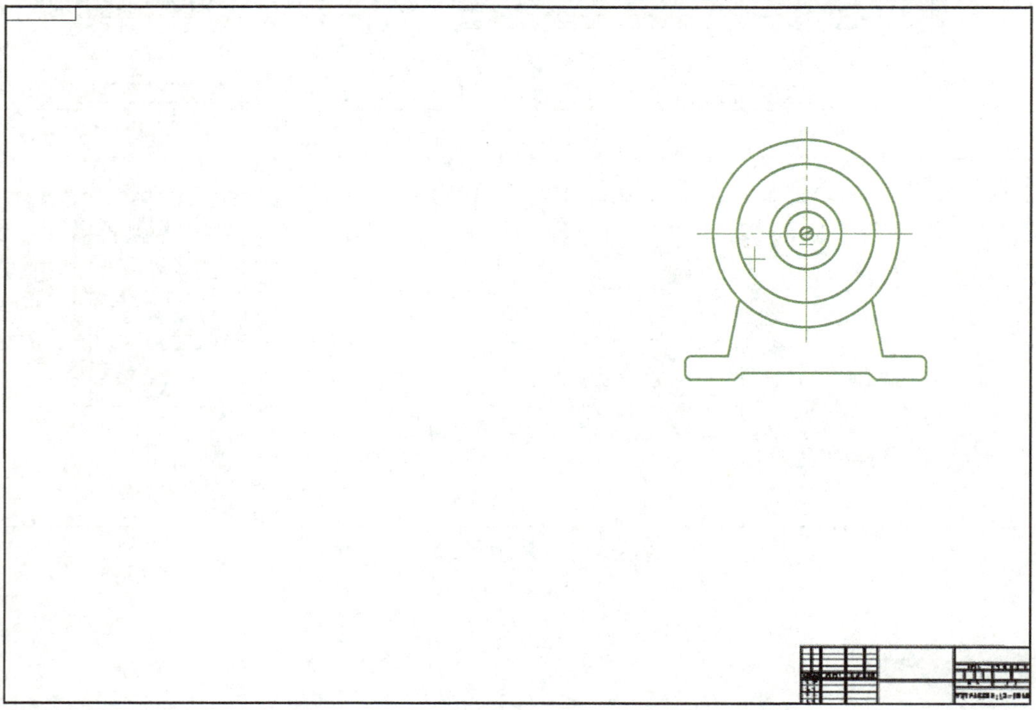

图 6-67 创建铣刀头的左视图

创建铣刀头基本视图及编辑主视图

3. 创建主视图

1）依次单击“主页”→“视图”→“剖视图”，弹出“剖视图”对话框，在“截面线”选项组“方法”列表中选择“简单剖/阶梯剖”。

2）捕捉左视图中间圆的圆心，单击，水平向左移动光标至适合位置，单击，生成全剖视图，如图 6-68 所示。

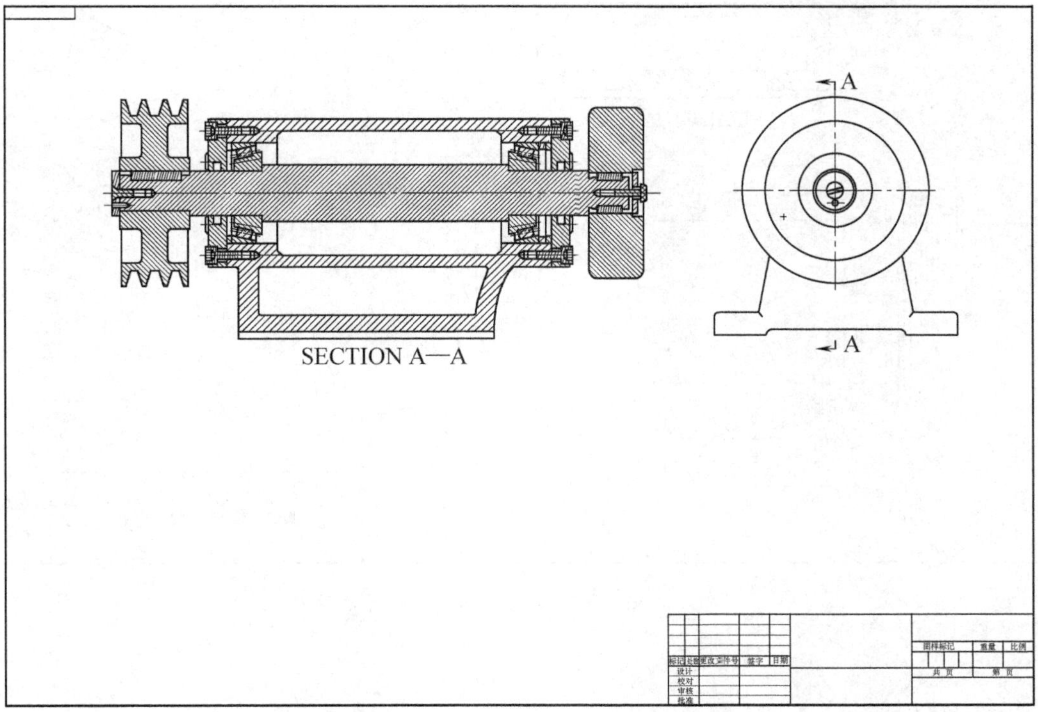

图 6-68　创建铣刀头的主视图

4. 创建俯视图

依次单击“主页”→“视图”→“投影视图”，弹出“投影视图”对话框，选择主视图为父视图，在主视图正下方单击，完成俯视图的创建，如图 6-69 所示。

5. 编辑主视图

(1) 指定主视图中不进行剖切的部件

用鼠标右键单击主视图边界，在快捷菜单中单击“编辑”，弹出“剖视图”对话框，单击“非剖切”选项，在主视图中选择不进行剖切的螺栓、螺钉、键、销等共 10 个对象，如图 6-70 所示。

【专家点拨】

在绘制装配图时，规定当剖切平面通过螺纹紧固件以及实心轴、手柄、连杆、球、销、键等零件的轴线时，均按不剖切绘制。

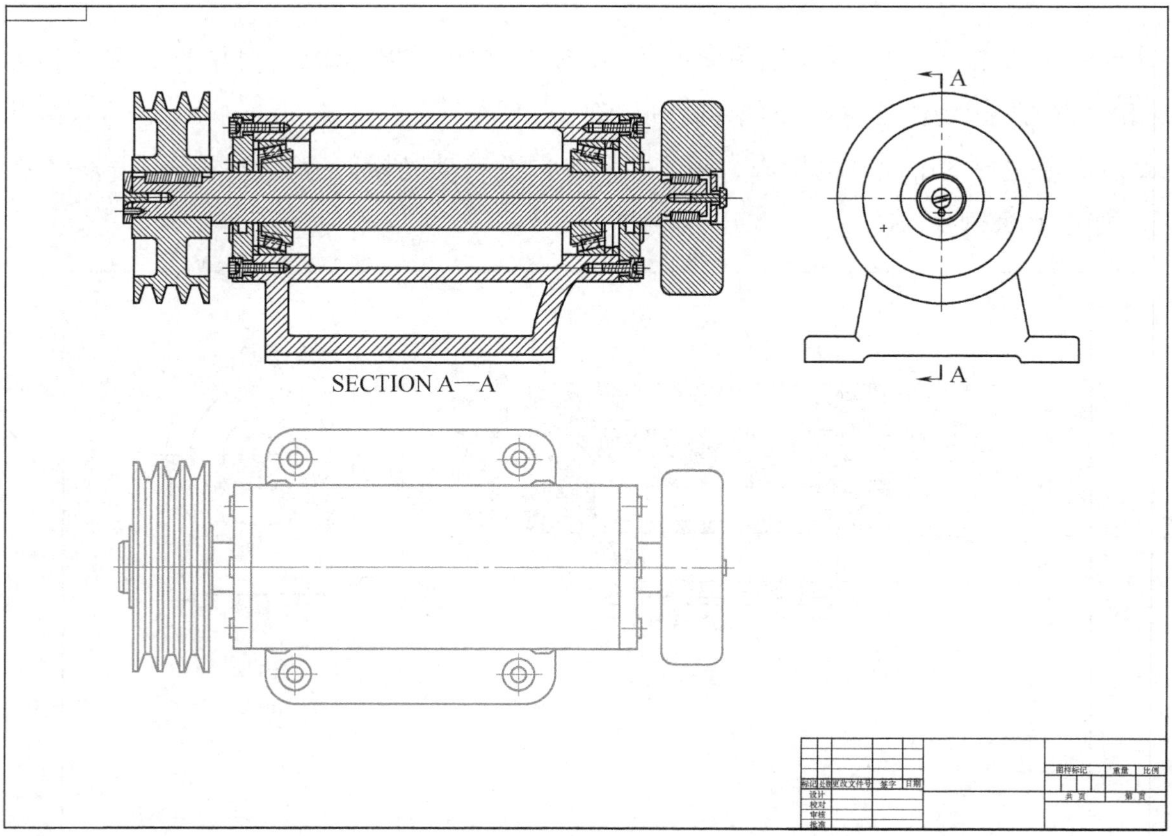

图 6-69　创建铣刀头的俯视图

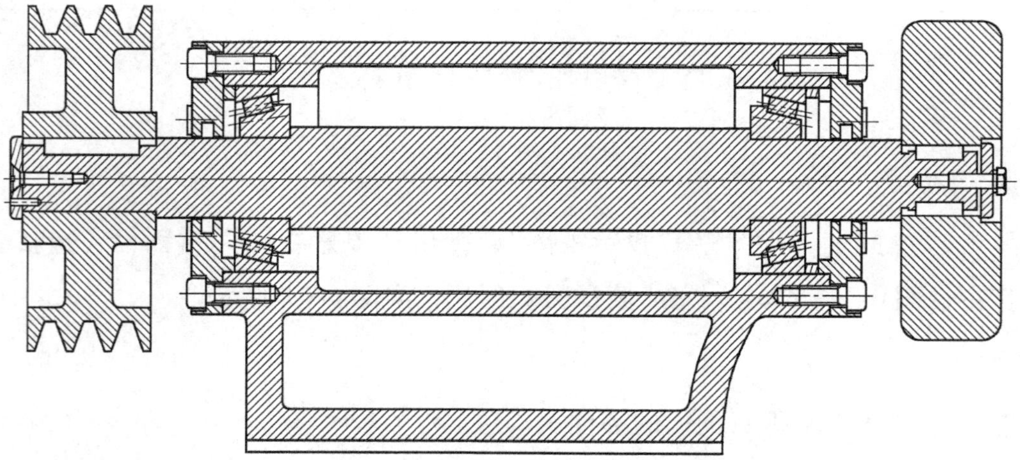

图 6-70　选择非剖切对象后的结果

创建铣刀头装配图主视图中的轴承

（2）擦除多余的图线

用鼠标右键单击主视图的视图边界，在快捷菜单中选择“视图相关编辑”，弹出“视图相关编辑”对话框，单击“擦除对象”，在主视图中选择轴、刀盘、轴承内外圈、轴承滚动体的剖面线、倒角等其他投影图线，结果如图 6-71 所示。

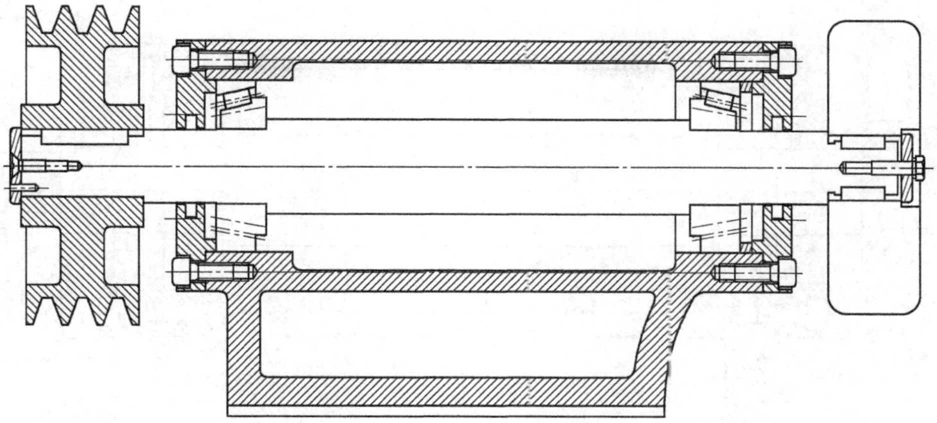

图 6-71　擦除多余图线

（3）删除多余图线

根据机械制图国家标准，删除多余的 3D 中心线。单击选中的 3D 中心线，在弹出的快捷菜单中选择“删除”，如图 6-72 所示。

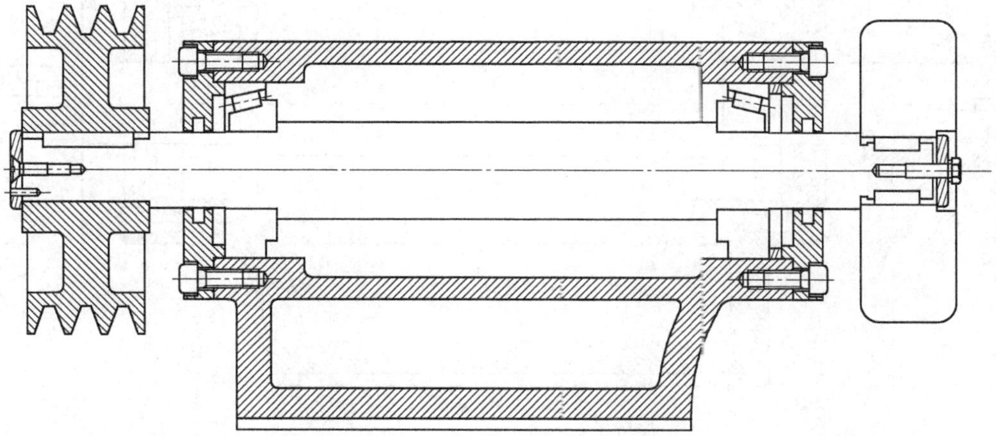

图 6-72　删除多余的 3D 中心线

（4）补充图线

1）用鼠标右键单击主视图的视图边界，在快捷菜单中选择“活动草图视图”，单击“直线”草图命令，补全轴、键、轴承的图线，如图 6-73 所示。

2）根据机械制图国家标准，将轴承简易画法的内部图线修改为细线（0.13mm）。双击该图线，进入草图模式，用鼠标右键单击该图线，在快捷菜单中选择“编辑显示”，修改其宽度为 0.13mm。

（5）轴端局剖视图

1）修改线宽。进入草图模式，用“样条曲线”命令绘制局部剖分界线并修改其宽度为 0.13mm，如图 6-74 所示。

2）填充剖面线。选择“剖面线”命令，弹出“剖面线”对话框，选择模式为“区域

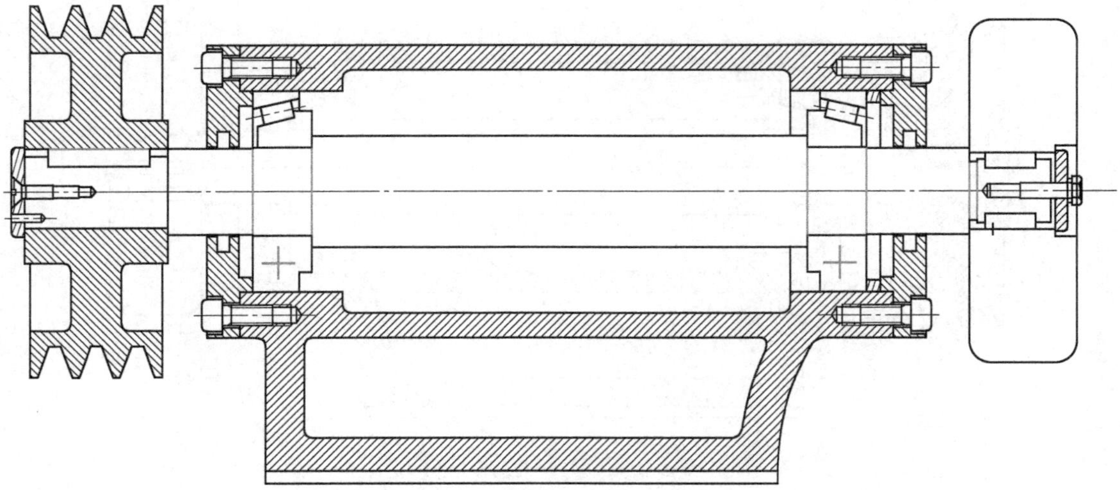

图 6-73　补充图线

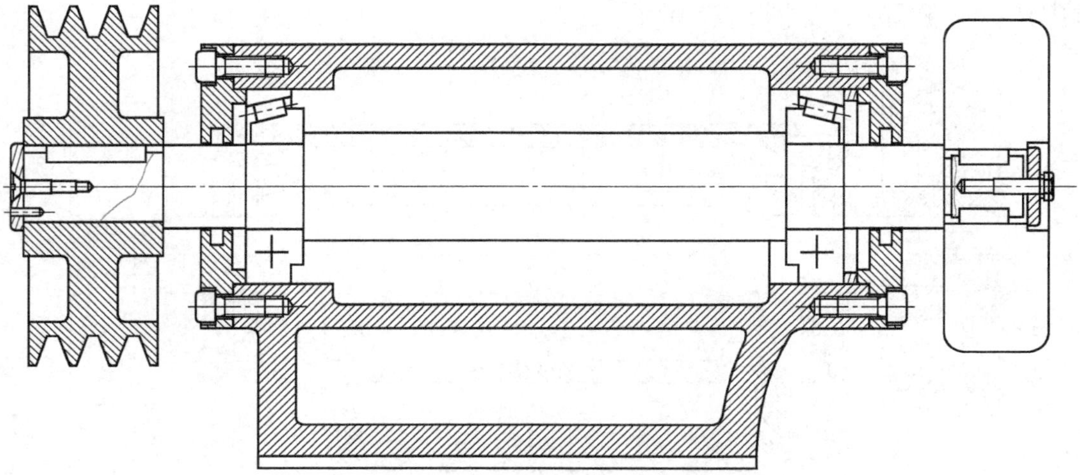

图 6-74　绘制分界线

中的点”，剖面线角度、方向均不变，单击“确认”按钮。

【专家点拨】

在机械制图中，螺纹连接的剖面线要画到粗实线处。

（6）轴承的剖面线

选择“剖面线”命令，弹出“剖面线”对话框，选择模式为“区域中的点”，注意修改轴承内外圈剖面线的距离为 1.5mm，角度均为 135°，单击“确认”按钮。

（7）毛毡圈的剖面线

选择“剖面线”命令，弹出“剖面线”对话框，选择模式为“边界曲线”，图样、距离、角度设置如图 6-75 所示，单击“确认”按钮，结果如图 6-76 所示。

（8）刀盘与铣刀

在铣刀头装配图中，刀盘和铣刀与该装配体的装配和安装关系，通过假想画法，用细双点画线画出刀盘和铣刀的外形轮廓来表达。

1）修改刀盘的线型。用鼠标右键单击视图边界，在快捷菜单中单击“视图相关编辑”，弹出“视图相关编辑”对话框，选择“编辑对象段”命令，修改线型为“双点画线”，单击“应用”按钮，弹出“编辑对象段”对话框，逐一选择刀盘轮廓线即可，如图 6-77 所示。

2）绘制铣刀轮廓线。

① 用鼠标右键单击视图边界，在快捷菜单中单击“活动草图视图”，进入草图模式，应用“直线”“圆弧”命令绘制

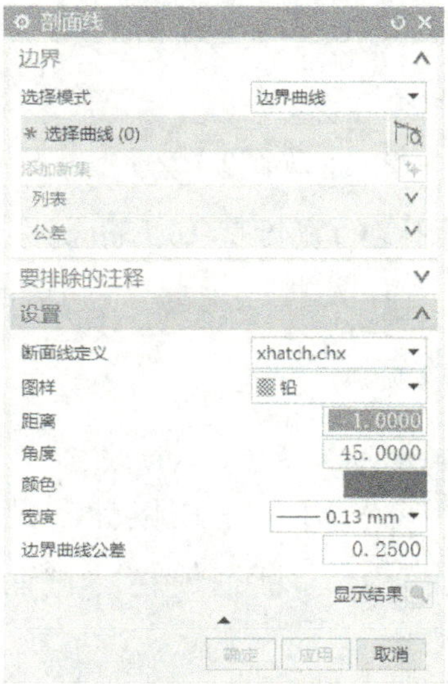

图 6-75　毛毡圈剖面线参数设置

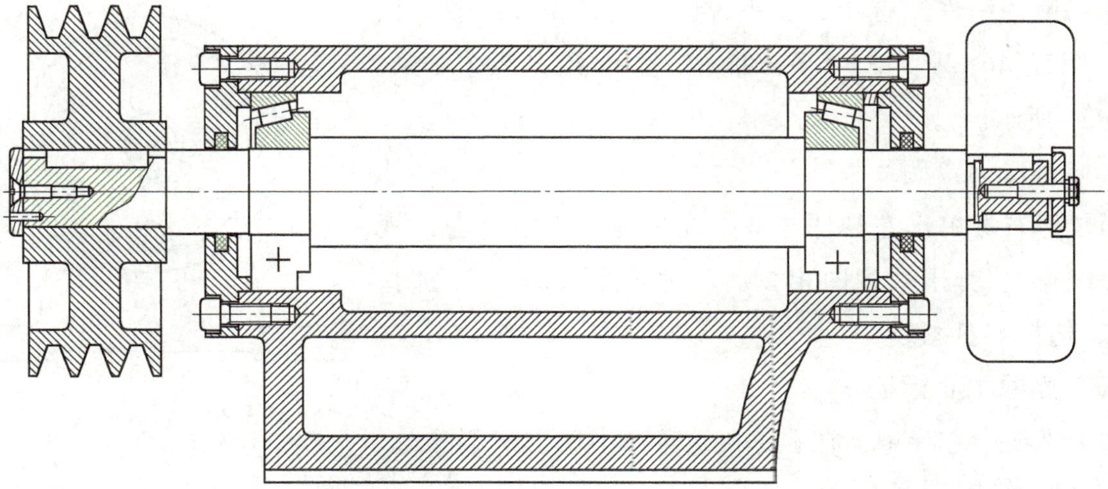

图 6-76　轴、轴承、毛毡圈剖面线填充结果

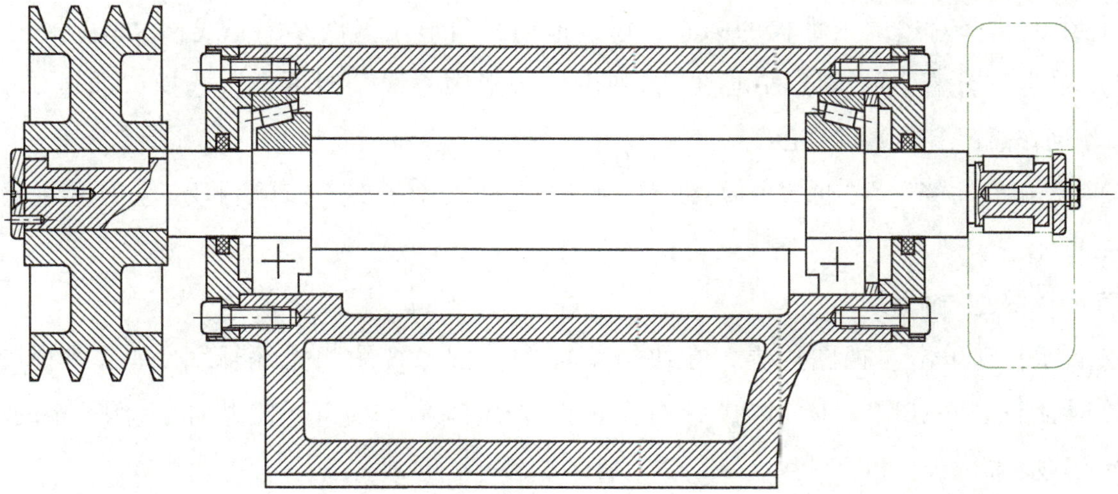

图 6-77　修改刀盘轮廓为细双点画线

铣刀的轮廓线。注意：多把铣刀在 ϕ120mm 圆上均匀分布，其他尺寸无特殊要求，合理即可。

② 在草图环境下，用鼠标右键单击该图线，在快捷菜单中选择“编辑显示”，修改上述图线的宽度为 0. 13mm，线型为双点画线。

③ 在草图环境下，应用镜像命令，以轴的轴线为镜像中心线进行镜像，同时修改线型及线宽。

编辑铣刀头装配图左视图

（9）隐藏剖视图标签

用鼠标右键单击视图边界，在快捷菜单中单击“设置”，弹出“设置”对话框，在“截面线”选项中选择“标签”，取消选中“显示视图标签”。

6. 编辑左视图

（1）拆去挡圈 35、螺钉 M6×20、销 3×20、带轮、键 8×40 五个零件

用鼠标右键单击左视图边界，在快捷菜单中单击“编辑”，弹出“基本视图”对话框，单击“隐藏的组件”选项，在主视图中选择需要隐藏的挡圈 35、螺钉 M6×20、销 3×20、带轮、键 8×40 共五个对象，如图 6-78 所示。

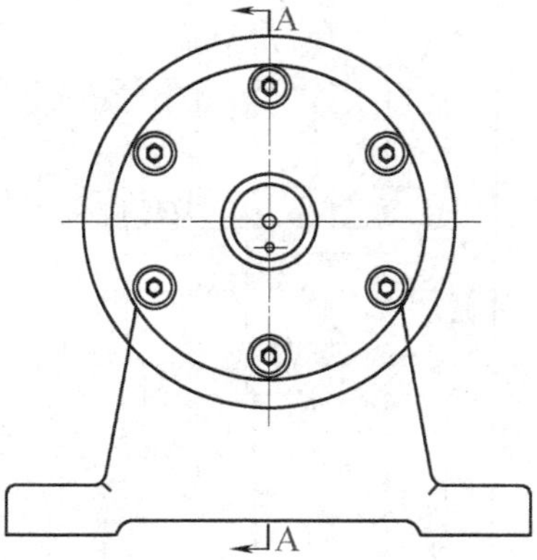

图 6-78　拆除零件结果

（2）擦除刀盘图线

用鼠标右键单击左视图边界，在快捷菜单中单击“视图相关编辑”，弹出“视图相关编辑对话框”，单击“擦除对象”，选择刀盘图线。

（3）删除中心标记

选中虚线中心标记，在右键快捷菜单中单击“删除”。

（4）添加中心线

1）单击“注释”→“2D 中心线”，弹出“2D 中心线”对话框，选择“根据点”添加 2D 中心线，选择对边两个螺栓的圆心，通过拖动三角形位置修改中心线长度。

2）单击“注释”→“圆形中心线”，弹出“圆形中心线”对话框，选择“通过 3 个或多个点”添加螺栓所在圆形中心线。

3）单击“注释”→“自动中心线”，弹出“自动中心线”对话框，选中左视图，如图 6-79 所示。

（5）擦除螺栓图线

用鼠标右键单击左视图边界，在快捷菜单中单击“视图相关编辑”，弹出“视图相关编辑”对话框，单击“擦除对象”，在左视图中选择左、右、下侧共计五个螺栓的图线，如图 6-80 所示。

（6）阶梯孔局部剖视图

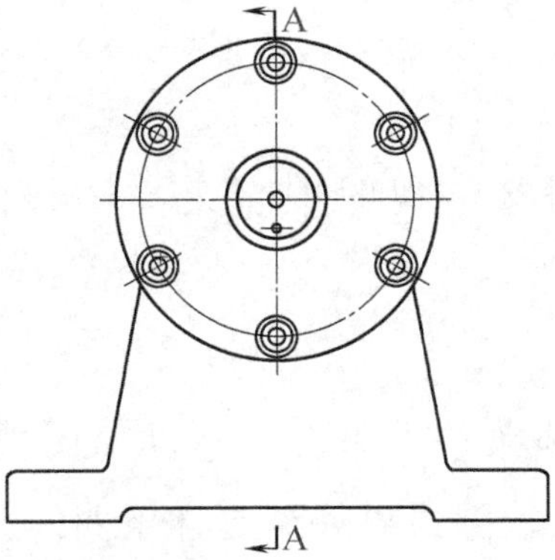

图 6-79　各中心线修改结果

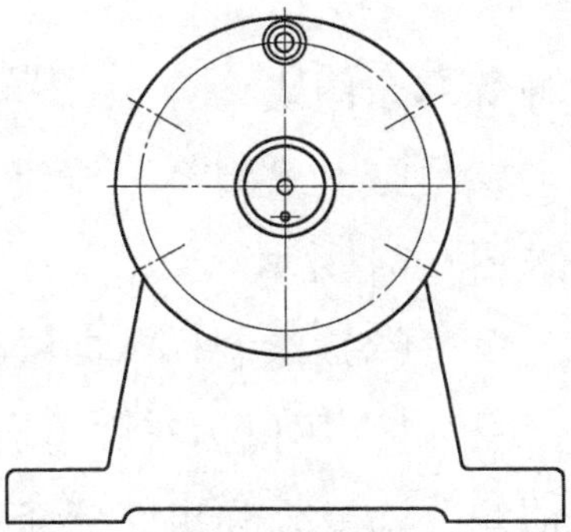
图 6-80　擦除螺栓图线

1）绘制剖切边界。用鼠标右键单击左视图边界，在快捷菜单中单击“活动草图视图”，单击“样条曲线”命令，弹出“样条曲线”对话框，在准备进行局部剖的位置绘制封闭样条曲线，如图 6-81 所示。

2）创建局部剖视图。依次单击“主页”→“视图”→“局剖视图”，弹出“剖视图”对话框，选择需要进行局部剖切的视图（即左视图）。单击俯视图左上角阶梯孔圆心，确定为剖切点，系统显示方向为剖切方向箭头，单击鼠标中建，确定剖切方向。选择之前绘制的剖切边界线，单击“应用”按钮，完成局部剖视图的创建，如图 6-82 所示。

3）修改剖切边界线型。用鼠标右键单击左视图边界，在快捷菜单中单击“视图相关编辑”，单击“编辑对象段”，修改剖切边界线的线宽为 0. 13mm。

4）添加中心线。依次单击“注释”→“2D 中心线”，弹出“2D 中心线”对话框，选择“根据点”添加阶梯孔的中心线。

（7）隐藏剖切符号

用鼠标右键单击剖切线和截面线 A，在快捷菜单中单击“隐藏”，完成左视图编辑，如图 6-83 所示。

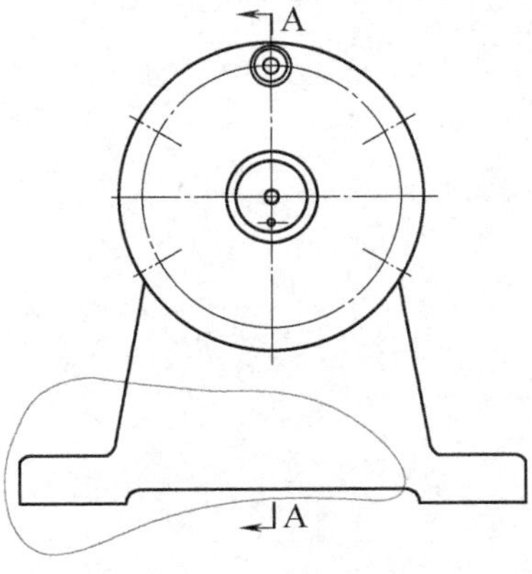

图 6-81　绘制左视图局部剖边界线

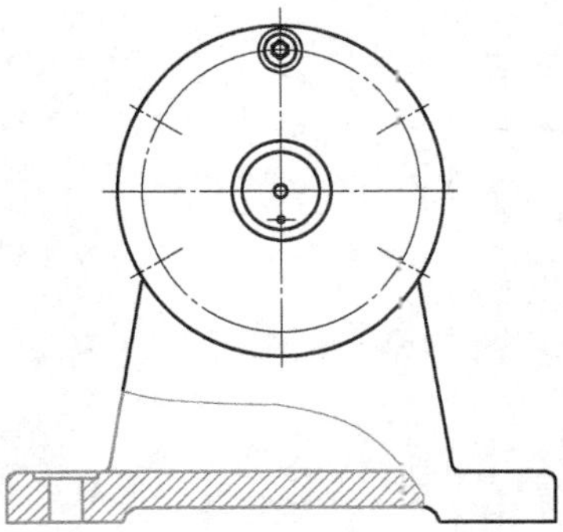
图 6-82　左视图局部剖视图的创建结果

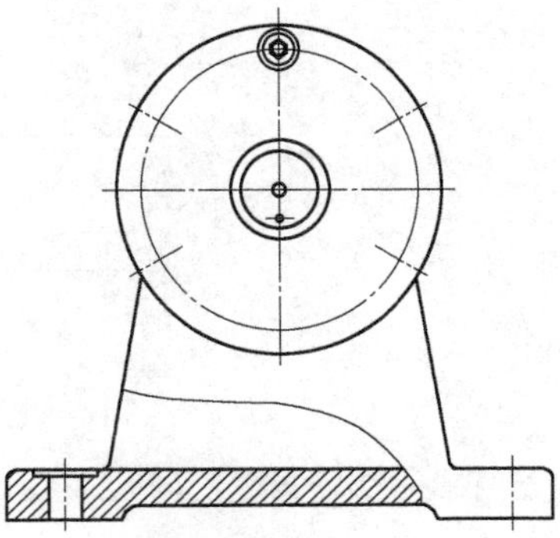
图 6-83　左视图编辑结果

7. 编辑俯视图

(1) 删除多余图线

编辑铣刀头装配图俯视图

应用“删除”命令和“擦除”命令删除俯视图中多余的图线，结果如图 6-84 所示。

(2) 绘制样条曲线

1) 用鼠标右键单击左视图边界，在快捷菜单中单击“活动草图视图”，单击“样条曲线”命令，弹出“样条曲线”对话框，在俯视图边界处绘制样条曲线。

2) 修改样条曲线的线宽为 0.13mm，方法同前，结果如图 6-85 所示。

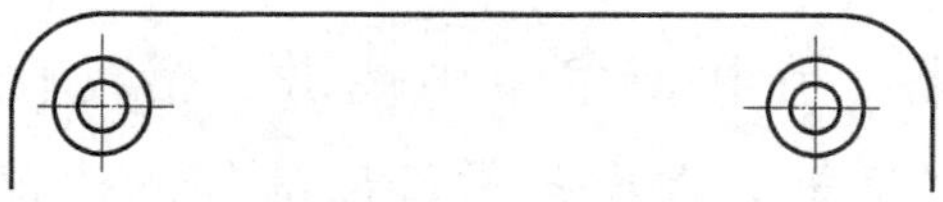
图 6-84 删除俯视图中多余的图线

图 6-85 俯视图编辑结果

8. 标注尺寸

标注铣刀头装配图尺寸

在装配图中不必标出装配图上零件的所有尺寸，只要求标注性能（规格）尺寸、装配尺寸、安装尺寸、外形尺寸、其他重要尺寸五类尺寸。

按照本项目任务一中标注尺寸的方法及参数设置方法标注尺寸，结果如图 6-86 所示。

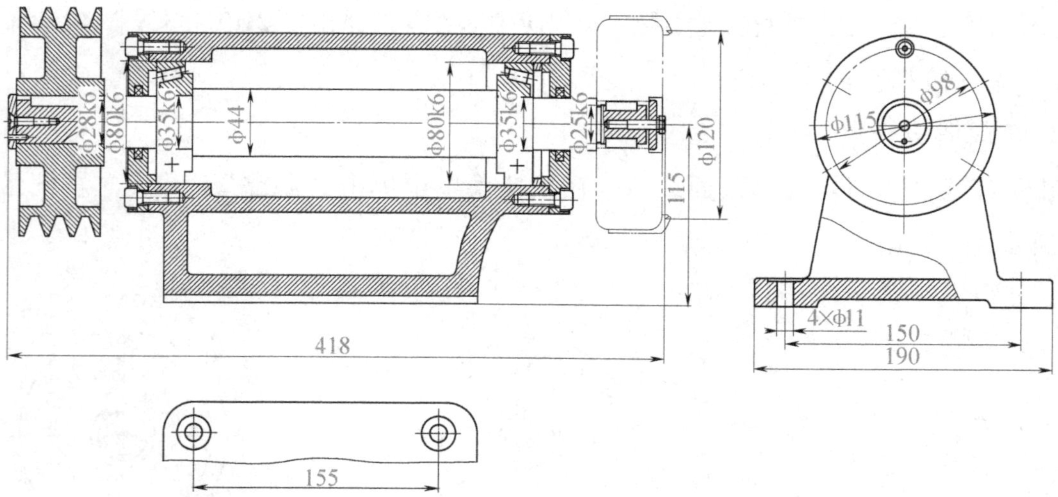

图 6-86 尺寸标注结果

9. 创建明细栏

(1) 自动生成明细栏

依次单击“主页”→“表”→“零件明细表”，在图纸页适当位置单击，自动生成含有序号、部件名称、部件数量 3 列内容的明细栏，如图 6-87 所示。

（2）增加代号、材料和备注 3 列

在 PC NO（序号）列移动光标，当该列高亮显示且光标旁出现“表格注释列”时单击鼠标右键，在快捷菜单中单击“插入”→“在右侧插入列”，插入新列。采用同样的方法，在 QTY 列后面再插入两列，如图 6-88 所示。

创建铣刀头装配图明细栏

16	座体	1
15	轴	1
14	轴承7307	2
13	调整环	1
12	键8×40	1
11	带轮	1
10	挡圈35	1
9	螺钉M6×16	1
8	销3×20	1
7	端盖	2
6	螺钉M8×20	12
5	键6×20	2
4	挡圈32	1
3	垫圈6	1
2	螺栓M6×20	1
1	刀盘	1
PC NO	PART NAME	QTY

图 6-87 自动创建明细栏

16		座体	1	HT200	
15		轴	1	45	
14		轴承7307	2		
13		调整环	1	35	
12		键8×40	1	45	
11		带轮	1	HT150	
10		挡圈35	1	35	
9	GB/T 68—2016	螺钉M6×16	1	Q235	
8	GB/T 119.1—2000	销3 20	1	35	
7		端盖	2	HT200	
6	GB/T 70.1—2008	螺钉M8×20	12	Q235	
5		键6×20	2	45	
4		挡圈32	1	35	
3		垫圈6	1	65Mn	
2		螺栓M6×20	1	Q235	
1		刀盘	1		
PC NO	DB PART NO	PART NAME	QTY	NX MaterialPreferred	REMARK

图 6-88 明细栏添加属性

（3）导入列的属性

1）移动光标至第二列，当该列高亮显示且光标旁出现“表格注释列”时单击鼠标右键，在快捷菜单中单击“设置”，在“设置”对话框中设置“单元格”“列”的参数，如图 6-89 所示。

2）采用同样的方法为第五列导入 Material Preferred（材料）、第六列导入 REMARK（备注）属性。添加完成后系统自动更新明细栏，如图 6-88 所示。

3）手动输入属性。当个别组件在创建时未添加属性时，可手动直接输入。双击某单元格，系统弹出“属性单元格编辑”对话框，单击“确定”按钮，输入其属性即可，如图 6-90 所示。

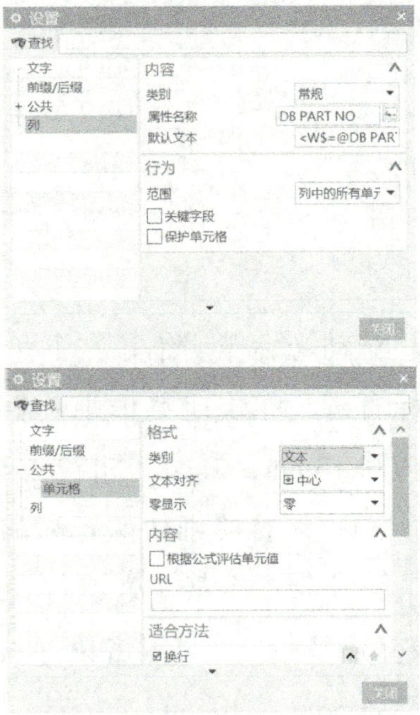

图 6-89 第二列属性设置

（4）修改明细栏表头

双击表头单元格，修改表头，从左往右依次为序号、代号、名称、数量、材料及备注，并设置“文本对齐”为“中心”，如图 6-91 所示。

（5）编辑明细栏线宽

16		座体	1	HT200	
15		轴	1	45	
14	GB/T 297—2015	轴承7307	2		
13		调整环	1	35	
12	GB/T 1096—2003	键8×40	1	45	
11		带轮	1	HT150	
10	GB 891—1986	挡圈35	1	35	
9	GB/T 68—2016	螺钉M6×16	1	Q235	
8	GB/T 119.1—2000	销3×20	1	35	
7		端盖	2	HT200	
6	GB/T 70.1—2008	螺钉M8×20	12	Q235	
5	GB/T 1096—2003	键6×20	2	45	
4	GB 892—1986	挡圈32	1	35	
3	GB 93—1987	垫圈6	1	65Mn	
2	GB/T 5782—2016	螺栓M6×20	1	Q235	
1		刀盘	1		
PC NO	DB PART NO	PART NAME	QTY	NX Materialpreferred	REMARK

图 6-90　手动输入“代号”属性

6	GB/T 70.1—2008	螺钉M8×20	12	Q235	
5	GB/T 1096—2003	键6×20	2	45	
4	GB/T 892—1986	挡圈32	1	35	
3	GB 93—1987	垫圈6	1	65Mn	
2	GB/T 5782—2016	螺栓M6×20	1	Q235	
1		刀盘	1		
序号	**代号**	**名称**	**数量**	**材料**	**备注**

图 6-91　修改明细栏表头

移动光标至明细栏左上角，当表格高亮显示且光标旁出现“零件明细表区域”时单击鼠标右键，在快捷菜单中选择“单元格设置”，弹出“设置”对话框，设置顶部、中间线宽为 0.13mm，其余为粗线。

（6）调整明细栏的行高和列宽

移动光标至某一列或行，当该列（或行）高亮显示且光标旁出现“表格注释列”（或“表格注释行”）时单击鼠标右键，在快捷菜单中单击“调整大小”，从左到右将列宽分别调整为 8mm、40mm、44mm、8mm、38mm、42mm，表头行高调整为 14mm，其余行高调整为 7mm。

（7）删除非装配体零件

在明细栏中删除假想画法中的刀盘。

（8）将明细栏对齐到标题栏上

1）将光标移至明细栏左上角，单击鼠标右键，在快捷菜单中选择“设置”，弹出“设置”对话框，在“公共”选项组“表区域”中设置“对齐位置”为“右下角”。

2）移动光标至明细栏左上角，当表格高亮显示且光标旁出现“零件明细表区域”时单击鼠标右键，在快捷菜单中选择“原点”，弹出“原点”对话框，选择“点构造器”，输出坐标（即移动位置）为“831，55”，完成后如图 6-92 所示。

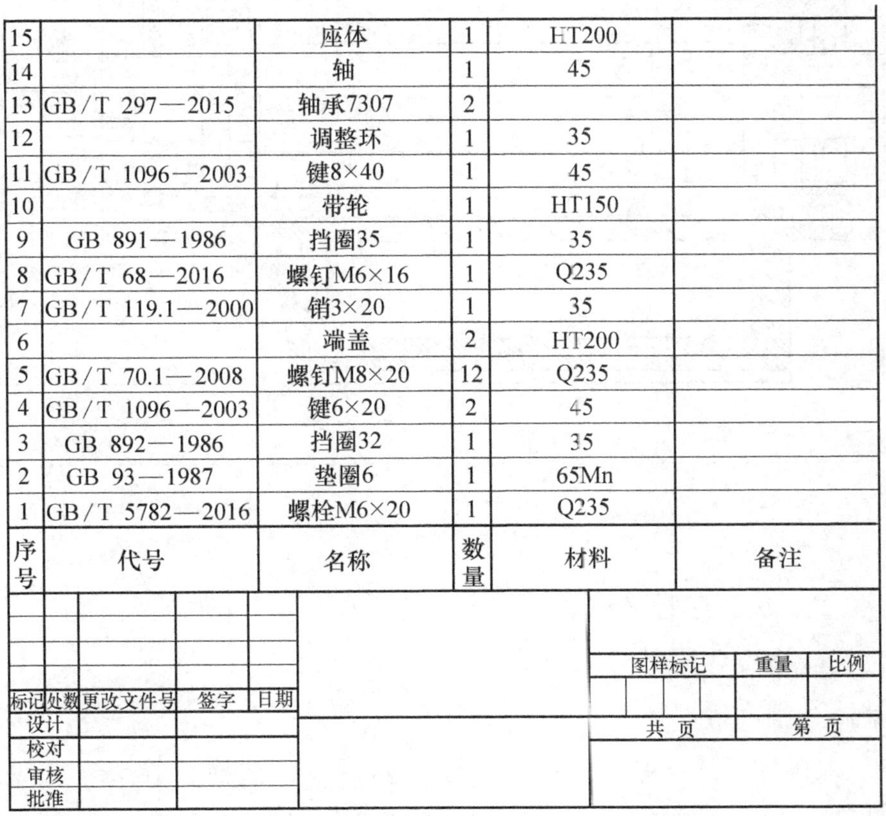

15		座体	1	HT200	
14		轴	1	45	
13	GB/T 297—2015	轴承7307	2		
12		调整环	1	35	
11	GB/T 1096—2003	键8×40	1	45	
10		带轮	1	HT150	
9	GB 891—1986	挡圈35	1	35	
8	GB/T 68—2016	螺钉M6×16	1	Q235	
7	GB/T 119.1—2000	销3×20	1	35	
6		端盖	2	HT200	
5	GB/T 70.1—2008	螺钉M8×20	12	Q235	
4	GB/T 1096—2003	键6×20	2	45	
3	GB 892—1986	挡圈32	1	35	
2	GB 93—1987	垫圈6	1	65Mn	
1	GB/T 5782—2016	螺栓M6×20	1	Q235	
序号	代号	名称	数量	材料	备注

图 6-92　将明细栏对齐标题栏

标注铣刀头装配图零件序号和技术要求

10. 标注序号

（1）设置序号样式

将光标移至明细栏左上角，单击鼠标右键，在快捷菜单中选择“设置”，弹出“设置”对话框，在“零件明细表”的“标注”选项中选择“符号”为“下划线”，“主符号文本”为“标注”，如图 6-93 所示。

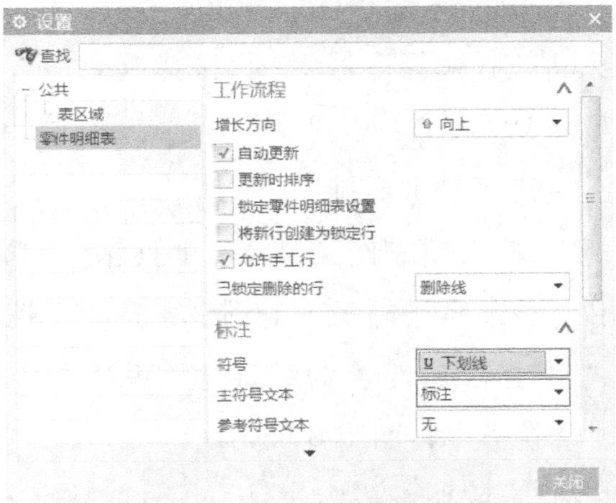

图 6-93　设置序号样式

（2）自动添加序号

依次单击“主页”→“表”→“自动符号标注”，弹出“零件明细表自动符号标注”对话框，系统提示“选择要自动标注的明细表”，在明细栏上单击，单击“确定”按钮后，系统提示“选择要自动标注符号的视图”，在主视图上单击，单击“确认”按钮，完成序号的自动添加，如图 6-94 所示。

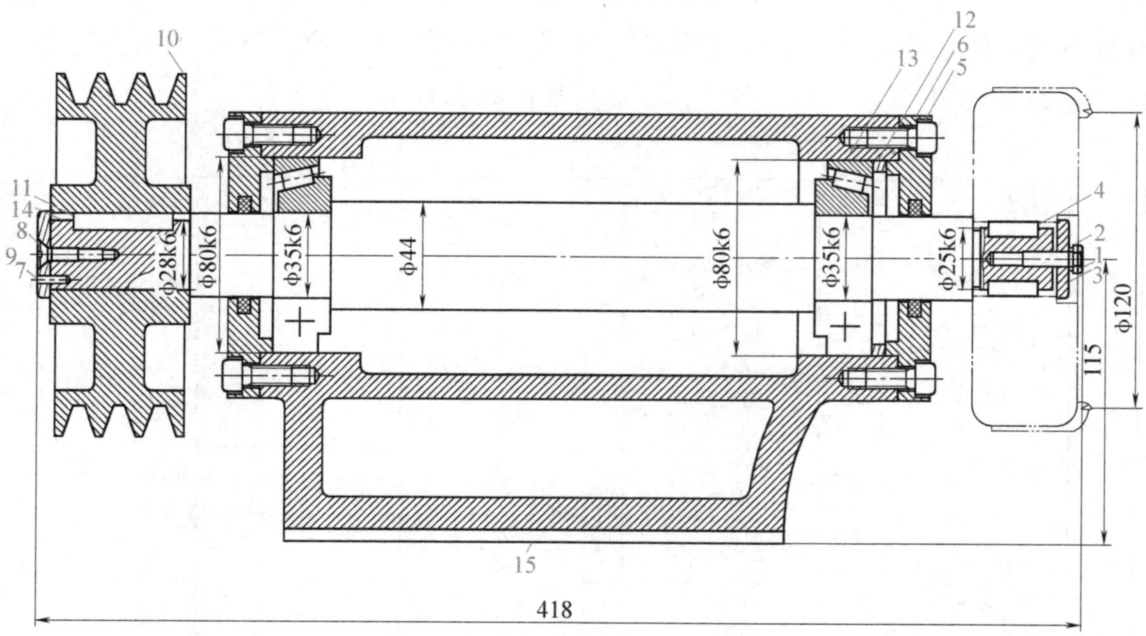

图 6-94　自动添加序号

（3）调整序号位置、编辑序号字体、字高等

1）调整序号位置。拖曳各序号至适当的位置。

2）编辑序号字体、字高等。

① 编辑序号 1。双击序号 1，弹出“符号标注”对话框，选择“箭头”类型为“填充圆点”，单击“设置”，弹出“符号标注设置”对话框，设置字体为 FangSong，字高为“7”，高宽比为“0. 7”，圆点直径为“2”，完成设置。

② 编辑其余序号。单击“制图工具-GC 工具箱”→“格式刷”，选择序号 1，再选择其余序号，完成编辑后如图 6-95 所示。

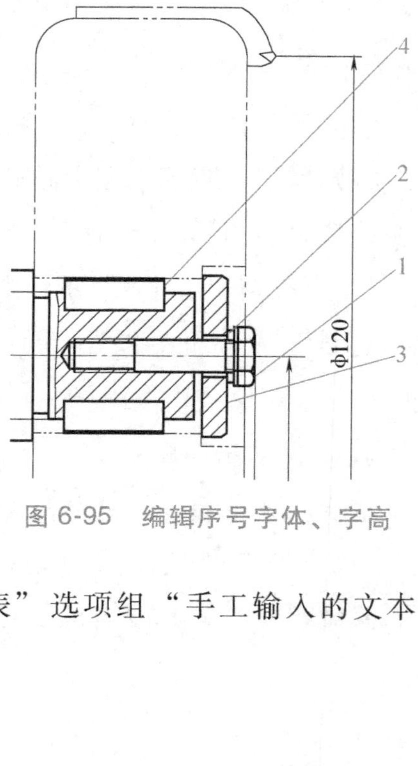

图 6-95　编辑序号字体、字高

（4）序号重新排序

1）单击“制图工具-GC 工具箱”→“装配序号排序”，弹出“装配序号排序”对话框，选择 7 销为起始序号，勾选“顺时针”，距离为“20”，单击“确定”按钮，序号自动重新排序，如图 6-96 所示。

2）去除明细栏中序号、代号的数字方块。

移动光标至明细栏左上角，单击鼠标右键，在快捷菜单中单击“设置”，弹出“设置”对话框，在“零件明细表”选项组“手工输入的文本”

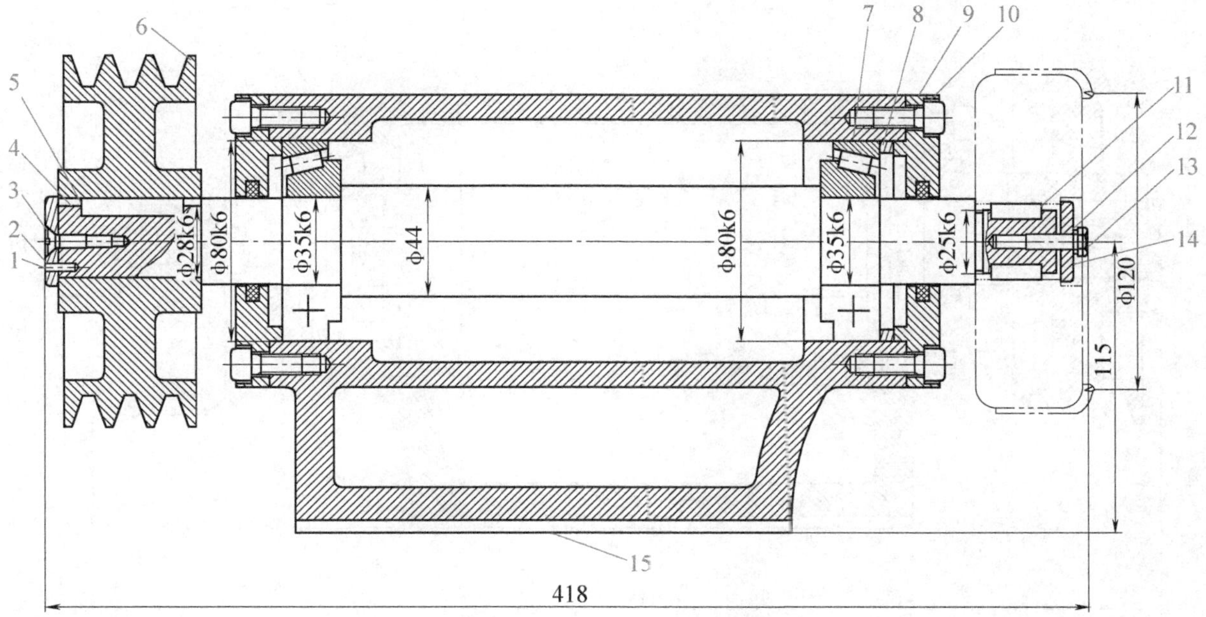

图 6-96　序号重新排序

中取消勾选“高亮显示”，结果如图 6-97 所示。

序号	代号	名称	数量	材料	备注
15		座体	1	HT200	
14	GB 892—1986	挡圈32	1	35	
13	GB/T 5782—2016	螺栓M6×20	1	Q235	
12	GB 93—1987	垫圈6	1	65Mn	
11	GB/T 1096—2003	键6×20	2	45	
10	GB/T 70.1—2008	螺钉M8×20	12	Q235	
9		端盖	2	HT200	
8		调整环	1	35	
7	GB/T 297—2015	轴承7307	2		
6		带轮	1	HT150	
5	GB/T 1096—2003	键8×40	1	45	
4		轴	1	45	
3	GB/T 68—2016	螺钉M6×16	1	Q235	
2	GB 891—1986	挡圈35	1	35	
1	GB/T 119.1—2000	销3×20	1	35	

图 6-97　去除数字方块

（5）编辑序号指引线起点位置

1）编辑序号 1 指引线的起点位置。双击序号 1，在零件 1 的适当位置单击，确定指引线起点位置，单击“关闭”按钮，完成编辑。

2）采用同样的方法编辑其余序号指引线的起点位置，结果如图 6-98 所示。

11. 技术要求

单击“主页”→“注释”，弹出“注释”对话框，如图 6-99 所示，在文本框中输入技术要求，在图纸页适当位置单击，确定技术要求的放置位置。

至此，完成铣刀头装配工程图的创建，如图 6-66 所示。

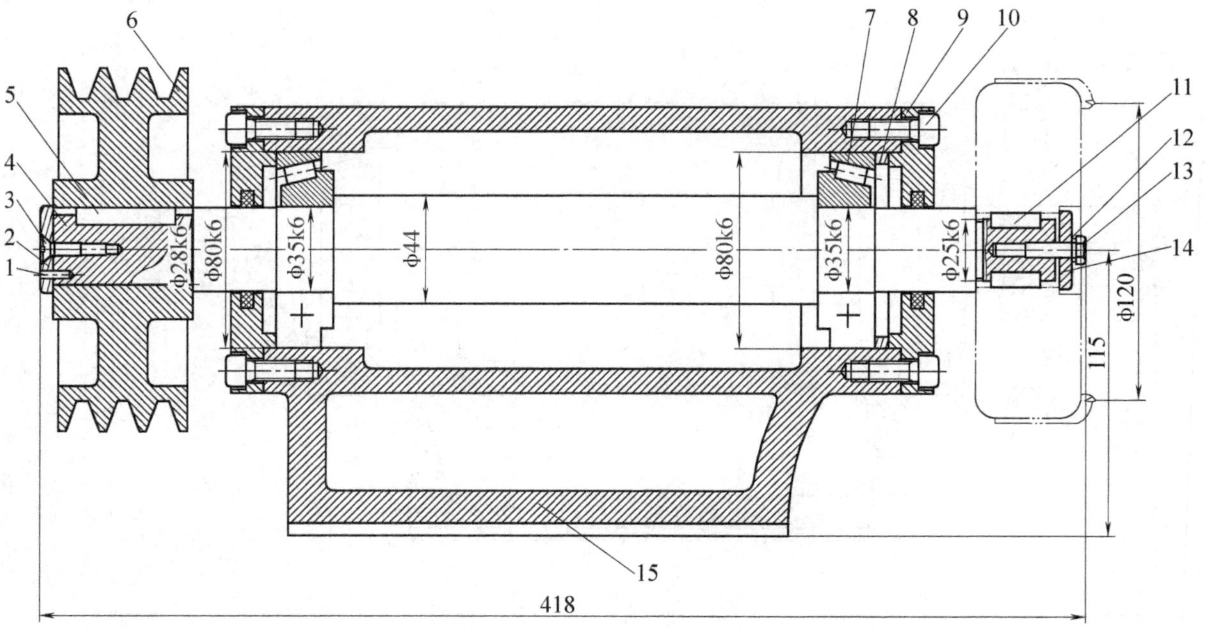

图 6-98　编辑指引线起点位置

四、知识链接

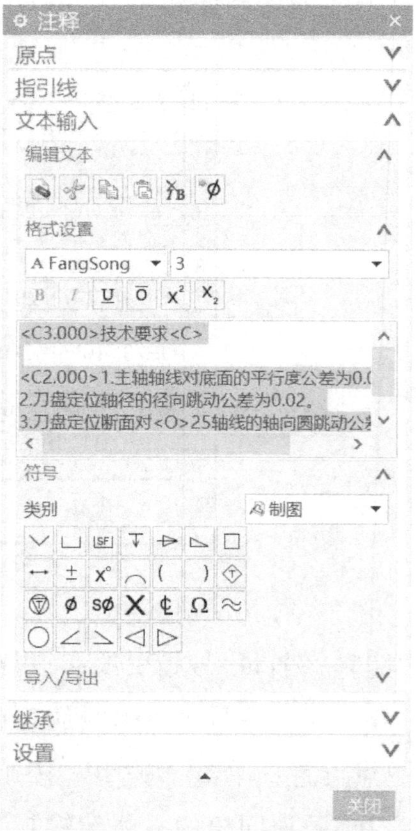

图 6-99　“注释”对话框

1. 明细栏

一个完整的装配图应包含一组视图、必要的尺寸、技术要求、零件序号、明细栏和标题栏。在 UG NX 12.0 软件中，明细栏的创建依据是装配导航器的组件，同时随装配变化自动更新。通过“零件明细表”命令创建装配图的明细栏，该命令的打开方式如下：

1）在“主页”选项卡中单击“表”→“零件明细表”。

2）依次单击“菜单”→“插入”→“表”→“零件明细表”。

执行该命令后，系统提示在图纸页中指明明细栏的位置，一般放在图纸的右下角处，如图 6-100 所示。

明细栏中第一列为部件序号，第二列为部件名称，第三列为数量。明细栏中显示的内容是按照装配级别划分的，系统默认的级别按照“主模型”来显示。用户可通过“编辑级别”来改变明细栏中显示的内容。用鼠标右键单击明细栏左上角的方框，在快捷菜单中选择“编辑级别”，即可打开其对话框，如图 6-101 所示。该对话框中主要有 6 个选项，其功能见表 6-14。

2	GB73-85,M8X12	1
1	GB73-85,M10X12	1
PC NO	PART NAME	QTY

图 6-100　明细栏

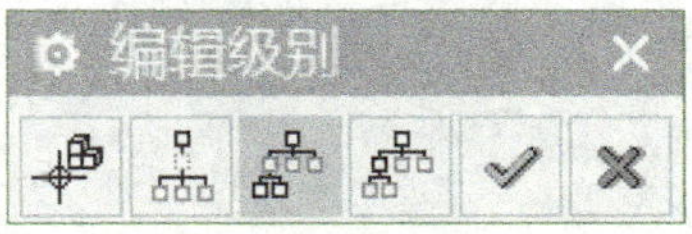

图 6-101　“编辑级别”对话框

表 6-14　“编辑级别”对话框选项的功能

序号	图标	选项	功能简要说明
1		选择/取消选择子装配	选中该选项，则每个组件都作为子装配进行选择或取消选择
2	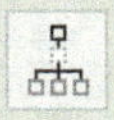	主模型	选中该选项，系统忽略顶级装配
3	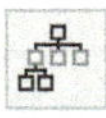	仅顶级	选中该选项，系统只允许在明细栏中显示部件的顶级组间
4		仅叶节点	选中该选项，系统只允许在明细栏中显示没有衍生的组件，此时非组件成员将继续显示
5		保存	保存设置并退出
6		不保存	不保存设置并退出

【专家点拨】

在编辑明细栏显示内容时，一般取消勾选“主模型”选项。

2. 装配图中序号的标注

(1) 自动符号标注

在 UG NX 12.0 软件中，使用“自动符号标注”命令可以根据明细栏中显示的内容对图样中的一个或多个视图自动标注序号。该命令的打开方式如下：

1) 在“主页”选项卡中单击“表”→“自动符号标注”。

2) 依次单击“菜单”→“插入”→“表”→“自动符号标注”。

执行该命令后，系统自动弹出“零件明细表自动符号标注”对话框，如图 6-102 所示。

先选择要自动标注的明细栏，再选择要进行标注的视图，如图 6-103 所示，系统即自动标注序号，其具体操作过程在任务实施中已阐明。

(2) 手动符号标注

自动符号标注的序号的顺序及位置用户无法控制，仍需手动进行调整以满足国家制图标准要求。“符号标注”命令的打开方式如下：

1) 在“主页”选项卡中单击“注释”→“符号标注”。

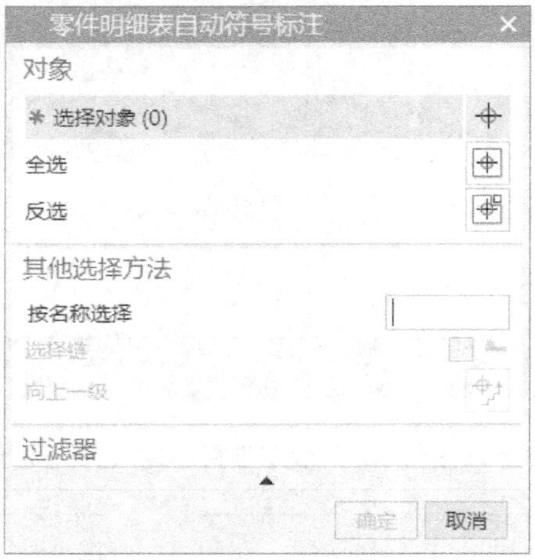

图 6-102 “零件明细表自动符号标注”对话框

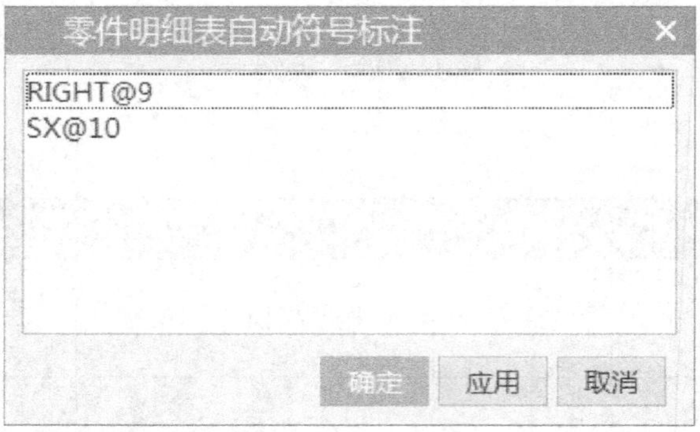

图 6-103 选择要自动标注序号的视图

2）依次单击“菜单”→“插入”→“注释”→“符号标注”。

执行该命令后，系统自动弹出“符号标注”对话框，其基本设置如图 6-104 所示。

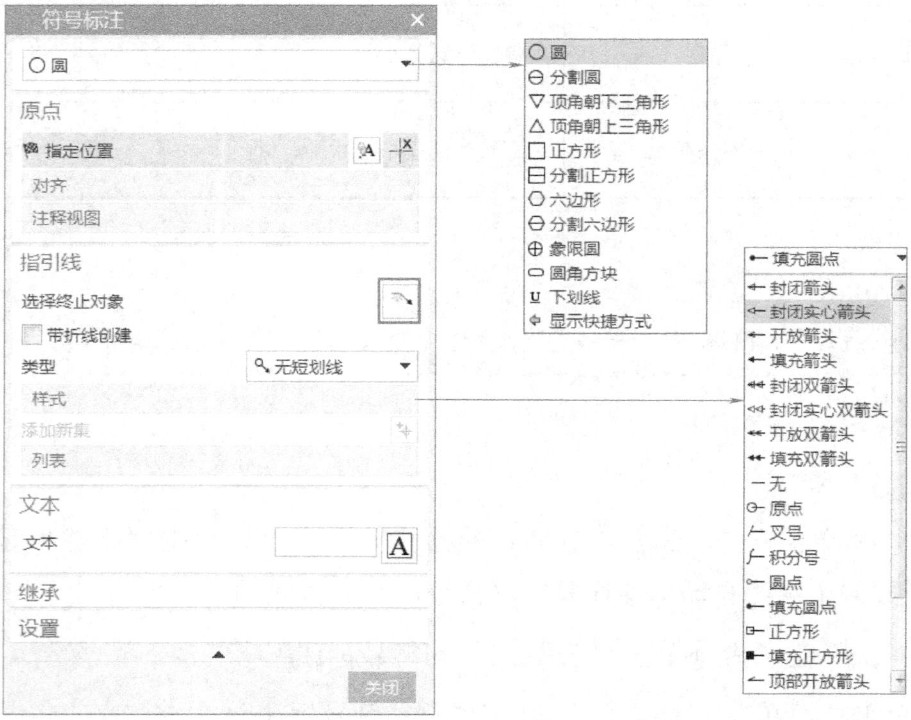

图 6-104 “符号标注”对话框

其标注方法是：第一步，单击“指引线”选项中的“选择终止对象”按钮；第二步，将光标移至合适的位置，单击确定序号的放置位置；第三步，用鼠标右键单击已创建的明细栏左上角小方块，在快捷菜单中选择“更新零件明细表”命令，系统将根据明细栏中的零件序号自动进行标注。

（3）符号编辑

“装配序号排序”和“编辑零件明细表”两个命令均可用于将已标注的装配图序号按照制图国家标准沿顺时针或逆时针方向进行自动排序。

“装配序号排序”命令的打开方式如下：

1）在功能区单击“制图工具-GC工具箱”→“装配序号排序”。

2）依次单击“菜单”→“GC工具箱”→“制图工具”→“装配序号排序”。

“编辑零件明细表”命令的打开方式如下：

1）在功能区单击“制图工具-GC工具箱”→“编辑零件明细表”。

2）依次单击“菜单”→“GC工具箱”→“制图工具”→“编辑零件明细表”。

“装配序号排序”命令的操作步骤已在任务实施中介绍，不再赘述。下面通过具体实例对“编辑零件明细表”命令的操作方法进行说明。

【例6-6】 编辑装配图中零件序号的顺序。

要求：按逆时针方向顺序排列装配图中的零件序号。

操作步骤如下：

1）打开源文件素材包\NX 12.0\项目六\任务二\知识链接\xuhao.prt，其序号沿逆时针方向的排序为1、2、6、4、3、5，如图6-105所示。

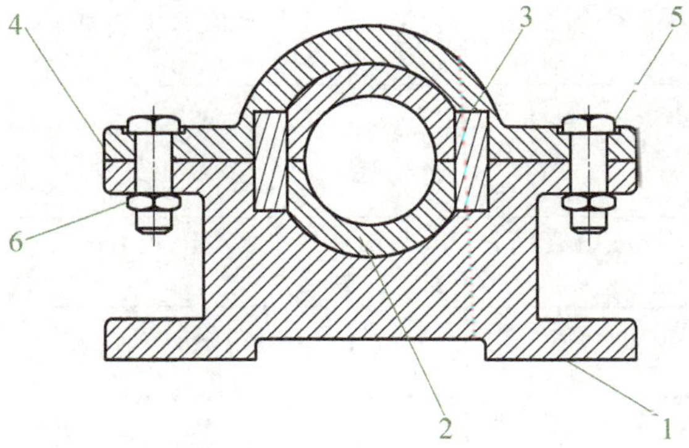

图6-105　序号标注乱序

2）单击“编辑零件明细表”命令按钮，打开其对话框，选择已经创建的明细栏，系统自动录入零件明细栏的详细内容。

3）通过向上、向下移动光标，根据自动标注的序号结果，按照逆时针顺序调整零件名称顺序。调整好后单击“更新件号”按钮，结果如图6-106所示，零件序号及明细栏中的内容均相应更新。

五、任务评价

任务完成后，按照表6-15对任务实施过程开展评价，进行任务总结与反思。

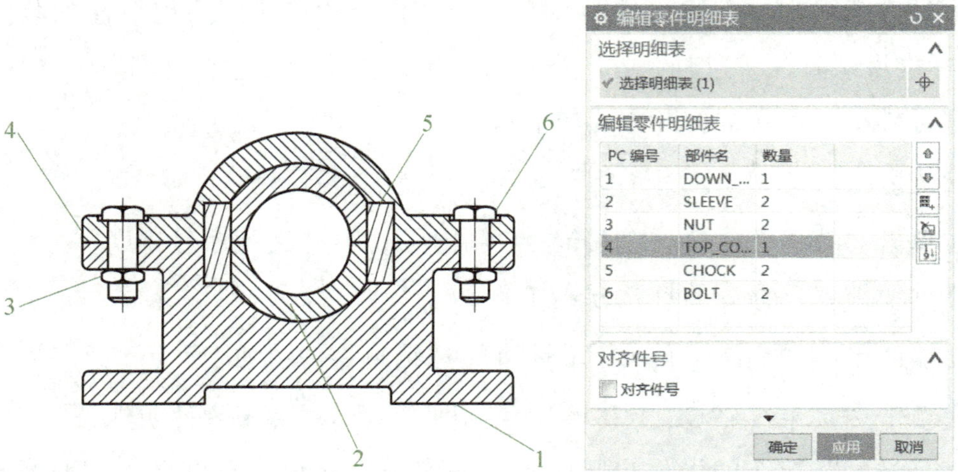

图 6-106　编辑装配图零件序号结果

表 6-15　任务二考核评价表

考核项目与权重	考核内容	评价标准	自评	互评	教师评价
专业知识（20%）	(1)掌握装配图的要素及装配图的绘制流程(10 分)	未能掌握装配图要素的，每种扣 2 分			
	(2)掌握创建、编辑装配图各要素的方法，标注尺寸及零件序号、填写明细栏的方法(10 分)	未掌握视图创建、尺寸标注、零件编号、明细栏填写方法等，每种扣 2 分			
专业能力（30%）	(1)能够按照国家标准创建准确表达装配关系的视图(10 分)	未能创建符合国家标准且清晰表达装配关系的视图，每个扣 2 分			
	(2)能够按照国家标准完整、准确且布局合理地进行线性尺寸、装配公差、序号的标注(10 分)	线性尺寸标注、装配公差标注以及序号标注每处错误扣 1 分			
	(3)能够按照国家标准准确填写明细栏(10 分)	明细栏线型、字体、内容每处错误扣 1 分			
职业素养（20%）	(1)敬业守时、认真负责、踏实严谨、谦虚好学(5 分)	迟到、早退、无故缺勤等，每次扣 1 分			
	(2)具有良好的团队合作精神，能热心帮助其他同学完成任务(5 分)	不参加小组讨论，每次扣 1 分			
	(3)能准确、快速表达个人思想和见解，能灵活运用所学知识，有创造性(10 分)	根据创意设计情况酌情扣分			
任务总结（30%）	(1)安全、有效地按照任务实施步骤完成铣刀头装配图绘制任务，主要包括基本视图、剖视图的绘制，简化画法、假想画法的应用(10 分)	根据视图绘制情况酌情扣分，每缺少一条曲线扣 1 分			
	(2)安全、有效地按照任务实施步骤完成铣刀头装配图绘制任务并完成尺寸标注(10 分)	根据尺寸标注情况酌情扣分，每缺少一个尺寸扣 1 分			
	(3)能进行归纳总结，得出规律和指导性经验，技术文件完整、规范、条理清晰，在任务结束后，反思自己的任务完成情况和质量(10 分)	根据总结和反思情况酌情扣分			
合计（自评占比 40%，互评占比 20%，教师评价占比 40%）					

拓展阅读

工程图的前世和今生

图与人类的生产生活密不可分。图是人类文明生产的起源之一，大量考古发现人类使用大量的图画描述当时的生产和生活的场景；图是文字起源之一，四大文明古国的文字大多是由图演变为象形文字再逐渐演化而形成的；图是人类表达思维和情感的工具之一，从远古的洞穴中的石刻可以看出在没有语言、文字前，图形就是一种有效的交流思想的工具。

随着人类生产力的发展，图不仅发展为一门艺术，而且也为实际生产应用服务。考古发现，早在公元前2600年就出现了可以称为工程图样的图，那是一幅刻在泥板上的神庙地图。我国在2000年前就有了正投影法表达的工程图样。1977年，在河北省平山县出土的战国时期中山王墓内，发现在青铜板上用金银线条和文字制成的建筑平面图（图6-107），制图年代为公元前323~前309年，这是世界上现存最早的完整的工程图。

图6-107　战国时期中山王墓铜板图

公元1100年，宋代李诫所著的《营造法式》一书中有各种方法画出的约570幅图，大量使用了正投影、轴测投影和透视投影的画法。这表明我国古代在制图领域不仅有卓越的技术水平，而且有较高的理论水平。该书是当时的一部关于建筑制图的国家标准、施工规范和培训教材。

随着资本主义在欧洲的兴起，人类生产力得到极大的发展，图形技术作为理论和工艺知识在实际生产中不断得到发展与完善。公元1500年文艺复兴时期，出现将平面图和其他多面图画在同一幅画面上的设计图。1799年，法国学者G. 蒙日将各种表达方法进行归纳，发表了《画法几何》这一著作。蒙日所说明的画法是以互相垂直的两个平面作为投影面的正投影法，用二维平面图形表达空间立体结构。该方法对世界各国科学技术的发展产生了巨大影响，并在科技界，尤其在工程界得到广泛的应用和发展。

中华人民共和国成立后，随着社会主义建设蓬勃发展和对外交流的日益增多，工程制图学科得到飞快发展，学术活动频繁，画法几何、射影几何、透视投影等理论的研究得到进一步深入，并广泛与生产、科研相结合。与此同时，由于生产建设的迫切需要，由国家相关职能部门批准颁布了一系列制图标准，如技术制图标准、机械制图标准、建筑制图标准、道路工程制图标准、水利水电工程制图标准等。

20 世纪 70 年代，计算机图形学、计算机辅助设计（CAD）、计算机绘图在我国得到迅猛发展，除了国外一批先进的图形、图像处理软件，如 AutoCAD、UG、Pro/E 等被广泛使用外，我国自主开发的一批国产绘图软件，如天正建筑 CAD、高华 CAD、CAXA 等也在设计、教学、科研生产单位被广泛使用。

巩固提高

1. 用于取消视图边界显示，以下（　　）可行。

A. 依次单击“首选项”→“制图”→“视图”，取消勾选显示边界

B. 在图纸工具条中单击“视图边界”命令

C. “对齐视图”命令

D. “视图相关编辑”命令

2. 若要在视图中添加视图相关曲线，必须选择该视图，在右键快捷菜单中选择（　　）。

A. 扩展成员视图　　B. 视图边界　　C. 样式　　D. 视图相关编辑

3. 编辑一个全剖视图，应用（　　）可以使全剖视图修改为阶梯剖视图。

A. 删除段　　B. 添加段　　C. 移动段　　D. 重新定义铰链线

4. （　　）可以控制装配图剖视图中相邻实体的剖面线的显示。

A. 装配剖面线　　B. 隐藏剖面线　　C. 背景　　D. 剖面线

5. 现发现图上建立的垂直尺寸显示错误的小数点位数，为了修正它，首先选择尺寸，然后（　　）。

A. 利用视图显示参数预设置，改变精度

B. 利用注释参数预设置，改变小数点位数

C. 删除它，并再建立尺寸

D. 利用精度设置要求的小数点位数

6. 在“注释样式”对话框中，可对（　　）类型的文字进行编辑。

A. 尺寸　　B. 附加文本　　C. 公差　　D. 基准符号

7. 图样有一个正交视图看起来好像不是由其他已经存在的视图生成的，通过（　　）可以看它是否有一个父视图。

A. 打开“部件导航器”，查找指向父视图的符号

B. 对有问题的视图使用“视图类型”命令

C. 打开“部件导航器”，在右键菜单中选择“导航到父视图”

D. 单击视图的边缘，在右键菜单中选择“父视图”

8. 在创建尺寸标注的过程中，(　　) 是非必要操作。

A. 选择要创建的尺寸选项

B. 当以橡皮筋式拖动尺寸时，可以使用右键菜单选项控制尺寸的显示和放置

C. 选择要标注的尺寸对象

D. 通过单击来指示尺寸原点的位置

9. (　　) 类型的尺寸标注可以在竖直方向建立一个尺寸链，尺寸间首尾相连。

A. 水平链　B. 竖直链　C. 水平基准线　D. 竖直基准线

10. 在创建工程图时，在“图纸”对话框中可以定义图纸的名称，输入的所有名称会 (　　)。

A. 转换为大写　B. 转换为小写　C. 不变　D. 转换为数字

11. 请根据图 6-108 所示泵体零件创建符合国家标准的工程图，准确表达泵体零件结构特征和几何特征。

12. 请根据图 6-109 所示台虎钳装配体创建符合国家标准的工程图，准确表达台虎钳各零件的装配关系。

图 6-108　泵体零件

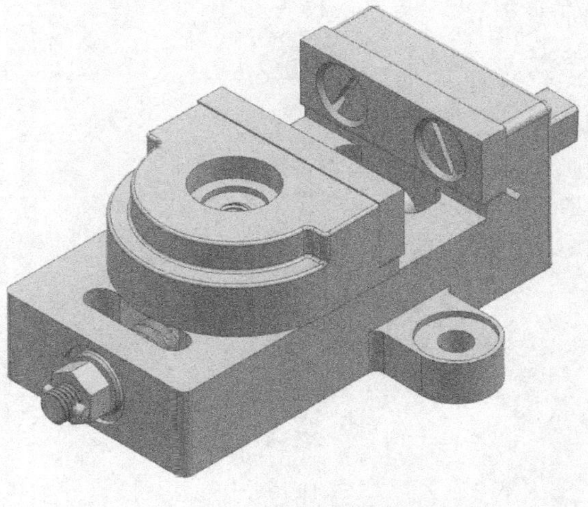

图 6-109　台虎钳装配体

参考文献

［1］ 天宫在线. UG NX 12.0从入门到精通实战案例版［M］. 北京：中国水利水电出版社，2018.

［2］ 王灵珠，许启高. UG NX 12.0 建模与工程图实用教程——基于任务驱动式教学法［M］. 北京：机械工业出版社，2019.

［3］ 周宝冬，吴卫华 . UG NX 12.0 应用案例基础教程［M］. 北京：机械工业出版社，2019.

［4］ 钟日铭，等. UG NX12.0完全自学手册［M］. 北京：机械工业出版社，2018.

［5］ CAD/CAM/CAE 技术联盟 . UG NX 12.0 从入门到精通［M］. 北京：清华大学出版社，2019.

［6］ 北京兆迪科技有限公司. UG NX 12.0 宝典［M］. 北京：机械工业出版社，2019.

［7］ 北京兆迪科技有限公司 . UG NX 12.0 曲面设计教程［M］. 北京：机械工业出版社，2019.

［8］ 北京兆迪科技有限公司. UG NX 12.0 快速入门教程［M］. 北京：机械工业出版社，2018.

［9］ 北京兆迪科技有限公司. UG NX 12.0 工程图教程［M］. 北京：机械工业出版社，2019.